5G核心网
原理与实践

易飞　何宇　刘子琦　编著

清華大學出版社
北京

内 容 简 介

本书以 3GPP R15.6 版本规范为理论基础，结合 5G 商用网络部署对 5G 核心网的主要知识点做了较为全面的梳理和介绍。

本书共 6 章。第 1 章结合 3GPP 规范 23.501，详细介绍 5G 核心网的架构、接口和主要网元与功能特性。第 2 章介绍 5G 核心网使用的协议，包括 NGAP、PFCP、HTTP/2、GTP-U 等。第 3 章详细介绍 5G 核心网的基本信令流程，主要包括注册管理流程、会话管理流程、连接管理流程和 5G 内切换流程。第 4 章详细介绍 5G 与 4G 网络长期共存的大背景下，5G 与 4G 网络互操作的信令流程。第 5 章对目前国内商用网络流行的大区制组网进行了介绍，重点讲解大区制组网下 5G 注册和 PDU 会话建立流程的信令路由及网元的基本局数据配置。第 6 章通过一个 5G 用户一天的生活，剖析了生活中常见的信令流程。本书侧重介绍 5G 核心网的主要协议与信令流程。为了帮助读者更好地理解信令与流程，本书采用了大量生活化的场景进行介绍，让更多的读者了解和喜欢学习核心网知识，而不是因为门槛过高而快速放弃学习。

本书适合 5G 核心网维护工程师、测试工程师及对 5G 核心网技术感兴趣的读者阅读，也适合零基础的读者阅读。

图书在版编目(CIP)数据

5G 核心网原理与实践/易飞，何宇，刘子琦编著. —北京：清华大学出版社，2023.8（2024.11重印）
ISBN 978-7-302-63558-1

Ⅰ. ①5… Ⅱ. ①易… ②何… ③刘… Ⅲ. ①第四代移动通信系统 Ⅳ. ①TN929.59

中国国家版本馆 CIP 数据核字(2023)第 088507 号

责任编辑：赵佳霓
封面设计：刘 键
责任校对：时翠兰
责任印制：沈 露

出版发行：清华大学出版社
网 址：https://www.tup.com.cn，https://www.wqxuetang.com
地 址：北京清华大学学研大厦 A 座 **邮 编**：100084
社 总 机：010-83470000 **邮 购**：010-62786544
投稿与读者服务：010-62776969，c-service@tup.tsinghua.edu.cn
质量反馈：010-62772015，zhiliang@tup.tsinghua.edu.cn
课件下载：https://www.tup.com.cn，010-83470236
印 装 者：北京鑫海金澳胶印有限公司
经 销：全国新华书店
开 本：186mm×240mm **印 张**：16.25 **字 数**：325 千字
版 次：2023 年 10 月第 1 版 **印 次**：2024 年 11 月第 2 次印刷
印 数：2001～3000
定 价：69.00 元

产品编号：100334-01

PREFACE

前　言

时光荏苒，5G 网络在我国商用已有 3 年了。

笔者从 2008 年开始在爱立信中国学院负责分组域核心网的教学工作，至 2022 年已经有 14 年了，经历了分组域核心网从 GPRS 到 5GC 的演进。很多刚刚转型接触核心网专业的朋友反馈说核心网太难了，甚至发出了核心网从入门到放弃的呼声，但在笔者看来，核心网并不像高等数学那样有较高的学习门槛，之所以觉得难是因为核心网（特别是 5G 核心网）有太多的网元、接口和信令流程，让新手无所适从。

同时 5G 核心网相关工作岗位又划分得很细，很多从业人员因为工作忙等原因选择了指标驱动型学习，只关心和了解自己所负责的产品或领域，缺乏端到端的理解，因此觉得难。

早些年笔者在对应聘者面试时，问应聘者路由器是什么样的？有应聘者回答路由器都是椭圆形的（因为在某些培训课件里路由器的图标确实是椭圆形的）。其实路由器入门并不难，回答不出也不能说明应聘者笨，只是因为没做过、不了解，仅此而已。

所以笔者认为核心网的难并不是技术层面的难，而是因为分工不同不熟悉对方领域所导致的，因此每当有无线专业的朋友夸我核心网业务厉害时，我总会说："分工不同，各有所长。互相交流，共同进步。向您多学习。"这是实话，如和无线专业的朋友聊傅里叶变换我甘拜下风。

于是我想到了编写本书，希望本书能够以最通俗易懂的语言、生活化的场景，并结合国内 5G 商用网络部署情况和报文实战，理论联系实践，让新手读者对 5G 核心网有一个端到端较为全面的认识。

为了实现上述目标，在本书的编写过程中，我为自己制定了一些原则：

(1) 不说废话，将与主线无关的文字或句子全部删除，例如一些为了凑篇幅而存在的句子。

(2) 涉及信令流程中的参数必须结合 3GPP 规范、商用网络中的报文逐一确认，避免在本书的信令流程图中出现未商用或没有商用前景的可选或无关参数，以免误导了学习方向。

(3) 所有信令流程均结合生活化的场景举例介绍，让信令流程更加接地气。

如果读完本书您能发出这样的感慨，"啊，原来 5G 核心网是这样的！"那就太好了。

感谢我最爱的亲人庹荣莉、尹月兰、易军。没有你们的支持，我无法完成本书。我爱你们。感谢共同执笔和校稿的中国移动5G专家何宇、vivo通信研究院专家刘子琦。感谢爱立信中国学院各位领导和同事长久以来给予的鼓励与帮助。感谢清华大学出版社赵佳霓编辑在本书的编写和出版过程中的指导。

限于笔者的水平与能力，书中还有诸多不足，恳请各位读者和专家提出宝贵的意见和建议。

通信网络早已成为水电气一样的基础设施。通信人更了解通信人的不容易。恭祝所有通信人身体健康，平安快乐！这是我平凡而真诚的祝福。

易　飞

2023年6月

CONTENTS

目　录

第1章

5GC基础

2019年6月6日，工业和信息化部（简称工信部）向中国电信、中国移动、中国联通、中国广电发放5G商用牌照。三年过去了，截至2022年5月17日，我国已建成5G基站160万个，成为全球首个基于独立组网模式规模建设5G网络的国家。中国的5G基站总数已占全球60%以上。

而在产业下游的应用侧，工信部最新数据显示，中国5G移动电话用户规模已达3.55亿户，5G应用案例累计超过2万个，工业互联网已应用于45个国民经济大类，产业规模迈过万亿元大关。截至2023年2月末，我国5G基站总数达到238.4万个。

5G网络在蓬勃发展的同时，也对5G网络的运维带来了更大的挑战，对5G网络的从业人员有更高的要求。

1.1 5GC网络架构及网元

69min

任何技术的发展都离不开市场的推动，5G也是一样。

4G主推B2C业务，但经过多年的发展市场已趋于稳定，每用户平均收入（Average Revenue Per User，ARPU）已无明显增长。如某运营商财报显示，2019年上半年4G用户ARPU值为40元左右，较往年无明显增长。移动通信行业经过多年发展，手机普及率已经很高，5G业务迫切需要新的业务增长点。

基于此，5G网络的愿景是渗透到未来社会的各个领域，更好地为各行各业服务，如打造智能化的行业专网等。国际电信联盟定义了5G业务三类典型应用场景，如图1-1所示。

（1）增强型移动宽带eMBB：为移动互联网用户提供更加极致的应用体验。

（2）高可靠低时延通信uRLLC：面向工业控制、远程医疗、自动驾驶等对时延和可靠性具有极高要求的垂直行业应用需求。

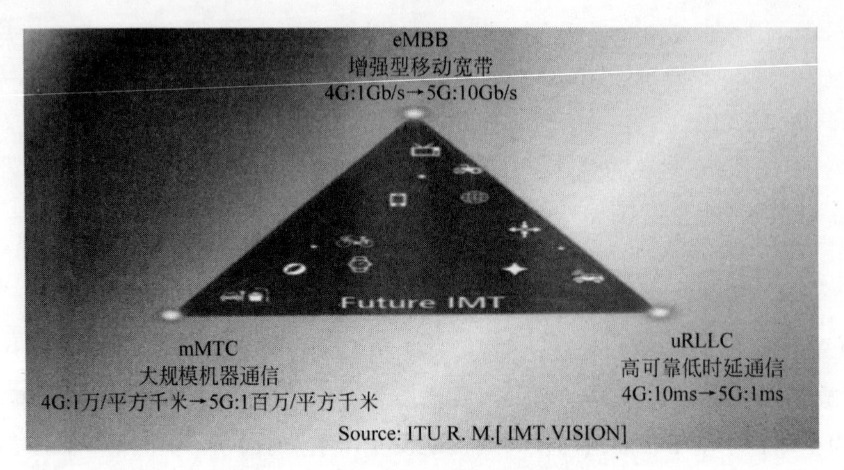

图 1-1　5G 业务三类典型应用场景

（3）大规模机器通信 mMTC：面向智慧城市、智能家居、环境监测等以传感和数据采集为目标的应用需求。

1.1.1　5G 的规范时间表

移动通信经过几十年的发展，网络技术和规范也在不断演进和增强。先来回顾 5G 之前的重要规范时间表，如图 1-2 所示。

版本	时间	内容
R14	2017年3月	控制与用户平面分离的CUPS架构发布
R13	2016年3月	NB-IoT的第1个版本发布
R8	2009年3月	EPC(4G核心网)的第1个版本发布。除此之外还提出了Common IMS、家庭基站、语音过渡技术CSFB和SRVCC等
R7	2007年8月	提出了直接隧道机制来降低用户数据转发时延，并对IMS和HSPA技术继续增强
R6	2005年3月	对IMS进行了增强，并提出了HSUPA、基于流的计费及MBMS技术
R5	2002年6月	接入网IP化，核心网引入了IMS域，无线侧增加了HSDPA技术，以及容灾的池组方案
R4	2001年3月	核心网电路域引入了软交换，实现了承载与控制的分离
R99	2000年3月	第1个3G版本，引入了WCDMA的无线接入网络UTRAN

图 1-2　5G 之前的重要规范时间表

5G 网络包括非独立组网（Non-Standalone，NSA）和独立组网（Standalone，SA）两种组网方案，这两种组网方案的第 1 版规范均为 R15。如果运营商希望能早期快速商用 5G，则可采用NSA方案，该方案核心网节点仍采用EPC(Evolved Packet Core)网元，因此本质上仍依赖于4G网络建网；如果运营商不急于快速商用5G(例如未获得5G牌照等客观条件)，则可以等条件成熟时直接采用独立组网方案。

NSA的第1版规范于2017年12月发布，SA的第1版规范于2018年6月发布。R15主要定位于服务eMBB业务，对uRLLC和mMTC等业务的增强支持在R16及后续版本中持续更新和发布。

R16规范制定期间因为疫情原因3GPP改为线上开会，因此推迟到2020年6月才正式发布，这间接地影响了uRLLC类业务的商用部署。

R17则直到2022年6月才正式发布。目前5G商用网络中仍以R15规范组网为主，并伴随着R16和R17的新功能测试或局部商用。

5G核心网(5G Core，5GC)的主要和基本功能包括以下几种。

(1) 服务化架构(Service-based Architecture，SBA)。

(2) CUPS。

(3) 网络切片。

(4) 移动性管理和会话管理的分离。

(5) 统一的认证框架(3GPP网络和非3GPP网络)。

(6) 边缘计算。

(7) 能力开放。

(8) 计算与存储的解耦。

(9) 新的QoS框架。

(10) 网元平台向NFV/SDN的演进。

(11) 语音业务继续沿用IMS等。

后续章节将逐一展开深入剖析。

1.1.2 5G规范的阅读建议

5G核心网新手建议按照以下路径学习和阅读3GPP规范。

1. 规范的学习顺序建议

(1) 先学习23501，了解5G网络整体框架和网元功能与特性。该规范详细介绍了5G的整体架构、网元的功能与服务、5G网络的特性。

(2) 再学习23502的信令流程，该规范详细介绍了5G核心网涉及的所有信令流程。

(3) 最后结合5GC不同接口的接口规范，深入学习信令流程中每步信令消息与参数，并重点学习必选和条件必选参数。

2. 5G信令消息的分类

(1) SBI消息：在29系列规范中定义，29系列规范详细说明了该网元对外提供的服务、调用方法及参数构成等。SBI接口的服务调用本质上是一种应用程序接口(Application Programming Interface，API)调用，因此该网元的29系列规范也可以看成该网元的API调用手册，例如AMF的SBI接口规范是29518。

(2) NAS消息：在24501中定义，详细介绍了N1接口NAS消息的参数与构成。

(3) NGAP消息：在38413中定义，详细介绍了N2接口消息的参数与构成。

(4) PFCP消息：在29244中定义，详细介绍了N4接口消息的参数与构成。

3. 5G信令消息参数分类

对于信令流程的学习，最终会落地到具体的接口规范和相关的参数学习。由于基于服务的接口(Service Based Interface，SBI)规范较多且更具代表性，因此以SBI参数为例进行介绍。

SBI参数分成两类：

(1) 公共数据类型(Common Data Type)：表示该参数可能会在多个网元、多个规范里出现，并不是某个网元所特有的，如DNN、SUPI等。这些公共参数在29571中定义。

(2) 网元特有数据类型(Specific Data Type)：顾名思义是指某个网元独有的参数，例如AmfStatusInfo参数就属于AMF的特有参数，只有在29518中才能找到参数说明。

最后还要了解参数的数据类型，因为数据类型决定了该参数如何取值及取值范围。有些参数刚接触时不易理解，但通过查看它的数据类型，可以大致推算出一部分，这对理解信令是有帮助的。例如DNN是字符串类型，不是整数型，那么取值就不能是数字100；而5QI是整数型，那么就不能取值为abc之类的字符串。

在上述规范的参数介绍章节，都有该参数对应的数据类型说明，主要分为3类。

(1) 简单数据类型：包括字符串、整数、浮点数、布尔值等。

(2) 枚举类型(Enumeration)：实际上是做选择题，从候选答案里选择1个。例如NRF网元的SBI规范29510中有一个参数是NFType，是标识网元类型的。NFType的枚举类型取值见表1-1。

表1-1 NFType的枚举类型取值

枚举类型取值	描　　述
"NRF"	Network Function：NRF
"UDM"	Network Function：UDM
"AMF"	Network Function：AMF
"SMF"	Network Function：SMF
"AUSF"	Network Function：AUSF

续表

枚举类型取值	描　述
"NEF"	Network Function：NEF
"PCF"	Network Function：PCF
"SMSF"	Network Function：SMSF
"NSSF"	Network Function：NSSF
"UDR"	Network Function：UDR
"LMF"	Network Function：LMF
"GMLC"	Network Function：GMLC
"5G_EIR"	Network Function：5G-EIR
"SEPP"	Network Entity：SEPP
"UPF"	Network Function：UPF
"N3IWF"	Network Function and Entity：N3IWF
"AF"	Network Function：AF
"UDSF"	Network Function：UDSF
"BSF"	Network Function：BSF
"CHF"	Network Function：CHF
"NWDAF"	Network Function：NWDAF
"PCSCF"	Network Function：P-CSCF
"CBCF"	Network Function：CBCF
"UCMF"	Network Function：UCMF
"HSS"	Network Function：HSS
"SOR_AF"	Network Function：SOR-AF
"SPAF"	Network Function：SP-AF
"MME"	Network Function：MME
"SCSAS"	Network Function：SCS/AS
"SCEF"	Network Function：SCEF
"SCP"	Network Entity：SCP
"NSSAAF"	Network Function：NSSAAF

(3) 结构化类型(Structured)：表示有数据关联性，或者嵌套关系的参数。一个大参数里包含若干子参数，甚至孙参数。例如 UDM 网元 SBI 规范 29503 里的 AvEapAkaPrime 参数，即 EAP-AKA 鉴权向量组，就是由 rand、xres、autn、ckPrime、ikPrime、avType 等子参数构成的。

1.1.3　5G 网络的构成

1. 5G 网络架构图

5G 网络架构图在 23501 中定义，包括 SBA 架构和参考点架构两种呈现形式，其中 SBA 架构如图 1-3 所示。

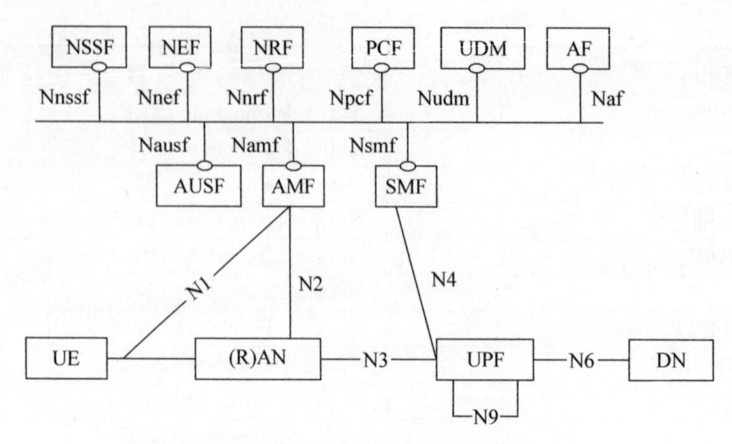

图 1-3　5G 网络架构图(SBA 架构)

5G 网络 SBA 架构有以下主要特点：

(1) 每个网元对外暴露一到多种服务,其他网元通过 HTTP API 形式调用该服务。基于生产者-消费者模型,提供服务的网元称为服务的生产者,调用该服务的网元称为服务的消费者。

(2) 网元对外暴露的接口统称为 SBI,书写格式以大写字母 N 开头,加上小写的网元名字,如 Namf。

5G 网络架构图的另一种呈现形式参考点架构如图 1-4 所示。

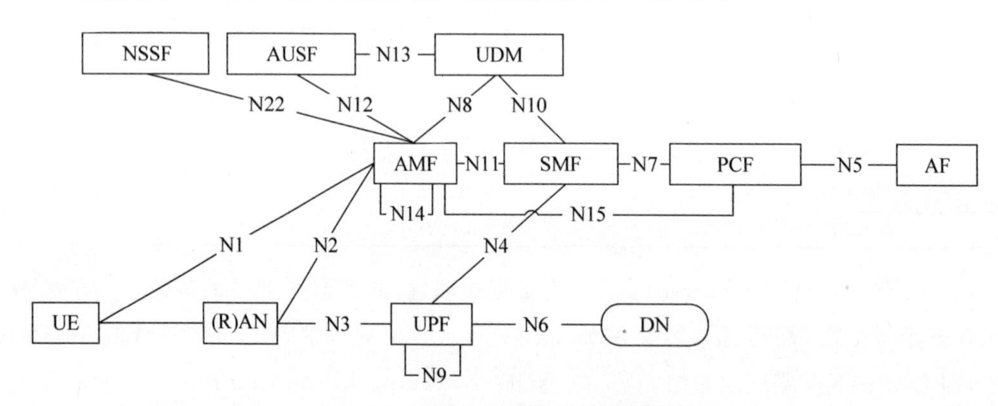

图 1-4　5G 网络架构图(参考点架构)

5G 网络参考点架构有以下特点：

(1) 参考点架构的功能和 SBA 架构相同,但为了方便交流,3GPP 依然参照 4G 网络架构,给需要互访的两个网元之间制定了参考点,以大写的字母 N 开头,后面跟一个数字,如 N11 代表 AMF 和 SMF 之间的接口。

(2) 工作交流时如果说 N11 接口有故障,马上就知道是 AMF 和 SMF 之间有问题,但如果说Namf接口有故障，就难以判断具体是哪两个网元之间出现了故障。这样更方便业内人士的技术交流、运维和故障定位，因此日常工作中，参考点架构的使用频率更高。

注意：并不是所有网元都具有SBI（或者对外暴露服务），通常只有核心网控制面网元才有SBI。如RAN、UPF都没有SBI，依然采用传统的点到点接口如N2接口。

2. 5G网络的网元

5G端到端网络包括用户设备（User Equipment，UE）、NG-RAN（5G接入网）和5GC，其中NG-RAN的主要网元由5G基站构成，称为NR NodeB或gNodeB，以下简称为gNB。5GC主要由AMF、SMF等网元组成。后续章节会探讨核心网网元的功能变化，这里先了解一下RAN侧的变化。从4G的eNB到5G的gNB，基站的架构发生了不小的变化。

4G的eNB包括基带处理单元（Base Band Unit，BBU）、射频拉远单元（Radio Remote Unit，RRU）、天线等模块，每个基站都有一套BBU，通过BBU连到核心网。5G则把BBU拆分成了中心单元（Centralized Unit，CU）和分布单元（Distributed Unit，DU）。

（1）CU负责处理非实时的无线高层协议栈功能，包括PDCP和RRC层。

（2）DU负责处理物理层功能和实时性需求的层2功能，包括RLC、MAC、PHY层。

CU可以采用通用的x86服务器向云化、虚拟化方向演进，而原来的RRU和天线则合并成了有源天线单元（Active Antenna Unit，AAU）。AAU到DU称为前传（Fronthaul）、DU到CU称为中传（Midhaul）、CU到核心网称为后传（Backhaul），因此5G的gNB构成包括AAU、CU和DU三部分。gNB整体架构如图1-5所示（实物图，供参考）。

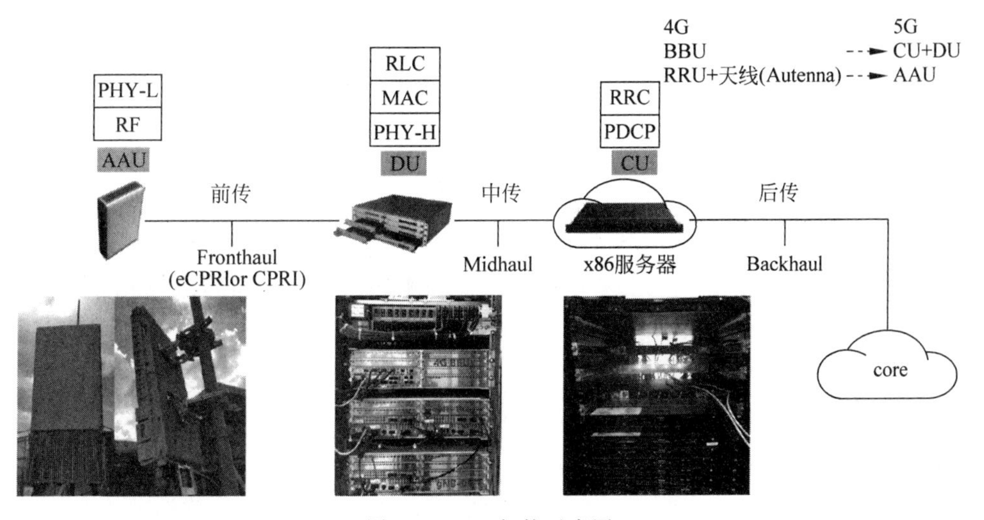

图1-5　gNB架构示意图

核心网侧网元在23501中定义，在R15.6版本中共定义了以下主要的5GC网元。这些网元的类型和4G网元的功能类比见表1-2，其中AM表示接入管理，MM表示移动性管理，

RM 表示注册管理,CM 表示连接管理,SM 表示会话管理。

表 1-2　5G 网元及与 4G 网元的功能类比

类型	5G 网元名	全　称	与 4G 网元的功能类比
基本业务网元	AMF	Access & Mobility Management Function	MME 中的 MM、AM、CM 功能
	SMF	Session Management Function	SGW-C 和 PGW-C 及 MME 中的 SM 功能
	UDM	Unified Data Management	HSS 前端
	AUSF	Authentication Server Function	MME 中的鉴权功能
	NRF	Network Repository Function	DNS
	UPF	User Plane Function	SGW-U 和 PGW-U
PCC 相关	PCF	Policy Control Function	PCRF
	CHF	Charging Function	离线计费和在线计费功能
	NWDAF	Network Data Analytics Function	无对应网元
数据存储相关	UDR	Unified Data Repository	HSS 后端
	UDSF	Unstructured Data Storage Function	无对应网元
切片选择相关	NSSF	Network Slice Selection Function	无对应网元
能力开放相关	NEF	Network Exposure Function	SCEF
	AF	Application Function	AF
定位功能相关	GMLC	Gateway Mobile Location Centre	GMLC
	LMF	Location Management Function	LMF
短消息业务	SMSF	SMS Function	无对应网元
HTTP 路由相关	BSF	Binding Support Function	无对应网元
非 3GPP 互操作	N3IWF	Non-3GPP Inter Working Function	ePDG
其他网元	5G-EIR	5G-Equipment Identity Register	EIR
	SEPP	Security Edge Protection Proxy	无对应网元

5G 网络已经大规模商用,但很长时间内仍需和 4G 网络长期共存及互操作,哪些 4G 和 5G 网元需要合设呢? 3GPP 给出了明确的要求,如图 1-6 所示。

从图 1-6 可以看出,必须合设的网元包括 HSS/UDM/AUSF、PCF 和 PCRF、SMF 和 PGW-C、UPF 和 PGW-U,而 MME 与 AMF 并不要求合设,SGW 也不要求与 SMF/PGW-C 合设(但厂家产品基本支持合设)。如果 5G 初期 HSS 和 UDM 网元无法合设,则需保证 UDM 能完成与 HSS 的互操作,以支持 4G 与 5G 网络互操作场景下的各种信令流程。

3. 5G 网元接口、协议整理表

5G 主要接口及运行的协议见表 1-3。

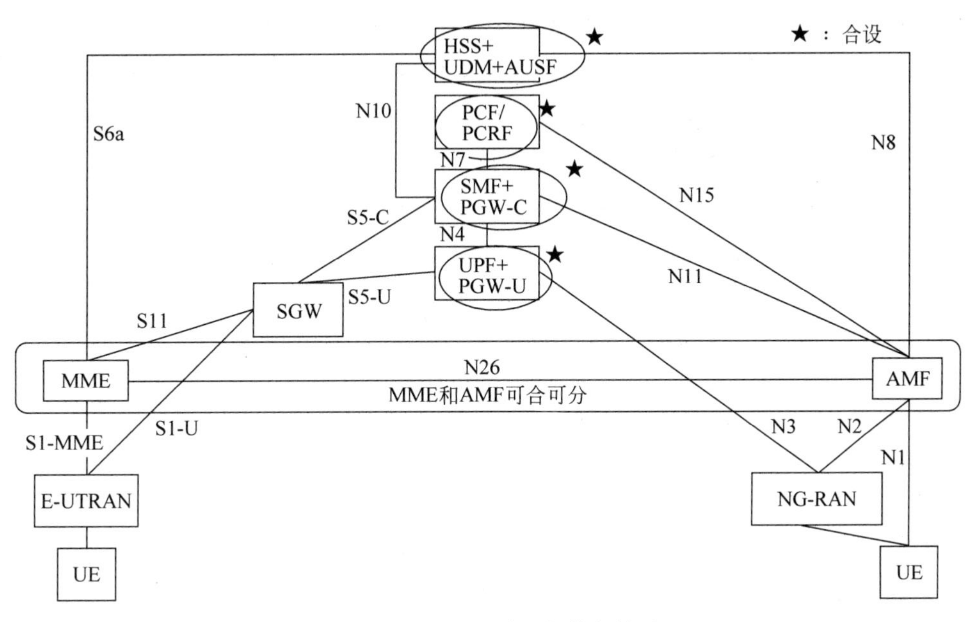

图 1-6　4G/5G 网络互操作架构图

表 1-3　5G 主要接口及运行的协议

5GC 接口	网元	协议和接口基本功能	遵循规范
N1	UE-AMF	UE 与 AMF 之间 NAS 信令消息的传输，AMF 处理 NAS-MM 信令消息，NAS-SM 相关的信令消息透传给 SMF 处理	3GPP 24.501
N2	gNB-AMF	NGAP，传送 NAS 消息和 N2 接口信令连接功能	3GPP 38.413
N3	gNB-UPF	GTPv1 协议，传送用户面数据报文	3GPP 29.281 3GPP 38.415
N4	SMF-UPF	PFCP，传输 SMF 与 UPF 之间的控制面及用户面信息	3GPP 29.244
N5	PCF-AF	HTTP/2 协议，用于 PCF 接收应用层的参数和需求并提供相关的服务	3GPP 29.514
N6	UPF-DN	用户原始数据，如图片、视频等	3GPP 29.561
N7	SMF-PCF	HTTP/2，SMF 从 PCF 获取 PCC 相关的控制策略	3GPP 29.512
N8	AMF-UDM	HTTP/2，AMF 从 UDM 侧获取移动性管理签约数据	3GPP 29.503
N9	UPF-UPF	GTPv1 协议，传送用户面数据报文	3GPP 29.281 3GPP 38.415
N10	SMF-UDM	HTTP/2，SMF 从 UDM 侧获取会话管理签约数据	3GPP 29.503
N11	AMF-SMF	HTTP/2，AMF 与 SMF 间传递会话管理相关消息	3GPP 29.502 3GPP 29.518
N12	AMF-AUSF	HTTP/2，AMF 从 AUSF 获取鉴权向量用于鉴权管理	3GPP 29.509
N13	AUSF-UDM	HTTP/2，AUSF 从 UDM 获取鉴权向量用于鉴权管理	3GPP 29.503
N14	AMF-AMF	HTTP/2，AMF 之间传递用户上下文或切换准备等目的	3GPP 29.518
N15	AMF-PCF	HTTP/2，AMF 从 PCF 获取移动性管理相关的策略	3GPP 29.507

除上述接口外，还有以下接口也非常重要，已经或今后有大概率会商用。

（1）N26 接口：MME 到 AMF，运行 GTPv2 协议，用于 5G 和 4G 的互操作。

（2）N20 接口：AMF 到 SMSF，运行 HTTP/2 协议，用于 SMS over NAS 解决方案。

（3）N21 接口：SMSF-UDM，运行 HTTP/2 协议，用于 SMS over NAS 解决方案。

（4）N22 接口：AMF 到 NSSF，运行 HTTP/2 协议，用于切片选择。

（5）N29 接口：SMF 到 NEF，运行 HTTP/2 协议，用于能力开放。

（6）N30 接口：PCF 到 NEF，运行 HTTP/2 协议，用于能力开放。

（7）N40 接口：SMF 到 CHF，运行 HTTP/2 协议，用于计费（离线＋在线）。

1.1.4 5GC 的十大主要变化

变化一：SBA 架构

4G 以网元（Network Function，NF）为中心，5G 则以颗粒度更细的网元服务为中心进行设计。颗粒度更细的网元架构也利于向虚拟化和微服务化方向（虚拟机或容器）演进以提升灵活性。例如在厂家的产品设计中可以将 UDM 拆分成鉴权、签约数据管理、UE 上下文管理等多个微服务，在产品开发时可以交由不同的团队独立开发，彼此之间是解耦的，每个微服务有各自独立的生命周期管理（如缩扩容、版本升级等）。例如可以将同一网元的微服务 A 交给上海研发中心用 C 语言开发、将服务 B 交给北京研发中心用 Go 语言开发，部署在不同的容器中。

一个网元功能被拆分成一个或多个服务后，每个网元的服务可以被其他控制面网元以 API 的形式调用。

通过对比 UDM 提供的服务和 HSS 的网元功能，可以发现两者在实现的功能方面非常相似，见表 1-4。

表 1-4 UDM 服务和 HSS 功能对照

4G 网元	主要功能	消息举例	5G 网元	对应的服务	对应的服务操作
HSS	鉴权管理	Authentication Request	UDM	UE Authentication（UE 鉴权）	Get
	位置管理	Update Location Request		UECM（UE 上下文管理）	Registration
	签约数据管理	Insert Subscriber Request		SDM（签约数据管理）	Get

变化二：网元注册、发现与选择

5GC 中引入了 SBA 架构，每个网元都需要支持多种服务并引入 HTTP/2 作为 SBI 的唯一协议，网元的选择和发现不再依赖 DNS，而是引入了 NRF 网元来完成。基于 NRF 的服务发现和选择具有动态、灵活、自动化、无须预配置等优势。

基于 NRF 的服务发现和网元选择的基本步骤如下。

(1) 新网元启动后,主动向 NRF 注册自己的信息(主要包括寻址信息和能力信息)。

(2) NRF 登记该网元信息,供其他网元选择。

(3) 其他网元根据不同的查询原则,查询 NRF 选择自己需要的网元。

(4) NRF 查询已登记注册的网元信息,返回网元选择的结果。

EPC 与 5GC 在网元发现和选择方面的主要异同见表 1-5。

表 1-5　EPC 与 5GC 在网元发现和选择方面的主要异同

异　同　点	EPC	5GC
网元选择方法	查 DNS	查 NRF
协议	DNS	HTTP/2
网元登记方法	DNS 静态预配置	新网元主动到 NRF 注册
网元信息变化的更新方法	DNS 手动修改配置	网元主动向 NRF 发送更新
网元下线的处理方法	DNS 删除该网元相关配置	网元主动通知 NRF
服务对象	主要为 MME 服务	绝大多数 5GC 网元
部署方式	分层部署(如省内、省间两层)	

变化三:控制与用户面分离

CUPS 有利于业务的集中控制和管理,最早在 3GPP R14 中提出,可应用于 4G、5G NSA 和 5G SA 核心网,支持边缘计算、切片、分布式云化部署及与 SDN 的集成等场景。

CUPS 在不同核心网中有不同的接口名称。在 EPC 中叫 Sx 接口,在 5GC 中叫 N4 接口,协议都采用 PFCP,在 29244 中定义。

在 5G 中 SMF 通过 N4 接口下发各种管控规则,如 QoS 管控、包转发、报文缓存等规则交给 UPF 执行。CUPS 分离示意图如图 1-7 所示。

图 1-7　CUPS 分离示意图

变化四:MM 和 SM 的分离

4G 中的 MME 既负责移动性管理(Mobility Management,MM),也负责会话管理(Session Management,SM)。在 5G 中 AMF 不再负责会话管理而只负责移动性管理,会话管理则交给专门的网元 SMF 处理。5G 网络中 NAS 消息的分层结构如图 1-8 所示。

从图 1-8 可以看出,5G-NAS 消息中与移动性管理相关的 NAS-MM 消息(如注册请求)在 AMF 终结,而与会话管理相关的 NAS-SM 消息(如 PDU 会话建立请求)在 SMF 终结。AMF 不对 NAS-SM 消息解封装,直接透传给 SMF 处理。

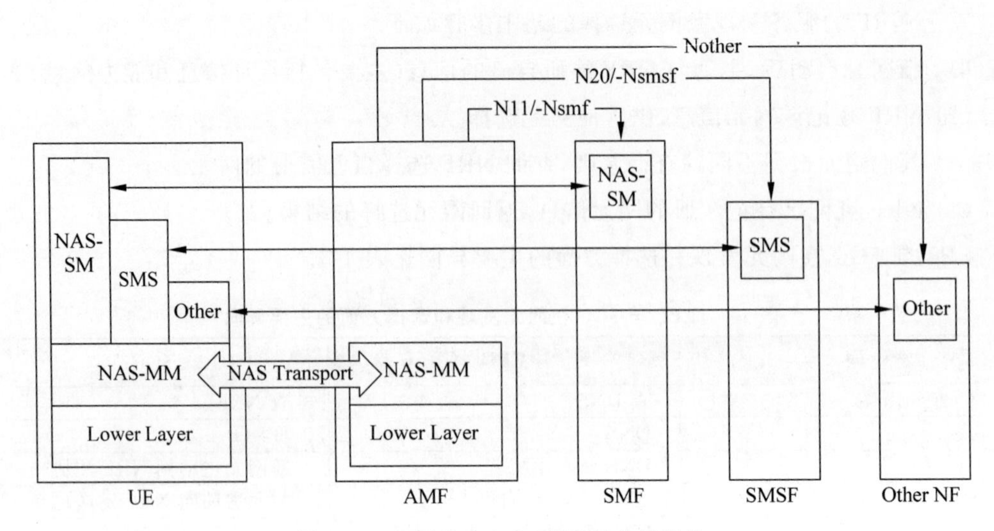

图 1-8 5G 网络中 NAS 消息的分层结构

移动通信核心网中类似的“分离”还有很多，如图 1-9 所示。

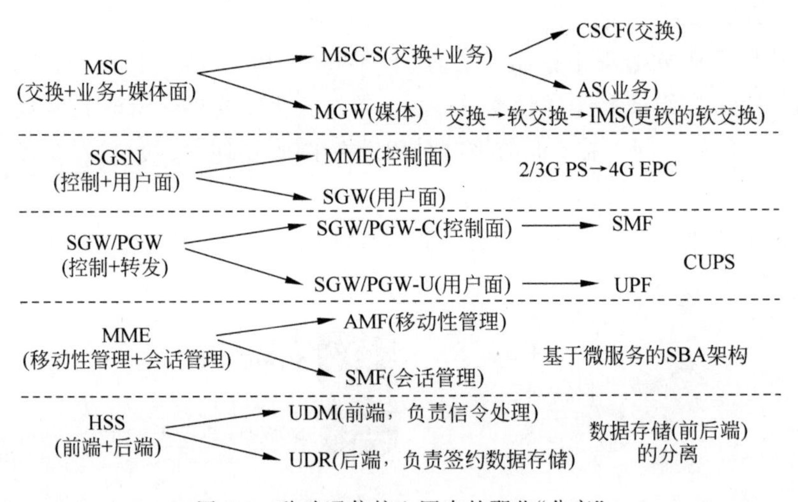

图 1-9 移动通信核心网中的那些“分离”

变化五：边缘计算

uRLLC 类业务诸如车联网对低时延与高可靠性有极高的要求，需要将网络延迟控制在 10ms 内才能保障车联网业务的稳定运行。如果车联网服务器集中放置在省会城市，则距离汽车可能有几百千米，无论如何优化均不能满足 10ms 的要求，因此仅从技术角度进行优化是不够的，还得依赖于网络架构的调整。将服务器下沉到离终端更近的位置，并通过 5G 网络将关键业务分流到本地服务器处理，这种解决方案称为边缘计算。

在边缘计算的 5G 架构中，UPF 被分成多种不同的角色。包括 PDU 会话锚点（PDU Session Anchor，PSA）UPF、上行分类器（Uplink Classifier，ULCL）UPF、分叉点（Branching Point，BP）UPF 和中间 UPF（Intermediate UPF，I-UPF）。

1）PSA UPF

提供 N6 接口与 DN 相连，即承担 PSA 角色的 UPF 具有到 DN 的出口。简单来讲，如果某 UPF 有 N6 接口，则可以认为它就是 PSA UPF。通过 PSA UPF 可实现 5G 网络与外部数据网络的连接，并不是所有的 UPF 都具有 N6 接口。

2）ULCL UPF

根据 ULCL 分流规则对上行业务流量分流的 UPF 称为 ULCL UPF。ULCL UPF 负责根据分流规则将上行流量分流到不同的 PSA 出口，可用于 IPv4 或 IPv6 网络。ULCL 分流规则可由 SMF 通过 N4 接口下发给 ULCL UPF。

3）BP UPF

与 ULCL 类似也用于上行业务流量的分流，但仅用于 IPv6 网络。具备将 IPv6 多宿主的 PDU 会话数据转发到不同 PSA UPF 的功能。

4）I-UPF

RAN 和 PSA 之间的 UPF 都可以称为 I-UPF。I-UPF 包括 ULCL UPF 和 BP UPF。

这里提到的 ULCL 和 BP 同时也采用边缘计算中的分流规则。主要区别是 ULCL 根据目的 IP 进行分流，而 BP 则基于 IPv6 前缀（源地址）进行分流。ULCL 还具有 UE 无感知、能支持 IPv4 和 IPv6 网络的优点。BP 方案则需要 UE 支持且仅能用于 IPv6 网络，因此，目前 5G 商用边缘计算网络中大多采用 ULCL 分流方案。

ULCL 分流示意图如图 1-10 所示。

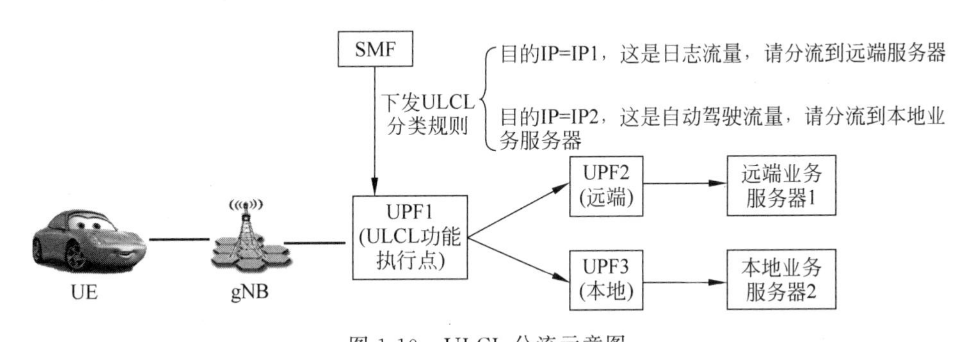

图 1-10　ULCL 分流示意图

变化六：计算与存储的解耦

4G 中的 MME 可以通过 MME 池（MME Pool）技术实现容灾。MME 池可以实现网络级的容灾，例如池中一个 MME 宕机，用户可自动切换到池中另一个 MME 提供服务，但

MME 池无法实现 MME 节点内部故障引发的容灾需求。例如 MME 存放用户上下文的硬盘或单板出现故障，就无法恢复了。因为用户上下文并未和池组中其他 MME 进行同步，所以在这种情况下，UE 只能打开/关闭飞行模式或者重新关开机，才能重新使用 4G 业务。也就是说该场景下 UE 对网络侧故障是有感知的，降低了用户的满意度。

5G 中引入了非结构化数据存储功能(Unstructured Data Storage Function，UDSF)网元，作为后端存储节点为不同的前端网元提供非结构化数据存储服务，从而实现计算与存储的解耦。这里的非结构化数据主要是指 UE 上下文，虽然由很多参数构成，但彼此之间没有绑定关系，是松耦合的关系。非结构化数据通常采用键-值对的形式存储，如键是 UE 标识，值是 IMSI，或者键是当前位置信息，值是跟踪区 1(Tracking Area，TA)等。

而结构化数据的举例可以是 UDM/HSS 中存储的用户签约数据。签约数据可以认为是结构化的，或者关系型的。例如用户签约数据下面有签约的 DNN、签约的 DNN 下又关联了签约的缺省 QoS 等数据。这有点像 MySQL 这样的关系数据库，要想删除其中一张表有时无法实现，因为它可能又关联到了另一张表。只有将关联关系全部解除后才能删除。

引入 UDSF 后，AMF 的容灾就变得简单了，池组中的 AMF 可以将 UE 上下文存储到一个公共后端 UDSF。当某个 AMF 出现故障时，池组中其他 AMF 可以从 UDSF 轻松取回 UE 上下文，继续为 UE 服务，整个过程 UE 无感知，如图 1-11 所示。

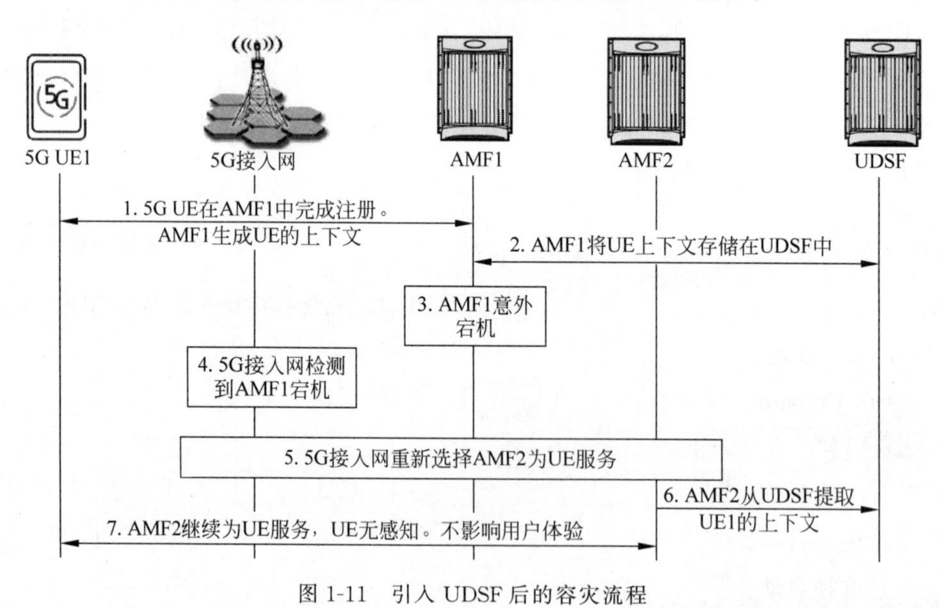

图 1-11　引入 UDSF 后的容灾流程

变化七：对非 3GPP 网络的支持

为支持与非 3GPP 网络互操作，5G 引入了非 3GPP 互操作功能(Non-3GPP Inter

Working Function,N3IWF)网元,这使 5G 网络支持与以下非 3GPP 网络互操作:

(1) 非可信 WiFi 网络(R15)。非可信 WiFi 网络可以理解为非运营商搭建且不由运营商管理维护的 WiFi 网络,如机场、酒店环境下提供的 WiFi 网络。对应的可信 WiFi 可以理解为运营商可控或自建的 WiFi 网络。非可信 WiFi 网络接入 3GPP 网络需要终端与网络侧建立 IPSec 隧道并通过 AAA 认证后才可以接入。

(2) 非可信与可信 WiFi 网络(R16)。

注意:广义的非 3GPP 网络还包括基于 3GPP2 规范搭建的 CDMA 网络,但商用案例已经较少,因此不展开介绍。

4G 网络也支持与非 3GPP 互操作,但 5G 网络中与非 3GPP 网络互操作还实现了控制和用户面的分离。5G 网络与非 3GPP 网络互操作架构图及相关接口如图 1-12 所示。

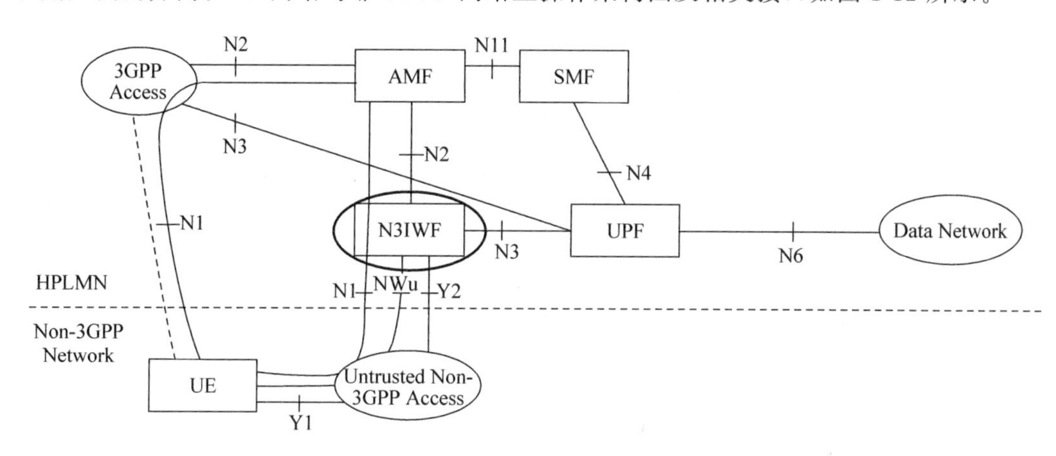

图 1-12　5G 网络与非 3GPP 网络互操作架构图

(1) N2 接口:N3IWF 到 AMF,负责控制面的互通。

(2) N3 接口:N3IWF 到 UPF,负责用户面的互通。

变化八:能力开放

人们常说 4G 改变生活,5G 改变社会。4G 的商业模式主要为面向个人消费者的 B2C(Business to Consumer)业务,而 5G 则升级为 B2B2X(Business to Business to any end-user),其中 X 可理解为更为广泛的各行各业的终端(或行业)用户。

商业模式的改变,意味着 5G 网络需要能满足各行业的多样性定制化需求。这需要 5G 网络以支持更加自动化的方式来运营,而不是产生一个用户需求就去静态修改很多网元的配置。并且这种自动化流程必须是有标准规范、有据可依的,而不是基于个别厂家的私有方案。网络能力开放网元(Network Exposure Function,NEF)就应运而生了。基于 NEF 的 5G 能力开放架构图如图 1-13 所示。

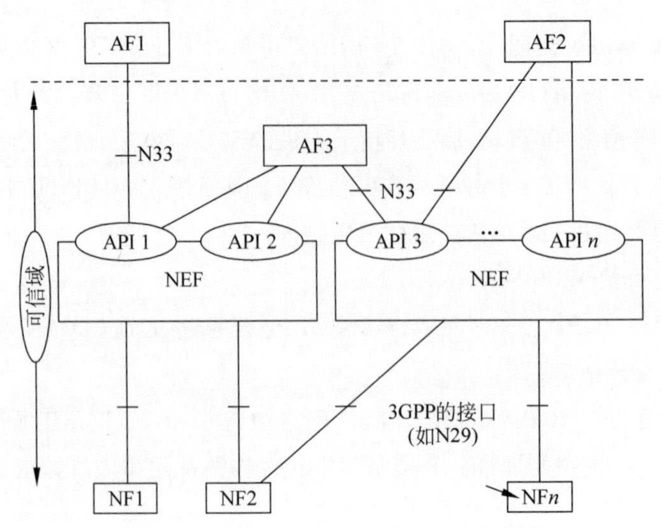

图 1-13　基于 NEF 的 5G 能力开放架构图

图 1-13 中，NEF 与 AF 之间的接口称为北向接口，用以接收应用功能（Application Function，AF）的请求，AF 则泛指应用层的各种服务与功能。从归属权来看可分为运营商自有 AF、第三方 AF。AF1 和 AF2 由于不在可信域（Trust Domain）中，因此都是第三方 AF。位于可信域内的运营商自有 AF 视为可信 AF，如图 1-13 中的 AF3。

NEF 与 5GC 网元（Network Function，NF）之间的接口称为南向接口，是 3GPP 所定义的标准接口，南向接口包括 NEF 到多个 5GC 网元的参考点接口，例如 N29 是 NEF 到 SMF 的接口，N30 是 NEF 到 PCF 的接口。

在 23501 中定义的 NEF 网元的主要功能如下。

(1) QoS 能力开放：第三方 AF 可通过 NEF 请求 5G 网络为某个业务流量进行加速或提供 QoS 保障。

(2) 移动性状态事件订阅：第三方 AF 可通过 NEF 向 5GC 网元（如 AMF）订阅 UE 的位置信息和可达性信息、某 TA 下 UE 总数、漫游状态等移动性管理相关事件。实现运营商和第三方合作伙伴的网络数据共享。

(3) AF 请求的流量疏导：第三方 AF 可通过 NEF 请求 5GC 将特定业务流重定向到特定的 UPF 下。

(4) AF 请求的参数发放：第三方 AF 可通过 NEF 修改 UDM 中存储的用户参数，如期望的 UE 移动轨迹等。

(5) 报文流描述（Packet Flow Description，PFD）管理：由第三方 AF 提供应用层业务数据流检测规则，并通过 NEF 下发给 5GC 网元（如 SMF 和 UPF）用于应用检测。由于检测规则直接由应用层服务器提供，因此应用检测的准确率较高。

变化九：PCC架构的变化

策略计费控制(Policy Charging Control,PCC)包括策略控制和计费控制。策略控制管的是带宽和QoS,计费控制则管钱(用户可用余额或配额)。通过PCC既可以保障带宽的合理有效利用,又可以保证在不多收用户费用的同时规避用户欠费风险,因此PCC无论在4G还是5G网络中都有广泛的应用。

5G和4G网络PCC相比,主要有以下异同：

(1) 5G负责PCC控制平面功能的PCF网元和4G负责PCC控制平面功能的PCRF功能基本相同,用于完成QoS策略控制、业务授权、门控、使用量监控等。

(2) 负责策略执行的策略与计费执行功能(Policy and Charging Enforcement Function,PCEF)因为引入了CUPS,拆分成PCEF控制面(SMF)和PCEF用户面(UPF)。

(3) 5G网络新增网络数据分析功能(Network Data Analytics Function,NWDAF)网元,可采集网络的实时状态数据(如网络拥塞状态)并提供给PCF,用于更合理地制定策略。

(4) 离线和在线计费合并为CHF网元实现。这意味着SMF不再产生话费详单(Charging Data Record,CDR),离线计费单由CHF产生。SMF只需向CHF提供计费事件相关的使用量报告。

(5) PCF只负责前端的业务处理,用户数据则存放在后端的UDR中。

变化十：网络切片

前文提到5G网络需要满足各行业对网络的定制化需求。5G不同业务类型对网络的需求对比见表1-6。

表1-6　5G不同业务类型对网络的需求对比

5G业务类型	对网络的需求						
	高可用/安全	时延	每终端吞吐量	每比特成本	数据频率	设备密度	覆盖要求
eMBB	中	中	高、超高	中	高	高	广覆盖
mMTC	中	不敏感	低	低	低	高	广覆盖
uRLLC	高	超低	低、高(看行业)	高	中、高	低	广覆盖或区域覆盖

从表1-6可以看出,不同业务对网络的需求千差万别,但运营商不太可能为每个企业都单独建一套物理5G网络,于是有了网络切片技术的诞生。网络切片,本质上是根据5G不同业务类型按需定制的逻辑专用网络。本质上所有用户还是运行在同一张物理网络上,并非真正意义上的物理专网。来看一下英文原文的定义——Network Slice: A logical network that provides specific network capabilities and network characteristics,即一个提

供特定网络能力和特性的逻辑网络，网络特性则可理解为在 QoS 保障等方面的差别。

网络切片的容量可根据用户规模的不同动态地调整。例如切片 A 为某大型企业定制，可容纳一万用户，而切片 B 则适用于初创或小型公司，只能容纳 500 用户，并且租期一年。一年后如果用户不满意，则可以选择不续租，运营商将释放切片相关的资源，释放的资源可用于创建其他网络切片；如果用户满意并且公司规模扩张，则可以续租并在线扩容升级为支持 1000 或更多用户的切片。

做一个总结，网络切片有以下特点：

(1) 物理资源共享复用，节约建网成本。对用户来讲，价格比物理专网便宜。

(2) 切片之间是互相隔离的，切片之间彼此不可见，安全有保障。

(3) 可依赖切片选择流程、虚拟化和容器技术、VPN 等技术实现网络切片的隔离。

(4) 通常采用虚拟化网元以支持快速部署，网络切片中单个切片的部署或扩容所需时间可以达到分钟级，极大地缩短了业务商用时间(Time To Market，TTM)。

(5) 新的生态系统和商业模式：传统商业模式为线下销售并为用户手工开户。切片可以通过在线方式订购并实时自动开通。运营商还可以为行业切片用户提供自管理入口，并结合 NEF 提供网络能力开放，为行业用户提供感兴趣的网络数据。

网络切片的逻辑拓扑图如图 1-14 所示。

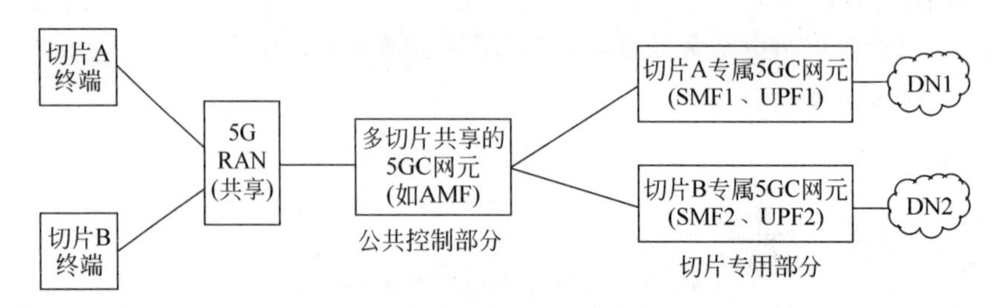

图 1-14 网络切片的逻辑拓扑图

35min

1.2 移动性管理

1.2.1 注册管理模型

5GC 定义了两种注册管理(Registration Management，RM)状态，用于反映 UE 与网络侧的注册状态，如图 1-15 所示。

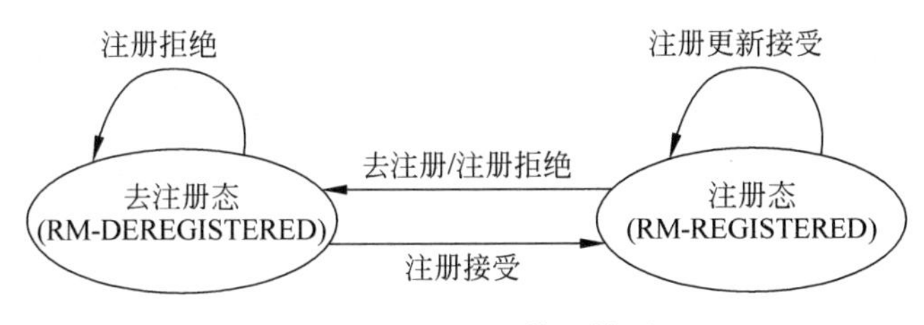

图 1-15　5G 注册管理模型

(1) 去注册态(RM-DEREGISTERED)：此状态下 UE 没有注册到网络侧，AMF 不了解 UE 的位置信息，也没有 UE 的上下文，即 UE 对 AMF 来讲是不可达和不可见的。

(2) 注册态(RM-REGISTERED)：此状态下，UE 已经注册登记在网络侧，可访问签约的 5G 业务。

5GC 注册管理状态的切换有以下两种。

(1) UE 初始状态为去注册态，当完成 5G 注册流程并收到网络侧下发的注册接收消息后切换到注册态。

(2) 当网络侧拒绝 UE 的注册(发送注册拒绝消息)或者触发了去注册流程时，UE 进入去注册态。

当 AMF 侧的 RM 状态切换到注册态时，AMF 为该 UE 创建 UE 上下文，规范中称为 UE Context。UE 上下文中具体有哪些信息呢？

根据 23502 和 29518 中的定义，AMF 侧创建的 UE 上下文主要参数见表 1-7。

表 1-7　AMF 侧创建的 UE 上下文的主要参数

参 数 名 称	参 数 说 明
SUPI	用户的 IMSI
PEI	用户的 IMEI
gpsiList	UE 的手机号码
subUeAmbr	签约的 UE-AMBR
5gmmCapability	注册流程中 UE 所提供的 5G 移动性管理相关能力
Pcfid	注册流程中 AMF 选择的 PCF 标识
forbiddenAreaList	禁止访问的区域列表
serviceAreaRestriction	受限的服务区域列表
mmContextList	UE 的移动性管理上下文

可以看到 UE 上下文中有用户的 SUPI、签约的 UE-AMBR、5G 移动性管理相关能力、禁止区域列表、GPSI 及移动性管理上下文(MMContext)子参数，其中移动性管理上下文子参数记录了 UE 的注册区域、注册状态、UE 的当前位置等详细信息，见表 1-8。

表 1-8　MMContext 中的主要参数

参数名称	参数说明
accessType	接入类型，取值为 3GPP access 或 non-3GPP access
nasSecurity Mode	UE 使用的安全模式(UE 使用的完整性保护和加密算法)
ueSecurity Capability	UE 的安全能力(UE 支持的完整性保护和加密算法等)
allowedNssai	UE 允许访问的切片列表
TAI of last Registration	UE 上一次注册所在的跟踪区
RM State	UE 的注册管理状态(注册态或去注册态)
Registration Area	AMF 为 UE 分配的注册区域
User Location Information	UE 的当前位置信息，如所在小区

1.2.2　连接管理模型

连接管理的主要目的是保护空中接口(以下简称为空口)及 N2 和 N3 接口带宽资源可以得到有效利用。带宽资源是有限资源，也是运营商最宝贵的资产之一。

5GC 定义了两种连接管理(Connection Management，CM)状态，用于反映 UE 与网络侧的连接状态，如图 1-16 所示。

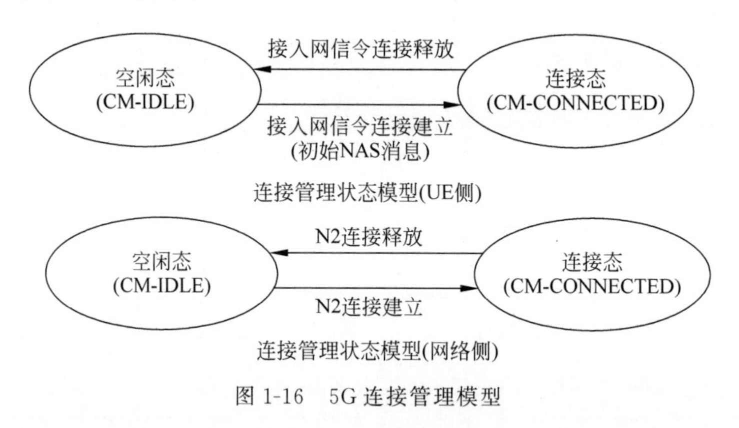

图 1-16　5G 连接管理模型

(1) 空闲态(CM-IDLE)：此状态下 UE 的空口资源、N2 和 N3 连接都被释放。UE 可执行小区选择/重选、PLMN 选择等流程，或发起业务请求流程切换到连接态。空闲态下位置管理的颗粒度是 TA，即 AMF 能感知 UE 当前所在的 TA。

(2) 连接态(CM-CONNECTED)：此状态下，UE 和 AMF 之间建立了 N1 接口的 NAS 信令连接。这也意味着 N1 接口所依赖的 N2 接口连接和 RRC 连接也都已经建立。连接态位置管理的颗粒度是 gNB，即 AMF 能感知 UE 当前所在的 gNB。通过 gNB 上报的用户位置信息，AMF 还能了解到 UE 当前所在的具体小区信息。网络侧可通过发起 N2 连接释放流程，将连接管理状态从连接态切换到空闲态。

注意：CM-IDLE类似4G中的ECM-IDLE状态，CM-CONNECTED类似4G中的ECM-CONNECTED状态，但因为E代表E-UTRAN，直接用于5G并不合适，因此删除。

接下来通过一个常见的场景来说明RM和CM状态的转换。

(1) 早上7点UE开机，此时是去注册态。

(2) 开机后UE自动发起5G注册流程，假设于7点00分02秒完成注册流程，即UE收到AMF下发的注册接收消息，UE侧进入注册态和连接态。注册完成后UE根据运营商5G终端规范的要求，发起PDU会话建立流程，获得访问该DNN的UE的IP地址。

(3) 7点00分12秒，网络侧发现UE不活跃，即没有产生任何数据流量，则触发N2连接释放流程。该流程结束后，UE侧进入注册态和空闲态。

(4) 7点30分，UE的主人上了公交车后开始上网，触发N2连接建立(业务请求流程)，UE侧重新进入注册态和连接态。

下面以入住酒店为例，形象地介绍注册管理和连接管理，如图1-17所示。

图1-17 以入住酒店为例看注册管理和连接管理

(1) 酒店的入住和退房流程也可以理解为注册管理。办理入住是注册，办理退房是去注册。入住流程类似于注册流程，包括登记住客信息(类似于注册流程中创建UE上下文)、核验身份证明(类似于注册流程中的鉴权)、酒店为住客分配房间和钥匙(类似于登记UE的位置信息及临时标识)等步骤。

(2) 值得一提的是，住客只需支付一次性的房费，无须额外缴纳任何房间内资源的使用费用，例如房间的水费和电费、走廊的灯照明费、电梯使用费等(明确说明需付费的除外)。这些都包含在房费里了，因此，酒店需要想尽办法在不影响住客体验的前提下，节省水电等资源的使用来降低成本。常见的做法就是资源在有人用时才开，没人用时就关闭或开启低功耗模式。例如酒店的插卡取电、问客人是否需要每天换床单或夜里无人时调暗走廊灯光等多种形式。

(3) 住客自行关灯是主动节省资源的行为,而酒店(此时相当于网络侧)也可以在检测到无人时关闭照明或空调等操作来节省资源,但无论电灯是关闭还是打开状态、无论是住客自己关闭的还是酒店关闭的,只要住客不退房,酒店就一直保存有住客信息(也可称为住客上下文),那么住客就一直是注册态,直到住客退房后酒店删除住客信息才进入去注册态。

1.2.3 用户标识(UE ID)

1. 常见的5G用户标识

5G用户标识符主要有以下5种。

(1) 用户永久标识(Subscription Permanent Identifier,SUPI):SUPI有两种类型,其中最常见的类型是IMSI,常见于3GPP接入和有USIM卡的场景。还有一种类型是网络接入标识符(Network Access Identifier,NAI),常见于非3GPP接入场景,也可用于无USIM卡终端场景。目前5G商用网络大多采用基于IMSI类型的SUPI。

(2) 永久设备标识(Permanent Equipment Identifier,PEI):在全球范围内一个移动设备的唯一标识。该标识包含一个IMEI或IMEISV类型或MAC地址类型的字符串。

(3) 通用公共用户标识(Generic Public Subscription Identifier,GPSI):GPSI有两种类型。最常见的类型是俗称的手机号码,类似于2G/3G/4G网络中的MSISDN,遵从23.003标准,保存在用户归属的UDM/UDR中。还有一种类型称为外部标识(External Identifier),遵循RFC 4282所规定的username@realm格式。目前5G商用网络大多采用MSISDN类型的GPSI。

(4) 5G全球唯一临时标识(5G Globally Unique Temporary Identity,5G-GUTI):由AMF分配给UE的临时标识,在AMF分配给UE的注册区域内有效。5G-GUTI由全球唯一AMF标识(Globally Unique AMF Identity,GUAMI)和5G-TMSI两部分组成,其中,GUAMI由MCC、MNC和24位的AMF标识组成,5G-TMSI是32位的用户终端唯一临时标识。为了提高无线寻呼效率,AMF不使用5G-GUTI寻呼用户,而是以5G-S临时移动用户标识(5G-S-Temporary Mobile Subscription Identity,5G-S-TMSI)寻呼用户终端,5G-S-TMSI由AMF Set ID、AMF Pointer和5G-TMSI构成,如图1-18所示。

(5) 用户隐藏标识(Subscription Concealed Identifier,SUCI):为了保护SUPI在空口不被窃听导致用户身份信息泄露,在5G中允许对SUPI进行加密,在空口任何信令场景下均禁止传送明文的SUPI,空口出现的用户标识只能是加密的SUCI或者临时标识5G-GUTI,从而达到保护SUPI的目的。5G-GUTI由4G的GUTI演进而来,在5G和4G

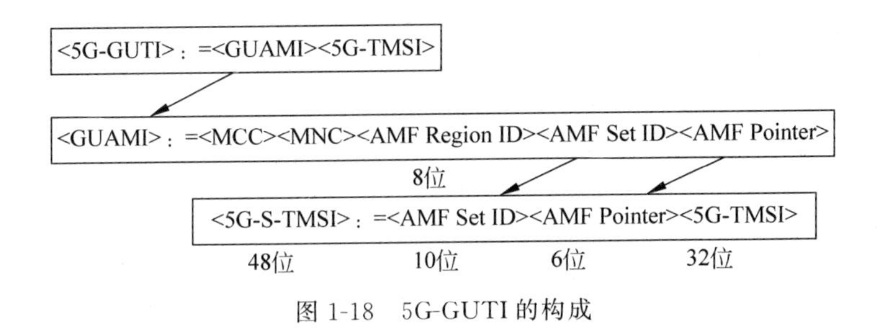

图 1-18　5G-GUTI 的构成

的互操作过程中，5G-GUTI 和 4G 的 GUTI 存在映射关系，具体映射规则在 23501 的附录 B 中定义，主要包括以下几点：

① 5G MCC 映射到 4G MCC；5G MNC 映射到 4G MNC。

② < AMF Region ID >+< AMF Set ID >映射到< MMEGI >+< MMEC >的一部分。

③ < AMF Pointer >映射到< MMEC >的一部分。

④ < 5G-TMSI >映射到< M-TMSI >。

2. SUCI

为了更好地理解相关术语，本节采用常见问答(Frequently Asked Questions，FAQ)的形式来介绍 SUCI。

问题 1-1：SUCI 是怎样产生的？

答案 1-1：SUCI 是基于公私密钥对产生的一次性标识。SUCI 根据 UE 的 USIM 中预置的公钥，结合 IMSI 加密计算产生。

问题 1-2：SUCI 产生的背景是什么？

答案 1-2：4G 中 UE 发起的附着请求及核心网发起的身份请求(Identity Request)流程都有可能获取 UE 的 IMSI。这意味着空口有可能会抓取到用户的 IMSI，带来额外的风险，而引入 SUCI 之后，IMSI 将禁止在 5G 空口中传递，空口只能抓到临时标识 5G-GUTI 或者加密的 SUCI。

问题 1-3：UE 在什么场景下需使用 SUCI？

答案 1-3：23502 和 33501 里明确给出了 SUCI 的使用场景，即在 5G 注册流程中，UE 必须在注册请求中用 5G-GUTI 作为 UE ID。如果没有 5G-GUTI，则使用 SUCI，但绝对不能使用 SUPI 作为注册流程中的用户标识。SUCI 也不用作寻呼标识，寻呼标识用 5G-S-TMSI。

问题 1-4：谁负责计算 SUCI？

答案 1-4：USIM 卡或者移动设备(Mobile Equipment，ME)自身负责计算 SUCI。33501 提到，如无特别声明，应该由 ME 也就是手机来计算 SUCI。

问题 1-5：SUCI 加密和解密的过程是怎样的？谁负责？需要什么前提条件？

答案 1-5：SUCI 采用非对称加密，即加密和解密是两把不同的钥匙。

UE 用预置的公钥对 SUPI 进行加密得到 SUCI，SUCI 通过 gNB 发送给 AMF，AMF 发送给 AUSF，AUSF 发送给 UDM，UDM 最后用私钥进行解密还原为 SUPI。在 33501 的 5G 安全规范中用户标识解密功能（Subscription Identifier De-concealing Function，SIDF）就是 5G 中的 UDM，如图 1-19 所示。

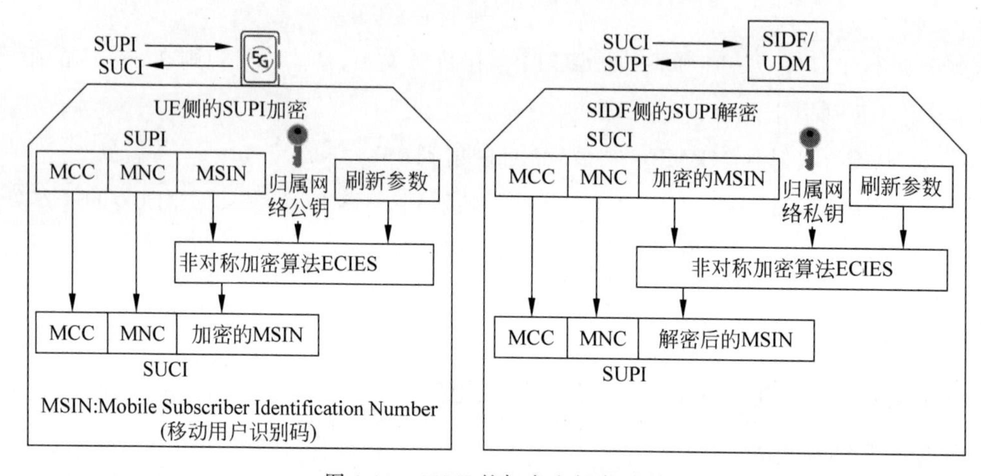

图 1-19 SUCI 的加密和解密过程

问题 1-6：从图 1-19 中可以看出，SUPI 由 MCC＋MNC＋MSIN 构成，而在 4G 和 5G 网络中信令消息均需要根据移动用户识别码（Mobile Subscriber Identification Number，MSIN）路由回到归属地网络，但 MSIN 也被加密了，那么信令消息如何路由回到归属地的 UDM 呢？

答案 1-6：SUCI 的本质就是对 IMSI 中的 MSIN 进行加密，因此不能再依赖于 MSIN 进行路由。于是在 SUCI 中新增了一个路由标志（Routing Indicator）实现和 MSIN 类似的路由功能。路由标志为 4 位十进制数，取值范围为 0～9999，用于和归属网络标识（Home Network Identifier）一起寻址归属地的 AUSF 和 UDM。

问题 1-7：网络侧如何给 UE 推送公钥？

答案 1-7：3GPP 规范并未强制要求，在 33501 的原文是"out of scope"，可以理解为不做强制约束，运营商自行选择成熟方法推送，但在 33501 中还是建议可采用在车联网中较为成熟的空中下载技术（Over The Air，OTA）解决。

问题 1-8：SUCI 是怎样构成的？

答案 1-8：SUCI 的构成在 23003 中定义，如图 1-20 所示。

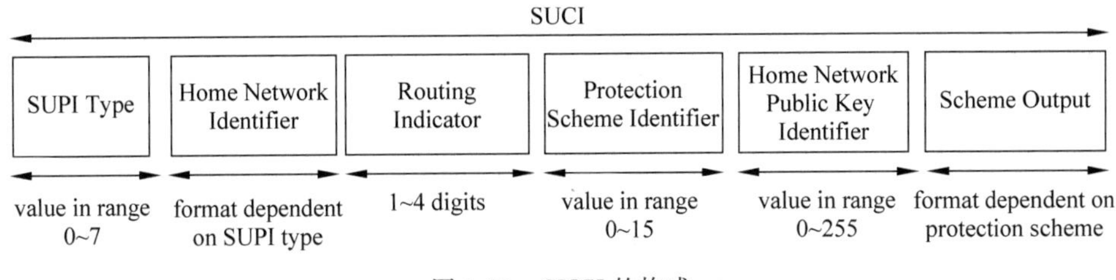

图 1-20　SUCI 的构成

(1) SUPI Type：SUCI 类型，取值为 0 代表 IMSI；取值为 1 代表 NAI 格式。取值范围为 0～7，其中 2～7 预留。

(2) Home Network Identifier：归属网络标识，由 MCC 和 MNC 组成。

(3) Routing Indicator：路由标志。用于归属地 AUSF 和 UDM 的路由。取值为 4 位十进制数。

(4) Protection Scheme Identifier：保护方案标识，取值范围为 0～15。取值为 0 表示 Null-scheme(空方案)；取值为 1 表示 Profile <A>；取值为 2 表示 Profile <B>。3～15 预留。由于目前 5G 商用网络多采用不换卡转换为 5G SA 用户，因此 5G 商用初期采用空方案为主。

(5) Home Network Public Key Identifier：归属网络公共密钥标识，取值范围为 0～255，是运营商提供的公钥，若采用空方案(Protection Scheme Identifier 取值为 0)，则 Home Network Public Key Identifier 取值为 0。

(6) Scheme Output：方案输出，也就是加密的部分，包括加密后的 MSIN。

1.2.4　5G NAS 移动性管理主要信令流程

根据 24501 的分类，将 5G 的 NAS 移动性管理流程分成三类。

1. 5G 移动性管理特有流程

(1) 注册流程。包括初始注册、周期性注册、移动性触发的注册更新、紧急注册 4 种不同场景的注册流程。注册流程只能由 UE 发起。

(2) 去注册流程。去注册流程可以由 UE 或网络侧发起。

2. 5G 连接管理流程

(1) 业务请求流程：用于重建 UE 与 AMF 之间的 NAS 连接，也可用于空闲态或连接态 UE 激活已建立的 PDU 会话的用户面资源。业务请求流程还可用于对寻呼消息的响应，或由通知流程触发。

(2) 寻呼流程：当网络侧收到下行数据，但 UE 处于空闲态时触发本流程。

(3) 通知流程：用于通知 UE 发起业务请求流程，从而重建某个已建立的 PDU 会话的用户面资源。

3. 5G 移动性管理公共流程

此类公共性流程通常不会独立出现，而是作为注册流程等大流程的一部分，主要包括 NAS 消息传送流程、安全模式控制流程(负责 NAS 消息的加密和完整性保护)、UE 身份标识获取流程(获取 UE 的 SUCI)、鉴权流程、UE 配置更新流程、5G 移动性管理状态等。

1.2.5 移动性限制

为了更好地对不同场景 UE 的移动性进行管理，23501 的 5.3.4.1 移动性限制一节中定义了 5G 中的移动性限制功能，对不同场景下的 UE 进行限制。

5G 移动性限制包括无线接入类型限制(RAT Restriction)、禁止区域(Forbidden Area)、服务区域限制(Service Area Restriction)、核心网络类型限制(Core Network Type Restriction)。移动性限制功能由 AMF 负责实现，所需的限制信息或策略可以从 UDM 的签约数据中或者 PCF 的接入管理策略中获取，也可由 AMF 本地配置。

移动性限制相关的主要概念包括以下几点。

(1) 无线接入类型限制：表示限制的 3GPP 无线接入方式，该信息指示了受限的 RAT 类型列表，例如用于表明是否限制 UE 接入 NG-RAN 或者 E-TURAN。

(2) 禁止区域：该区域下不允许 UE 与网络侧之间发起任何通信。

(3) 服务区域限制：包括允许区域和不允许区域。UE 在允许区域中可以正常地和网络通信，没有任何限制。在不允许区域中 UE 可以发起注册流程，但 UE 和网络侧都不允许发起业务请求流程和会话管理类流程，从而限制 UE 使用 5G 业务。

(4) 核心网类型限制：表示受限的核心网类型列表，例如仅允许接入 5GC 或仅允许接入 EPC。

1.2.6 ULI 参数

用户位置信息(User Location Infomation，ULI)参数是移动性管理的重要参数，在 4G 和 5G 中均采用该参数指示 UE 当前位置信息。

问题 1-9：ULI 参数的源头信息是由哪个网元提供的？

答案 1-9：5G 的用户实时位置信息源头是 gNB，核心网是无法直接获取的，需要 gNB 通过 N2 接口消息上报给 AMF，例如通过 N2 消息 INITIAL UE MESSAGE 上报 ULI 参数。

问题 1-10：ULI 参数是如何构成的？

答案 1-10：ULI 参数在 38413 的 9.3.1.16 一节中定义，包括 E-UTRA ULI(NSA)和

NR ULI(SA)。本书重点关注 NR 接入下的 ULI。NR ULI 由 5G 的 TAI 和 NR 小区全局标识(NR Cell Global Identifier,NCGI)两部分组成。

问题 1-11：gNB ID、NR 小区标识(NR Cell Identity,NCI)与 NCGI 的关系是什么？

答案 1-11：NCI=gNB ID+Cell ID,总长是 36 位,但 gNB ID 是会变长的,所以 Cell ID 的长度等于 36 减去 gNB ID 的长度。假设 gNB ID 的长度为 24 位,则 Cell ID 的长度为 12 位。

它们之间的关系如图 1-21 所示。

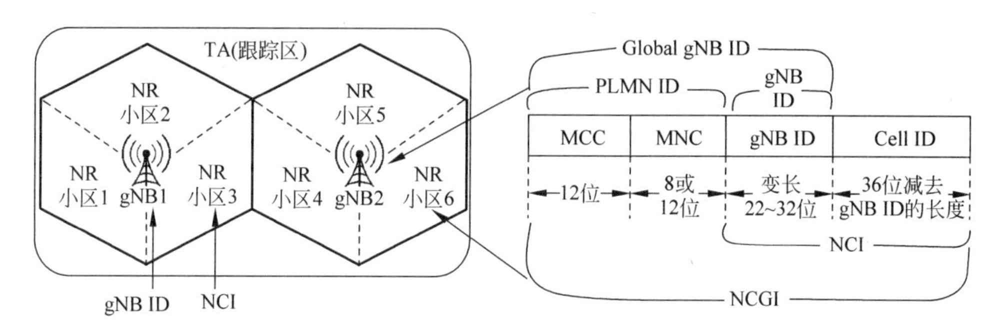

图 1-21　NCGI 的构成

这里推荐一个 gNB ID、NCI 与 NCGI 的在线计算器,网址为 https://nrcalculator.firebaseapp.com/nrgnbidcalc.html,效果如图 1-22 所示。

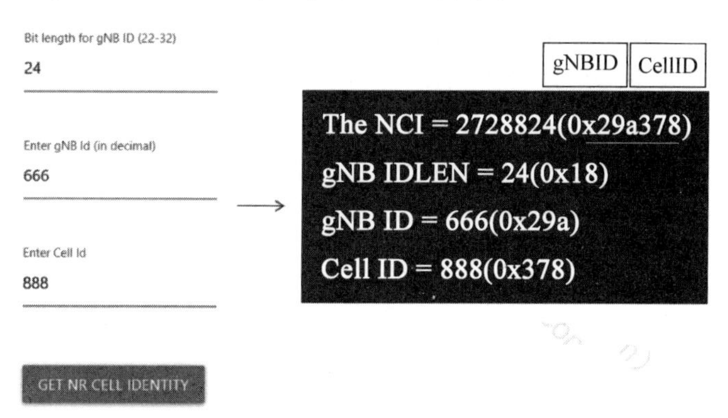

图 1-22　NR 小区 ID 计算器

问题 1-12：注册区(Registration Area)、TA、gNB、小区的关系是什么？

答案 1-12：它们之间的主要关系如下。

(1) 一个小区只能属于一个 gNB(基站)。

(2) 一个小区只能属于一个 TA。

(3) 一个 TA 可以包含多个 gNB。

(4) 一个 TA 可以包含多个小区。

(5) 一个 gNB 下不同的小区可以属于不同的 TA。

(6) 若干个 TA 构成了 AMF 的服务范围。

AMF 可以根据策略(如学习到的 UE 的移动轨迹)为不同的 UE 分配不同的注册区,注册区由 1 到多个 TA 组成。当移动到注册区以外时,UE 需要发起移动性注册更新流程。AMF 的服务范围如图 1-23 所示(该图仅从技术角度进行诠释,商用网络以运营商实际规划为准)。

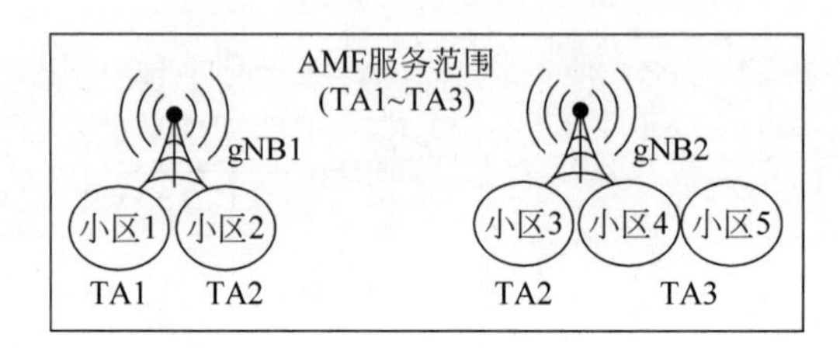

图 1-23　AMF 服务范围示意图

问题 1-13:ULI 参数都会发送给哪些网元?

答案 1-13:ULI 参数由 gNB 上报给 AMF,然后可传递给 NEF、SMF、PCF、AF 等网元,用于能力开放、PCC 策略控制、计费控制、为应用层提供位置信息等目的,如图 1-24 所示。

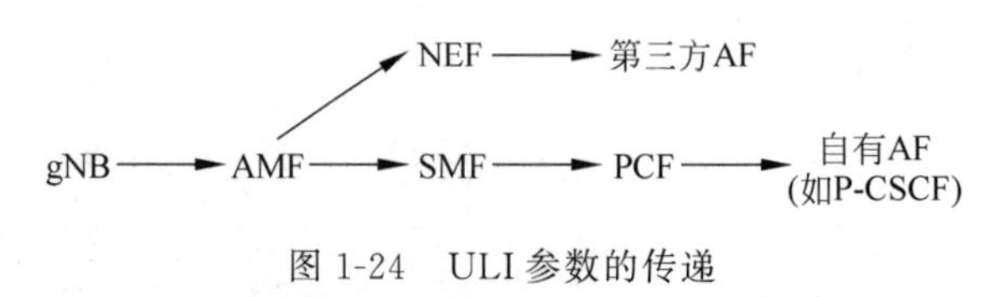

图 1-24　ULI 参数的传递

1.2.7　RRC Inactive 态

5G 空口的连接管理新增了 RRC 不活跃(RRC Inactive)态,在 23501 和 38300 中说明。

问题 1-14:为什么需要 RRC 不活跃态?

答案 1-14:在需要传输数据时能快速恢复连接,同时又能兼顾终端省电的需求。

问题 1-15:RRC 不活跃态有哪些重要特性?

答案 1-15:RRC 不活跃态一定处于 CM-CONNECTED 状态,而不会处于 CM-IDLE 状态。RRC 不活跃态对核心网网元是透明的,即 AMF 无感知(除非 gNB 上报)。在此状态下 UE 的数据处理是暂停的,但 gNB 侧仍然维护 UE 上下文。有数据传输时可快速切换到 RRC 连接态(RRC-CONNECTED)。

RRC 不活跃态状态转换如图 1-25 所示。

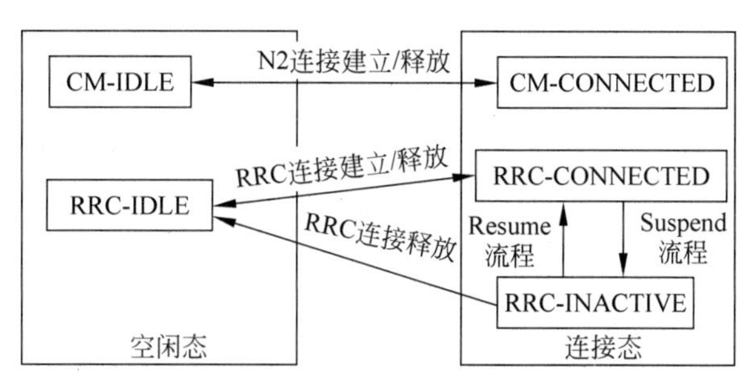

图 1-25　RRC 不活跃态状态转换图

问题 1-16：什么是 RAN 通知区域？

答案 1-16：RAN 通知区域(RAN Notification Area,RNA)由同一 TA 下的若干小区构成，当 UE 在 RNA 区域内移动时，无须通知 gNB。RNA 通过 RNA ID 标识，RNA ID＝TAC＋RAN 区域码(RAN Area Code)，其中 RAN 区域码的取值范围是 0～255。

RNA ID 由最后一次服务的 gNB 分配，通过 RRC Release 消息的 suspendConfig 参数进行分配。当 UE 的周期性 RNA 更新定时器超时或者离开 RNA 区域时，UE 需要发起 RNA 更新流程。

问题 1-17：下行数据到达，gNB 如何寻呼 UE，寻呼范围是多大？

答案 1-17：如果 gNB 收到来自 UPF 的下行数据或者来自 AMF 的下行信令，则该 gNB 在 RNA 的所有小区寻呼 UE；如果 RNA 的小区属于相邻 gNB，则通过 Xn 接口给相邻 gNB 发送 XnAP-RAN-Paging 消息。

问题 1-18：RRC 不活跃态下 UE 和网络侧允许执行哪些信令流程？

答案 1-18：RRC 不活跃态下允许的信令流程包括 PLMN 选择、系统消息广播、小区重选、gNB 发起的寻呼(非 5GC 发起的寻呼)等。

问题 1-19：RRC 不活跃态下的下行数据如何发送？

答案 1-19：RRC 不活跃态下的下行数据发送如图 1-26 所示。

问题 1-20：gNB 如何向 AMF 通知 UE 的 RRC 状态？

答案 1-20：38413 中约定 AMF 可以要求 gNB 发送 RRC 状态转换报告。相关的消息是 AMF 发给 gNB 的 INITIAL CONTEXT SETUP REQUEST 或者 UE CONTEXT MODIFICATION REQUEST 消息，通过携带参数 RRC Inactive Transition Report Request，并取值为 subsequent state transition report 发送 RRC 状态转换报告。gNB 应根据 AMF 的要求，当 UE 进入和离开 RRC-INACTIVE 状态时向 AMF 发送 RRC-INACTIVE 状态转换报告。

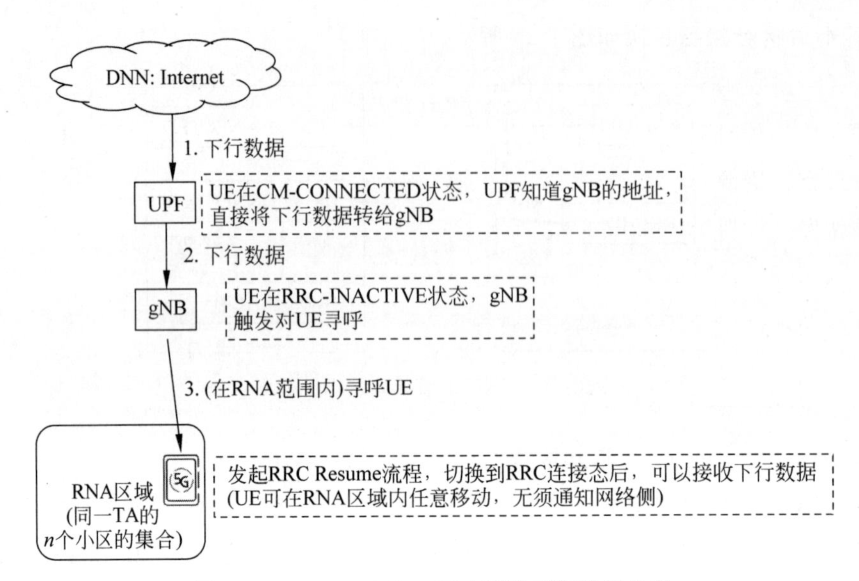

图 1-26　RRC INACTIVE 态下的下行数据发送

1.2.8　重要的移动性管理计时器

与 4G 一样，5G 网络中也定义了大量的移动性管理计时器管理相关的事件，主要包括周期性注册更新计时器（T3512）、移动可达计时器（Mobile Reachable Timer）、隐式去注册计时器（Implicit de-Registration Timer）。

这 3 个计时器的详细信息可以在 24501 的 10.2 节 5GS 移动性管理计时器中找到，其中周期性注册更新计时器（T3512）在规范中被归类为 UE 侧计时器，移动可达计时器和隐式去注册计时器在规范中被归类为 AMF 侧计时器。

1. 周期性注册更新计时器（T3512）

T3512 的主要作用是防止 UE 失联，例如 UE 长时间处于信号不好的区域无法和网络侧通信导致网络侧长时间为 UE 分配资源，因此网络侧要求 UE 定期上报自己的状态。

T3512 由 AMF 通过初始注册流程（或移动性注册更新流程）中的注册接收消息进行分配。T3512 的基本定义见表 1-9。

表 1-9　AMF 侧周期性注册更新计时器的基本定义

计时器名称	默认值	状　　态	超 时 行 为
周期性注册更新计时器	54min	5GMM-REGISTERED	UE 在 CM-IDLE 状态下 T3512 超时，UE 需发起周期性注册更新流程 UE 在 CM-CONNECTED 状态下 T3512 超时，UE 需重启 T3512 计时器

2. 移动可达计时器

当 T3512 超时但网络侧未收到 UE 发送的周期性注册更新请求消息时，网络侧可以继续等待移动可达计时器超时，超时后网络侧认为 UE 已经失联并暂停寻呼 UE 来降低空口开销和节省空口资源，但为了能让 UE 快速返回，网络侧不会删除 UE 的上下文。这样 UE 不需要重新发起注册流程就能快速切换到连接态。

移动可达计时器在 AMF 本地配置，不通过网络传递，因此在信令流程或抓包文件中都不可见。移动可达计时器的基本定义见表 1-10。

表 1-10 AMF 侧移动可达计时器的基本定义

计时器名称	默认值	状态	启动原因	正常停止	超时行为
移动可达计时器	T3512＋4min	5GMM-REGISTERED	UE 进入 CM-IDLE	NAS 信令连接建立	AMF 停止对 UE 的寻呼，但不删除 UE 的上下文

3. 隐式去注册计时器

如果网络侧认为 UE 已经彻底失联，则没有必要保留 UE 的任何信息。AMF 会在隐式去注册计时器超时后发起隐式去注册流程。在该流程中会删除 UE 上下文，从而释放 AMF 的缓存和用户许可(License)等资源。UE 需通过关开机等方式重新触发初始注册流程才能使用 5G 服务，因为 UE 上下文已经被网络侧删除了。

隐式去注册计时器同样在 AMF 本地配置，不通过网络侧传递。隐式去注册计时器的基本定义见表 1-11。

表 1-11 AMF 侧隐式去注册计时器的基本定义

计时器名称	默认值	状态	启动原因	正常停止	超时行为
隐式去注册计时器	无(参考 4G 为 60min)	5GMM-REGISTERED	UE 在网络侧进入 CM-IDLE 后，移动可达计时器超时	NAS 信令连接建立	触发隐式去注册流程

4. 综合场景举例

为了更好地理解上述计时器的作用，下面通过一个生活化的场景举例说明。假设 T3512 为 54min，移动可达计时器为 58min，隐式去注册计时器为 60min。N2 接口的 UE 不活跃计时器为 10s。基于该假设，再通过图 1-27 和图 1-28 深入理解这 3 个计时器的作用。

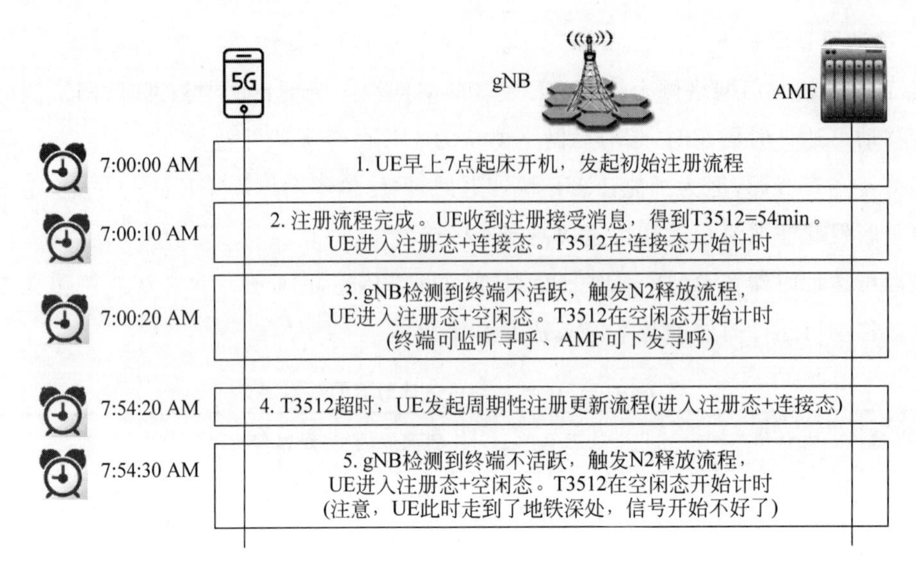

图 1-27 移动性管理计时器综合举例(1)

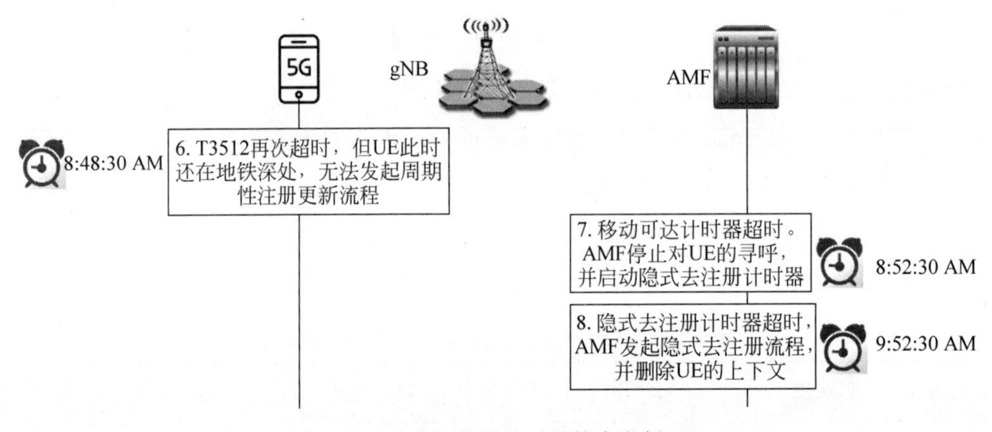

图 1-28 移动性管理计时器综合举例(2)

26min

1.3 会话管理

1.3.1 5G 和 4G 会话管理的对比

5G 会话管理总体演进自 4G，但 5G 引入了一些新的概念和术语。5G 和 4G 会话管理的基本概念对比见表 1-12。

表 1-12　5G 和 4G 会话管理的基本概念对比

4G 中的会话管理概念	5G 中的会话管理概念
PDN 连接	PDU 会话
PDN	DN
缺省承载	缺省 QoS 流
专有承载	专有 QoS 流
APN	DNN
除此以外，4G 的 PDN 类型只有 IPv4、IPv6 和 v4v6 双栈，对应的 5G 的 PDU 会话类型则新增加了 Ethernet 和 Unstructured 两种 Non-IP 类型	

4G 中一个 PDN(Packet Data Network)连接包含 1 个(且最多 1 个)缺省承载和 0 到多个专有承载。PDN 连接中第 1 个建立的 EPS 承载叫缺省承载，后续建立的叫 EPS 专有承载。专有承载和缺省承载共用同一个 PDN 连接，也就是 APN 和 UE IP 相同。

5G 中也有和 PDN 相似的概念，但 5G 还支持非 IP 的网络类型，因此将 PDN 改名为 DN，而 DN 的标识也从 4G 的 APN 改名为 DNN(Data Network Name)。

5G 的 PDU(Protocol Data Unit)会话也是由 1 个(且最多 1 个)缺省 QoS 流(QoS Flow)和 0 到多个额外的 QoS 流(规范原文是 Additional QoS Flow)组成。为了方便日常交流，通常将额外建立的非缺省 QoS 流称为 5G 专载或者专有 QoS 流。

4G 的 PDN 类型在 5G 中叫 PDU 会话类型。在 5G 中增加了以太网(Ethernet)和非结构化(Unstructured)这两种非 IP 的 PDU 会话类型。行业用户或物联网用户可能会用到这两种 PDU 会话类型，其中以太网类型可实现 5G LAN(5G 局域网)业务，该技术可以将 5G 网络构建成一个巨大的二层交换机，将该企业的两个不同地域的终端设备连接起来并实现二层通信，即通过同一 IP 网段通信而无须三层转发设备，因此 5G LAN 也可以作为一种专线 VPN 业务提供给行业用户，具有一定的商用前景。

接下来通过一个 UE 建立 PDU 会话的场景来说明，如图 1-29 所示。

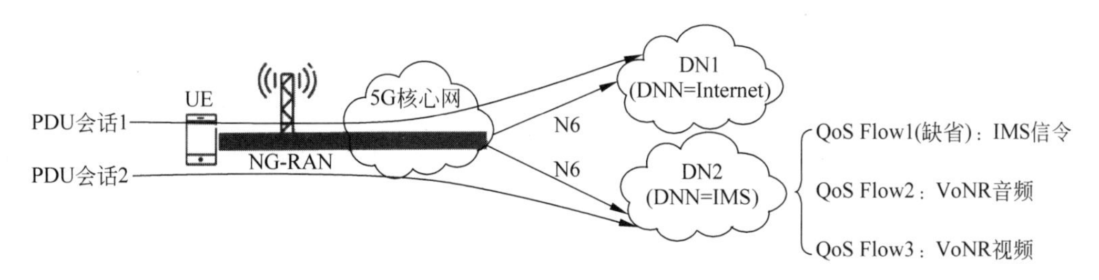

图 1-29　UE 发起的 PDU 会话建立

如果图 1-29 中的 5G 用户同时又签约了 VoNR(Voice over NR)语音业务，则在开机阶段至少建立两个 PDU 会话，其中 DNN 为 Internet 的 PDU 会话，用于上网，只包含一个缺省的QoS流。该UE还会建立一个DNN=IMS的PDU会话，用于语音业务。IMS的PDU会话至少包含1个缺省QoS流用于承载IMS信令消息，当用户打电话时会按需建立第2个QoS流用于承载VoNR音频，如果是视频电话，则还会建立第3个QoS流用于承载VoNR视频。

相比4G，5G在会话管理中还有以下两点主要变化。

(1) 移动性管理和会话管理的分离。5G中AMF只负责NAS-MM移动性管理消息处理。NAS-SM会话管理消息由AMF通过N11接口透传给SMF处理。这也意味着AMF不再维护UE的会话管理上下文。因为MM和SM的分离，UDM侧相关的签约数据被拆分成以下3种。

- am-data：移动性管理签约数据，UDM提供给AMF。
- sm-data：会话管理签约数据，UDM提供给SMF。
- smf-select-data：用于SMF选择的签约数据，在注册流程中UDM提供给AMF。用于PDU会话建立流程中AMF查询NRF来选择SMF。

其中，UDM下发给SMF的会话管理签约数据在UDM规范29503的6.1.6.2.8中定义，主要包括S-NSSAI、PDU会话类型、SSC模式、缺省QoS流的QoS相关参数、会话最大聚合比特率(Session-Aggregate Maximum Bit Rate，Session-AMBR)等参数。

(2) 5G不再要求永久在线，即UE开机时可以只发起注册流程而不发起PDU会话建立；4G则要求永久在线，即UE附着的同时必须建立一个缺省PDN连接和缺省承载。

1.3.2 会话管理的新概念或术语

1. SSC模式

SSC的全称是Session and Service Continuity，即用户在发生位置移动时会话与业务的连续性。SSC包括两部分：

(1) Session Continuity，即PDU会话的连续性。如果要保证会话的连续性，则PDU会话和UE IP在用户发生位置移动的场景中都需要保持不变。

(2) Service Continuity，即业务的连续性，站在用户体验的角度，当用户发生位置移动时业务没有中断。可以做个小实验，在家用手机使用4G网络看腾讯视频，然后关闭4G开关并接入家中的WiFi宽带，会发现腾讯视频轻微闪断后能继续播放，用户几乎无感知，这也可以称为业务的连续性，但该场景中用户会话已经断了，因为4G是由PGW分配UE的IP，而WiFi网络是由家里的路由器分配IP。由于手机的IP地址发生了变化，因此可以认为该场景下只保证了业务的连续性但没有保证会话的连续性。

为了满足不同业务对连续性的不同要求，5G系统支持不同的SSC模式(SSC Mode)。

SSC 模式的选择由 SMF 负责完成。SMF 根据 UE 请求的 SSC 模式、UDM 签约的 SSC 模式及本地配置决定最终使用的 SSC 模式并通知 UE。PDU 会话建立完成后，SMF 为 UE 所选择的 SSC 模式不能修改，直到 PDU 会话释放。

SSC 有以下 3 种模式。

(1) SSC 模式 1：既保证会话的连续性，又保证业务的连续性。VoNR 业务必须签约 SSC 模式 1，这样才能保证 UE 的 IP 不变，通话的过程中即使发生位置移动也不会掉话。

(2) SSC 模式 2：不保证会话的连续性，只保证业务的连续性。采用先断(老的 PDU 会话)后建(新的 PDU 会话)方式。

(3) SSC 模式 3：不保证会话的连续性，只保证业务的连续性。采用先建(新的 PDU 会话)后断(老的 PDU 会话)方式。

从用户体验角度，SSC 模式 1 优于 SSC 模式 3，而 SSC 模式 3 优于 SSC 模式 2。现阶段 5G 商用网络以 SSC 模式 1 为主，今后不排除根据用户或业务等级来规划 SSC 模式，实现差异化的 QoS 体验。这 3 种模式的举例如图 1-30 所示。

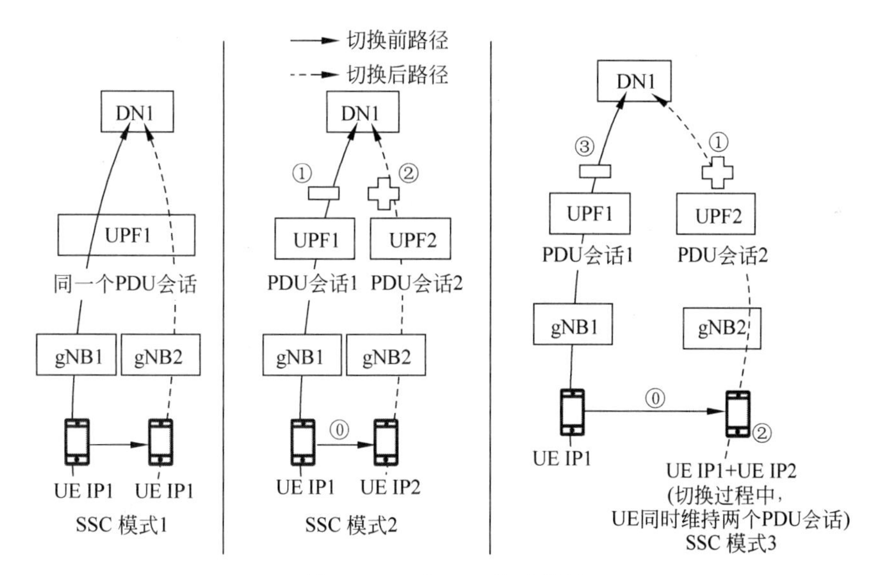

图 1-30 3 种 SSC 模式举例

2. LADN

本地区域数据网络(Local Area Data Network，LADN)是一个特定的区域，由 1 个或多个 TA 构成。在该特定区域下针对某个特定 DN 提供 5G 服务。UE 离开该特定区域后，将无法访问该 DN 的 5G 服务。例如针对某个智能工厂园区部署 LADN 和智能工厂相关的服务，当 UE 在园区内时，可以通过 5G 网络访问园区内的应用，但离开该园区后则不能访问。当 SMF 感知到 UE 离开 LADN 区域时，可立即释放相应的 PDU 会话或者去激活用户平面资源，使 UE 无法访问园区内的应用，以满足部分行业用户"数据不出厂"的要求。

LADN 的基本概念如图 1-31 所示。

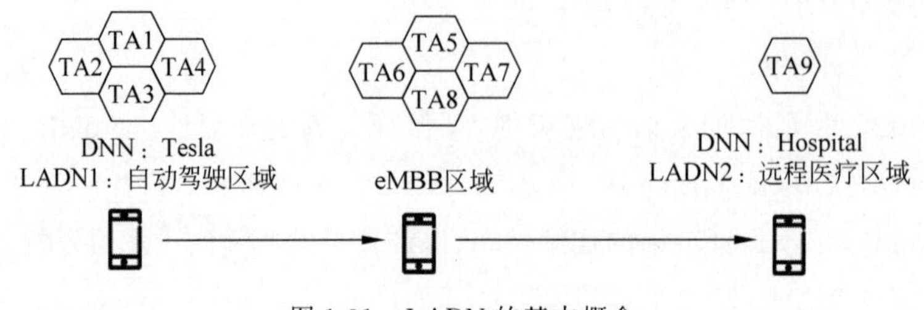

图 1-31　LADN 的基本概念

问题 1-21：LADN 区域的 3 种状态是指什么？

答案 1-21：当 UE 发生位置移动时，AMF 负责向 SMF 通告 UE 是否进入或离开 LADN 区域的状态信息。LADN 区域状态有 3 种取值：取值为 In 表示 UE 已经进入 LADN 区域；取值为 Out 表示 UE 已经离开 LADN 区域；取值为 Unknown 表示未知状态，例如 UE 可能处于 CM-IDLE 态。

问题 1-22：LADN 对 UE 是不是透明的？

答案 1-22：不是，UE 需要能感知自己是否在 LADN 区域，从而避免产生不必要的信令。

问题 1-23：LADN 的相关参数在哪个网元进行配置？

答案 1-23：LADN 需要配置 TA 和 LADN 对应的 DNN 的映射关系，在 AMF 上进行配置，即建立 LADN DNN 和 TA 的绑定关系。

问题 1-24：LADN 信息(LADN 服务区域及 LADN 对应的 DNN)怎样推送给 UE？

答案 1-24：由 AMF 通过注册流程或 UE 配置更新流程推送给 UE。

问题 1-25：UE 如何判断自己是否在 LADN 服务区？

答案 1-25：UE 可根据网络侧下发的 LADN 服务区域信息进行判断。如果 UE 没有得到 LADN 服务区域信息，则 UE 认为自己离开了 LADN 服务区。

问题 1-26：当 UE 进入或离开 LADN 服务区域时，UE 应分别采取哪些行为？

答案 1-26：当 UE 离开 LADN 服务区域后，UE 不应发起激活该 DNN 的 PDU 会话用户面连接，也不应建立和修改该 DNN 的 PDU 会话，但 UE 不需要释放已经存在的 PDU 会话(除非收到了 SMF 下发的释放请求)。当 UE 进入 LADN 服务区域时，UE 可以发起该 DNN 的 PDU 会话建立或修改，UE 可以请求激活该 DNN 已经存在的 PDU 会话的用户面连接。

1.4　QoS

1. 5G 的 QoS 相关概念

1）业务数据流

业务数据流(Service Data Flow,SDF)简单来讲就是手机里各种 App 产生的各类流量,如微信、爱奇艺、IMS 语音等。可通过 IP 地址、传输层端口号等特征进行区分。

2）QoS 流

QoS 流是 PDU 会话中实现差异化 QoS 的最细颗粒度(原文是 The QoS Flow is the finest granularity of QoS differentiation in the PDU Session.)。4G 则是以 EPS 承载为颗粒度进行保障的。不同的 QoS 流对应不同的 QoS 转发待遇。QoS 流由运营商决定如何划分,通常是将同质类的 SDF 划分到 1 个 QoS 流中。

同质类的 SDF 可以理解为对 QoS 需求相同的 SDF,例如腾讯视频和爱奇艺视频。除此以外运营商还可以根据商业需要决定如何将 SDF 划分到 QoS 流。例如可根据哪些 SDF 是第三方合作伙伴提供、哪些 SDF 是运营商自有业务、用户是否额外付费等因素综合考量如何划分 QoS 流。举例来讲,即使微信电话和 VoNR 语音属于同质类业务,但也可能被划分成两个不同的 QoS 流。QoS 流通过 QoS 流标识(QoS Flow Identifier,QFI)来标识,取值范围是 0～63。

2. 5G 和 4G 网络的 QoS 架构对比

4G 网络中端到端的 QoS 保障包括 LTE/EPC 负责的 EPS 承载和外部 PDN 网络负责的外部承载两部分,而 EPS 承载又由 E-RAB(E-UTRAN Radio Access Bearer)和 S5/S8 接口承载两部分组成。E-RAB 包括了无线承载和 S1 承载两部分。

4G 网络的 QoS 架构如图 1-32 所示。

从图 1-32 可以看出,4G 网络的 QoS 保障范围是 UE 到 P-GW,并且有以下组成关系:

(1) 1 个 EPS 承载=1 个 E-RAB+1 个 S5/S8 承载(GTP-U 隧道)。

(2) 1 个 E-RAB=1 个无线承载+1 个 S1 承载(GTP-U 隧道)。

(3) *N* 个 EPS 承载,就会有 *N* 个无线承载、*N* 个 S1 承载和 *N* 个 S5/S8 承载。

再来看 5G 网络的 QoS 架构图,如图 1-33 所示。

从图 1-33 可以看出,5G 网络的 QoS 保障范围是 UE 到 UPF,并且有以下组成关系:

(1) 1 个 PDU 会话=1 到多个无线承载+1 个 NG-U(N3)隧道。这意味着属于同一个

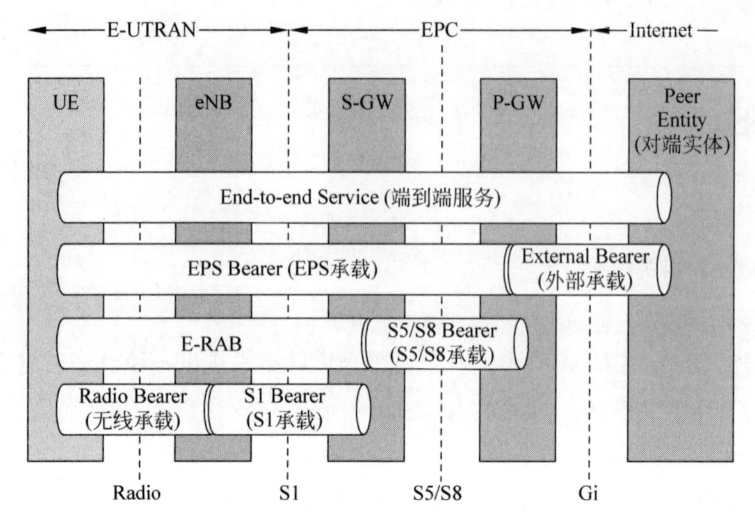

图 1-32　4G 网络的 QoS 架构

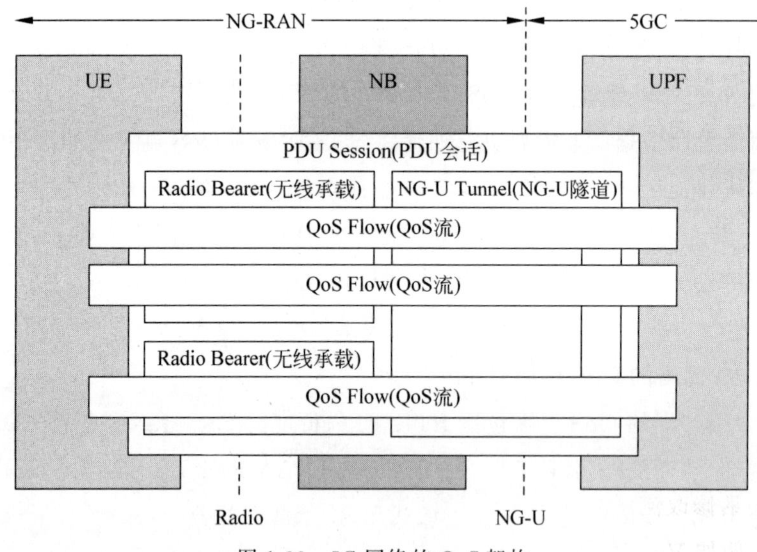

图 1-33　5G 网络的 QoS 架构

PDU 会话的多个无线承载将共享同一个 N3 隧道。1 个 PDU 会话无论有多少个 QoS 流，总是只有 1 个 N3 隧道。

（2）1 个 PDU 会话包含 1 个或多个 QoS 流。

（3）1 个无线承载可以承载 1 个或多个 QoS 流。

3．业务数据流与承载的映射

5G 终端中安装了大量的 App，包括运营商自有业务 App、非合作伙伴第三方业务

App、合作伙伴第三方业务 App 等类别。不同类别的 App 有不同的 QoS 保障要求，例如针对运营商合作伙伴 App 可能有对应的优惠套餐或 QoS 加速承诺。

因此不同 App 产生的业务数据流需要映射到不同的 QoS 流，这样才能享受对应的 QoS 待遇，但 UE 侧可能建立了多个 QoS 流，那么 UE 是根据什么将不同 App 的流量映射到不同的承载中呢？

在 4G 中业务数据流与承载的映射是依靠网络侧所下发给 UE 的业务流模板（Traffic Flow Template，TFT）完成的。TFT 可用于标识某类具体的业务，其基本构成是 IP 五元组（源 IP、目的 IP、源端口、目的端口、协议号）。TFT 是在建立 EPS 专有承载时下发给 UE 的，EPS 默认承载建立不下发 TFT。

而在 5G 网络中，上行方向是 UE 根据网络侧下发的 QoS 规则（QoS Rule）映射。QoS 规则和 TFT 类似，会包含用于业务数据流匹配的包过滤器集（Packet Filter Set），基本构成也是 IP 五元组。除此以外，5G 中还引入了以太网 PDU 会话类型，QoS 规则还可以根据源、目的 MAC 地址匹配和识别业务。QoS 规则是在建立 QoS 流时下发给 UE 的，相关的信令流程包括 PDU 会话建立流程和 PDU 会话修改流程等。

QoS 规则的包过滤器集下又包含 1 个或多个包过滤器（Packet Filter），包过滤器则包含了具体的对流量进行分类的规则。QoS 规则的构成如图 1-34 所示。

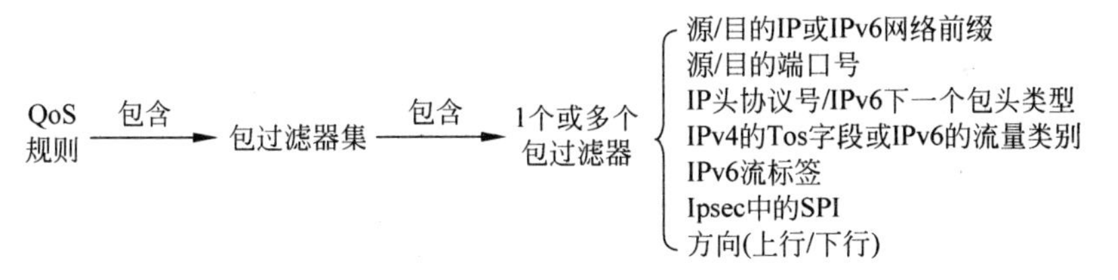

图 1-34　QoS 规则的构成

在 PDU 会话建立流程中网络侧会下发一个缺省的 QoS 规则，作为默认的 App 映射规则，而 PDU 会话修改流程会创建专有 QoS 流，并下发所关联的 QoS 规则，用于特定业务数据流的检测。例如 VoNR 音频专有 QoS 流的 QoS 规则会指明源 IP 和目的 IP 分别是 UE 和会话边界控制器（Session Border Controller，SBC），源和目的端口号为 RTP 端口号，用于将 RTP 音频流映射到专有 QoS 流，享受保证比特速率（Guaranteed Bit Rate，GBR）的 QoS 保障，而不会将 VoNR 音频流映射到默认 QoS 流。

从上行方向看，针对不同 App 产生的业务数据流，UE 首先需要根据上行 QoS 规则映射到正确的 QoS 流，然后将 QoS 流映射到接入网资源，这里的接入网资源是指空口承载 RB，享受关联的 QoS 待遇。上行方向业务数据流与承载的映射如图 1-35 所示。

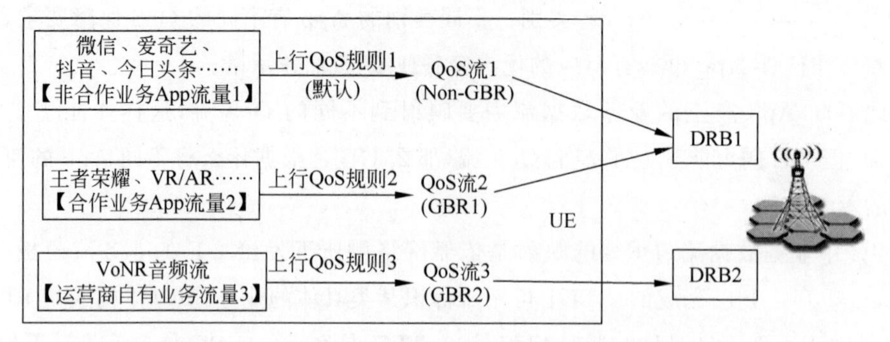

图 1-35　5G 网络业务数据流与承载的映射关系图

注意：QoS 流如何映射到 DRB 取决于 gNB 的配置。图 1-35 中 QoS 流 1 和 QoS 流 2 映射到 DRB1 仅为举例。

下行方向业务数据流与承载的映射由 UPF 负责完成。UPF 根据 SMF 下发的包检测规则(Packet Detection Rule,PDR)将从 N6 接口收到的下行数据报文映射到 N3 隧道,并添加上 N3 接口的 GTP-U 报文头(包含标识 GTP 隧道的 TEID 参数和标识 QoS 流的 QFI 参数)后发送给 gNB。不同的数据报文根据 PDR 的要求,在 N3 接口会打上不同的 QFI。

例如 VoNR 信令报文映射到 IMS DNN 的缺省 QoS 流,N3 接口会打上 QFI=5,而 VoNR 音频流映射到 IMS DNN 的专有 QoS 流,N3 接口会打上 QFI=6 的标记。

注意：QoS 规则的下发对应的具体消息是 NAS 消息 PDU session establishment accept/PDU Session Modification Command 中的 Authorized QoS 规则参数,在 24501 中定义。PDR 则是在 PDU 会话建立/修改流程中包含的 PFCP 会话建立/修改流程中下发和更新。

图 1-36 展示了 PDU 会话建立接收(SMF 通过 AMF 下发给 UE)消息中下发的缺省 QoS 规则,其中 DQR bit 置 1 表示该 QoS 规则是缺省 QoS 规则。

4. 5G 网络主要 QoS 参数

5G 的 QoS 策略管控主要包括 3 个不同维度。这 3 个维度包括 PDU 会话级、业务数据流级(SDF)、QoS 流级的管控。这 3 种管控涉及的主要 QoS 参数如图 1-37 所示。

(1) 保障流比特率(Guaranteed Flow Bit Rate,GFBR)：QoS 流的保障比特速率,即网络侧承诺的最低保障速率。当网络发生拥塞时超过 GFBR 的流量会被丢弃,不拥塞时超过 GFBR 但小于 MFBR 的流量允许通过。

(2) 最大流比特率(Maximum Flow Bit Rate,MFBR)：QoS 流的最大比特速率。超过 MFBR 的流量将被丢弃。

```
∨ Plain NAS 5GS Message
    Extended protocol discriminator: 5G session management messages
    PDU session identity: PDU session identity value 5 (5)
    Procedure transaction identity: 1
    Message type: PDU session establishment accept (0xc2)
    0001 .... = Selected SSC mode: SSC mode 1 (1)
  > PDU session type - Selected PDU session type
  > DNN
  ∨ QoS rules - Authorized QoS rules
      Length: 10
    ∨ QoS rule 1
        QoS rule identifier: 1
        Length: 7
        001. .... = Rule operation code: Create new QoS rule (1)
        ...1 .... = DQR: The QoS rule is the default QoS rule
        .... 0000 = Number of packet filters: 0
        .1.. .... = E bit: 1
        ..00 0001 = Number of parameters: 1
      > Parameter 1
        QoS rule precedence: 1
        ..00 1000 = Qos flow identifier: 8
```

图 1-36　SMF 给 UE 的 QoS 规则的下发举例

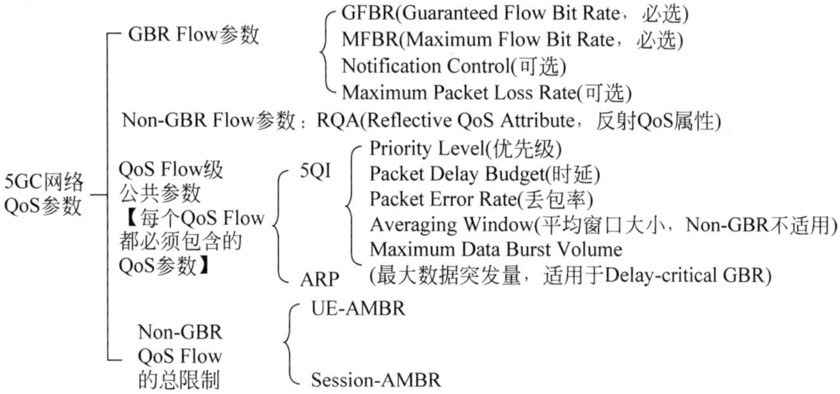

5GC网络QoS参数
- GBR Flow参数
  - GFBR(Guaranteed Flow Bit Rate，必选)
  - MFBR(Maximum Flow Bit Rate，必选)
  - Notification Control(可选)
  - Maximum Packet Loss Rate(可选)
- Non-GBR Flow参数：RQA(Reflective QoS Attribute，反射QoS属性)
- QoS Flow级公共参数【每个QoS Flow都必须包含的QoS参数】
  - 5QI
    - Priority Level(优先级)
    - Packet Delay Budget(时延)
    - Packet Error Rate(丢包率)
    - Averaging Window(平均窗口大小，Non-GBR不适用)
    - Maximum Data Burst Volume(最大数据突发量，适用于Delay-critical GBR)
  - ARP
- Non-GBR QoS Flow的总限制
  - UE-AMBR
  - Session-AMBR

图 1-37　5G 网络主要 QoS 参数

(3) UE 聚合最大比特率(UE-Aggregate Maximum Bit Rate，UE-AMBR)：UE 侧所有 Non-GBR QoS 流最大比特率上限。

(4) Session-AMBR：UE 单个 PDU 会话下所有 Non-GBR QoS 流最大比特率上限。

(5) 5G QoS 标识符(5G QoS Identifier，5QI)：5G 中的 QoS 等级标识。由 4G 的 QCI 演进而来。

(6) 保持分配优先级(Allocation and Retention Priority，ARP)：网络资源的分配和保持优先级，可以用来决定网络拥塞时需要优先建立的 QoS 流和需要优先保持住的 QoS 流。

(7) 反射型 QoS 属性(Reflective QoS Attribute，RQA)：用于指示该 QoS 流是否应用

反射型 QoS。通过反射型 QoS 指示，UE 可根据下行数据报文自行推导出上行 QoS 规则，而无须网络侧下发，从而达到节省网络带宽的目的。

(8) 通知控制(Notification Control)：当 RAN 侧无法为 GFBR 提供保障时(例如无线网络质量不佳)，需要给核心网侧发送通知。

(9) 最大报文丢失率(Maximum Packet Loss Rate)：最大可容忍的丢包率。

QoS 流的 QoS 待遇通过 5QI 参数决定，该参数是从 4G 的 QCI 演进而来，23501 中关于标准 5QI 取值的建议见表 1-13。

表 1-13 标准 5QI 的建议取值

5QI 取值	资源类型	优先级	报文时延预算/ms	报文丢包率	缺省报文突发大小/B	缺省平均窗口/ms	业务举例
1	GBR	20	100	10^{-2}	N/A	2000	语音电话
2		40	150	10^{-3}	N/A	2000	视频电话
3		30	50	10^{-3}	N/A	2000	实时游戏
4		50	300	10^{-6}	N/A	2000	非交互视频(带缓冲的流媒体)
65		7	75	10^{-2}	N/A	2000	关键业务 PTT 的语音 QoS 保障
66		20	100	10^{-2}	N/A	2000	非关键业务 PTT 的语音 QoS 保障
67		15	100	10^{-3}	N/A	2000	关键任务视频
75		25	50	10^{-2}	N/A	2000	V2X
5	Non-GBR	10	100	10^{-6}	N/A	N/A	IMS 信令
6		60	300	10^{-6}	N/A	N/A	带缓冲流媒体的视频、基于 TCP 的业务
7		70	100	10^{-3}	N/A	N/A	语音、实时流媒体视频、交互类游戏
8		80	300	10^{-6}	N/A	N/A	带缓冲流媒体的视频、基于 TCP 的业务
9		90					
69		5	60	10^{-6}	N/A	N/A	关键业务 PTT 业务的信令 QoS 保障
70		55	200	10^{-6}	N/A	N/A	关键业务 PTT 业务的数据 QoS 保障
79		65	50	10^{-2}	N/A	N/A	V2X 消息
80		68	10	10^{-6}	N/A	N/A	低时延 eMBB 的应用
82	时延关键 GBR(Delay Critical GBR)	19	10	10^{-4}	255	2000	工业控制自动化
83		22	10	10^{-4}	1354	2000	工业控制自动化
84		24	30	10^{-5}	1354	2000	智能交通系统
85		21	5	10^{-5}	255	2000	配电-高压

可以看到，5QI 等于 82 和 83 可用于时延敏感类的 urLLC 类关键业务，其对时延的要求低于 10ms，需提供时延关键 GBR（Delay Critical GBR）保障。除此以外在 5G 商用网络中常见的 GBR 业务还有 5QI 取值为 1 的 VoNR 音频和取值为 2 的 VoNR 视频业务，其 5QI 的取值和 4G 的 QCI 规划取值一致，便于 5G/4G 互操作时的参数映射。Non-GBR 业务中也有一个常见的 5QI＝5 用于承载 IMS 信令消息，与 4G 的 QCI 取值是一致的。

5. 5G 用户开机建立 QoS 流场景举例

4G 用户和 5G 用户开机均会触发一系列的信令事件，其中 4G 中 VoLTE 用户开机的场景举例见表 1-14。

表 1-14　4G 中 VoLTE 用户开机的场景举例

建立的 Bearer 顺序	APN	PDN 类型	UE 被分配几个 IP	EBI	对应的 E-RAB	对应的 DRB	Bearer 类型	是否为 GBR 承载	业务举例	QCI
第 1 个	Internet	双栈	1 个 IPv4 私有地址＋1 个 IPv6 公有地址	5	E-RAB1	DRB1	缺省承载	Non-GBR	微信、爱奇艺等	8 或 9
第 2 个				6	E-RAB2	DRB2	缺省承载	Non-GBR	SIP 信令	5
第 3 个	IMS	IPv6	1 个 IPv6 公有地址	7	E-RAB3	DRB3	专有承载	GBR	RTP 音频	1
第 4 个				8	E-RAB4	DRB4	专有承载	GBR	RTP 视频	2

5G 用户开机场景举例见表 1-15。

表 1-15　5G 用户开机场景举例

建立的 QoS 流顺序	DN	PDU 会话类型	UE 被分配几个 IP	PDU 会话标识	关联的 QFI	QoS 流类型	是否为 GBR QoS 流	承载业务举例	5QI 举例
第 1 个	Internet	双栈	1 个 IPv4 私有地址＋1 个 IPv6 公有地址	5	1	缺省 QoS 流	Non-GBR	微信、爱奇艺等	8 或 9
第 2 个					2	缺省 QoS 流	Non-GBR	SIP 信令	5
第 3 个	IMS	IPv6	1 个 IPv6 公有地址	6	3	专有 QoS 流	GBR	RTP 音频	1
第 4 个					4	专有 QoS 流	GBR	RTP 视频	2

表 1-15 的用户为签约了 VoNR 业务的 5G 用户，购买的是运营商定制 5G 手机，除遵循 3GPP 规范外，还需遵循运营商 5G 终端规范，例如 DNN 的建立顺序等要求。

假设该用户早上7点起床并开机，此时将触发5G注册流程。注册流程完成后将按照运营商定制终端规范的要求，立即触发PDU会话建立流程。

UE建立的第1个PDU会话用的DNN是Internet，用于上网数据业务。该PDU会话包含创建一个缺省QoS流，5QI的取值可能是8或者9，属于Non-GBR，提供尽力而为的QoS服务。同时还会建立一个N3隧道，用于传递上网的用户面数据。

如果UE此时上网，则手机里所有的互联网类App流量都会映射到此缺省QoS流承载。由于IPv6的不断商用，目前商用网络Internet DNN大多已升级为双栈，即UE会得到一个IPv4私有地址及IPv6公有地址用于上网业务。

当用于上网的PDU会话建立完成且手机侧激活了高清通话的开关时，UE会按照运营商的要求发起第2个PDU会话，也就是IMS DNN的PDU会话建立。该PDU会话中也会创建一个缺省QoS流，用于承载IMS信令，如INVITE消息。同时还会建立第2个N3隧道，用于传送该PDU会话所有QoS流的业务数据报文，包括IMS信令、RTP音频和视频流。商用网络中IMS DNN均采用单栈IPv6类型，即网络侧会给UE分配一个IPv6的地址。在IMS DNN的PDU会话建立后，UE将触发VoNR注册流程，注册完成后即可使用VoNR业务。

如果UE接下来拨打VoNR电话，则网络侧会为UE建立音频专有QoS流；如果是视频电话，则还要建立视频QoS流。音频专有QoS流、视频专有QoS流和缺省QoS流复用同一个UE IP、PDU会话标识、DNN和N3隧道，主要的区别是QoS参数和QFI的不同。音频QoS流的5QI＝1，视频QoS流的5QI＝2，并且会关联到对应的GFBR，也就是说音频和视频QoS流都是有速率保障的QoS流，从而满足业务层面高清音视频的需求。

第2章

5GC 协议

根据学习路径的建议，当了解完5GC的架构和网元后，就可以学习5GC所使用的协议了。本章将结合实际商用网络介绍5GC主要协议和主要的相关参数。

2.1 N2 接口 NGAP

2.1.1 NGAP 简介

5GC协议通常分为服务化接口和非服务化接口。大多数接口采用基于HTTP/2的服务化接口，但仍有N1、N2、N3、N4、N6、N9、N26等接口为非服务化接口。本节介绍的就是非服务化接口N2所采用的NGAP(NG Application Protocol)。

N2接口是gNB与AMF之间的接口，从4G的S1-MME接口演进而来，整体功能也是从S1-MME演进及增强，但基本功能大致相同。

NGAP在38413中定义(S1-MME接口规范是36413)。协议栈如图2-1所示。

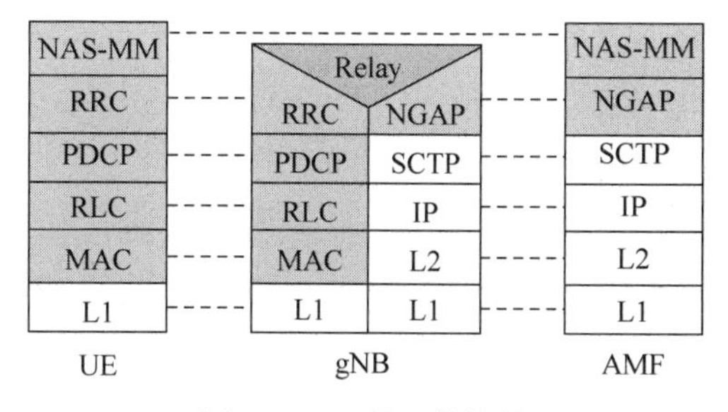

图2-1　N2接口协议栈

关于协议的学习主要应关注4方面：流程、消息、参数、应用场景。N2接口也不例外。

N2接口的传输层是SCTP，因此可以依赖SCTP所提供的面向连接的多宿主连接、防SYN攻击、多流传输等特性。这3个特性分别提供高可用、安全和传输效率方面的功能。

N2 接口的上层用户是 5G-NAS 协议，其中移动性管理相关的 NAS-MM 协议由 AMF 负责处理。根据 38413 中对 N2 接口的功能描述，N2 接口需要支持或完成以下功能：

(1) 具有建立、保持和释放 PDU 会话相关的 NG-RAN 侧资源/UE 上下文的能力。

(2) 支持 5G 内(Intra-RAT)和 5G 与其他接入技术之间(Inter-RAT)的切换。

(3) 传递 UE 和 AMF 之间的 NAS 信令。

(4) 用户数据报文的资源预留机制。

(5) 能在协议栈上区分出不同用户，并完成 UE 相关的信令管理。

2.1.2 NGAP 流程与消息分类

1. 按是否与 UE 相关及用途分类

N2 流程/消息按照是否与 UE 相关可分为 UE 相关和 UE 无关两类。按照用途又可以分为 PDU 会话管理流程、UE 上下文管理流程、UE 移动性管理流程、寻呼流程、NAS 消息传送流程、跟踪(Trace)流程、位置报告流程、UE 传输网络层关联(Transport Network Layer Association，TNLA)流程、UE 无线能力管理流程、辅助 RAT(Secondary RAT)数据使用量上报流程等相关的流程和消息。

具体分类如图 2-2 所示(星号为重要且常见流程)。

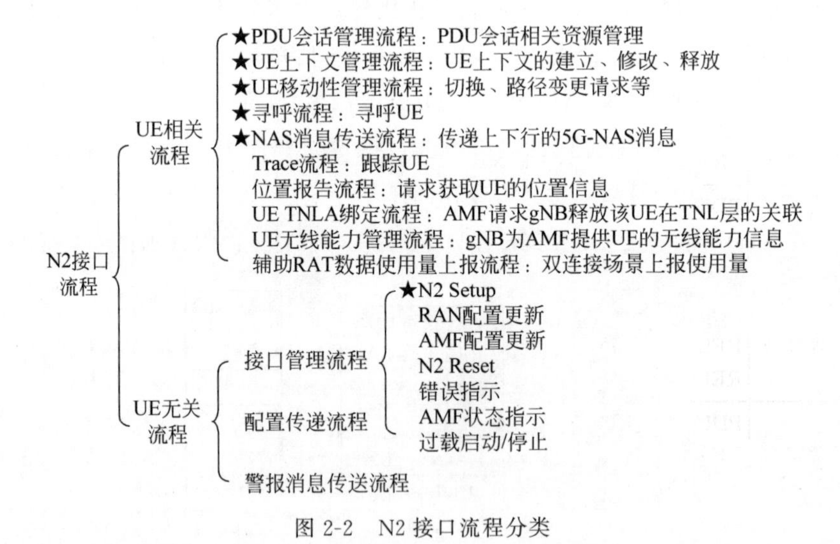

图 2-2 N2 接口流程分类

这里还有一个特例，NR 定位协议(NR Positioning Protocol Annex，NRPPA)传送流程，既有 UE 相关部分，也有 UE 无关部分。在 38455 定义，用于定位 UE。

2. 按是否需要响应分类

按照是否需要响应，N2 流程分为 Class1 类和 Class2 类流程，其中 Class1 类需要响应，

Class2类流程则无须响应，Class1类流程见表2-1，Class2类流程见表2-2。

表2-1 Class1类N2流程(需要响应)

基本流程	初始消息	成功的响应消息	不成功的响应消息
AMF配置更新	AMF CONFIGURATION UPDATE	AMF CONFIGURATION UPDATE ACKNOWLEDGE	AMF CONFIGURATION UPDATE FAILURE
RAN配置更新	RAN CONFIGURATION UPDATE	RAN CONFIGURATION UPDATE ACKNOWLEDGE	RAN CONFIGURATION UPDATE FAILURE
切换取消	HANDOVER CANCEL	HANDOVER CANCEL ACKNOWLEDGE	—
切换准备	HANDOVER REQUIRED	HANDOVER COMMAND	HANDOVER PREPARATION FAILURE
切换资源分配	HANDOVER REQUEST	HANDOVER REQUEST ACKNOWLEDGE	HANDOVER FAILURE
初始上下文建立	INITIAL CONTEXT SETUP REQUEST	INITIAL CONTEXT SETUP RESPONSE	INITIAL CONTEXT SETUP FAILURE
NG重置	NG RESET	NG RESET ACKNOWLEDGE	—
NG建立	NG SETUP REQUEST	NG SETUP RESPONSE	NG SETUP FAILURE
路径切换请求	PATH SWITCH REQUEST	PATH SWITCH REQUEST ACKNOWLEDGE	PATH SWITCH REQUEST FAILURE
PDU会话资源修改	PDU SESSION RESOURCE MODIFY REQUEST	PDU SESSION RESOURCE MODIFY RESPONSE	—
PDU会话资源修改指示	PDU SESSION RESOURCE MODIFY INDICATION	PDU SESSION RESOURCE MODIFY CONFIRM	—
PDU会话资源释放	PDU SESSION RESOURCE RELEASE COMMAND	PDU SESSION RESOURCE RELEASE RESPONSE	—
PDU会话资源建立	PDU SESSION RESOURCE SETUP REQUEST	PDU SESSION RESOURCE SETUP RESPONSE	—
UE上下文修改UE	UE CONTEXT MODIFICATION REQUEST	UE CONTEXT MODIFICATION RESPONSE	UE CONTEXT MODIFICATION FAILURE
UE上下文释放	UE CONTEXT RELEASE COMMAND	UE CONTEXT RELEASE COMPLETE	—

续表

基本流程	初始消息	成功的响应消息	不成功的响应消息
UE 无线能力检查	UE RADIO CAPABILITY CHECK REQUEST	UE RADIO CAPABILITY CHECK RESPONSE	—
UE 上下文挂起	UE CONTEXT SUSPEND REQUEST	UE CONTEXT SUSPEND RESPONSE	UE CONTEXT SUSPEND FAILURE
UE 上下文恢复	UE CONTEXT RESUME REQUEST	UE CONTEXT RESUME RESPONSE	UE CONTEXT RESUME FAILURE
UE 无线能力标识映射	UE RADIO CAPABILITY ID MAPPING REQUEST	UE RADIO CAPABILITY ID MAPPING RESPONSE	—

表 2-2　Class2 类 N2 流程(无须响应)

基本流程	消息
下行 RAN 配置传递	DOWNLINK RAN CONFIGURATION TRANSFER
下行 RAN 状态传递	DOWNLINK RAN STATUS TRANSFER
下行 NAS 消息传送	DOWNLINK NAS TRANSPORT
错误指示	ERROR INDICATION
上行 RAN 配置传递	UPLINK RAN CONFIGURATION TRANSFER
上行 RAN 状态传递	UPLINK RAN STATUS TRANSFER
切换通知	HANDOVER NOTIFY
初始 UE 消息	INITIAL UE MESSAGE
NAS 消息未成功发送指示	NAS NON DELIVERY INDICATION
寻呼	PAGING
PDU 会话资源通知	PDU SESSION RESOURCE NOTIFY
重路由 NAS 消息请求	REROUTE NAS REQUEST
UE 上下文释放请求	UE CONTEXT RELEASE REQUEST
上行 NAS 消息传送	UPLINK NAS TRANSPORT
AMF 状态指示	AMF STATUS INDICATION
跟踪开始	TRACE START
跟踪失败指示	TRACE FAILURE INDICATION
去激活跟踪	DEACTIVATE TRACE
小区流量跟踪	CELL TRAFFIC TRACE
位置报告控制	LOCATION REPORTING CONTROL
位置报告故障指示	LOCATION REPORTING FAILURE INDICATION
位置报告	LOCATION REPORT
UE TNLA 绑定释放	UE TNLA BINDING RELEASE REQUEST
UE 无线能力信息指示	UE RADIO CAPABILITY INFO INDICATION
RRC 不活跃转换报告	RRC INACTIVE TRANSITION REPORT
过载启动	OVERLOAD START

续表

基本流程	消　息
过载停止	OVERLOAD STOP
辅助 RAT 数据使用量报告	SECONDARY RAT DATA USAGE REPORT
上行 RIM 信息传递	UPLINK RIM INFORMATION TRANSFER
下行 RIM 信息传递	DOWNLINK RIM INFORMATION TRANSFER
获取 UE 信息	RETRIEVE UE INFORMATION
UE 信息传递	UE INFORMATION TRANSFER
连接建立指示	CONNECTION ESTABLISHMENT INDICATION
切换成功	HANDOVER SUCCESS

2.1.3　常见 NGAP 流程与业务的串联

使能 N2 接口的第 1 步是在 gNB 开站阶段就要完成的 N2 建立流程，即 gNB 需要和 AMF 池组中所有的 AMF 都建立 SCTP 偶联，并与 AMF 交换 N2 接口的参数。这些参数主要包括 AMF 的权重值、GUAMI 等，可用于后续信令流程中的 AMF 选择。同时 gNB 也需要在 N2 建立流程中上报 gNB 所支持的 TA 及 TA 所关联的切片等信息。

AMF 侧的 SCTP 偶联 IP 地址通常在 gNB 本地配置，如图 2-3 所示。

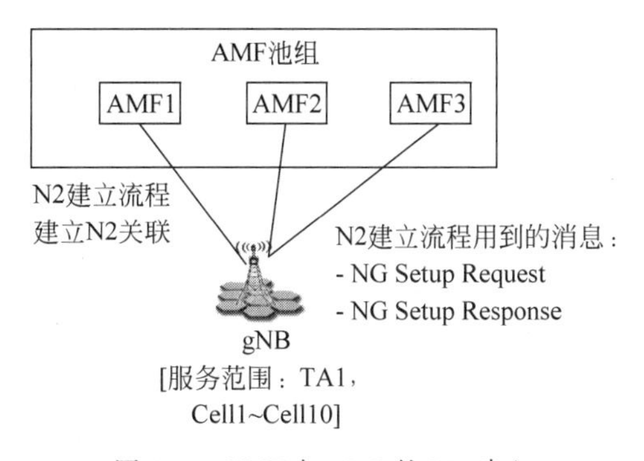

图 2-3　AMF 与 gNB 的 N2 建立

N2 建立流程完成后，AMF 已经学习到所有下挂基站所支持的 TA 信息，gNB 也得到了 AMF 的相关参数，这样就可以为用户服务了。若此时 UE 发起 5G 注册流程，则 gNB 将配合 AMF 建立 UE 上下文。UE 上下文的参数包括允许的切片标识、GUAMI、UE 安全能力、移动性限制列表等，UE 上下文的建立如图 2-4 所示。

图 2-4 用到的消息有 Initial UE MESSAGE、UPLINK NAS TRANSPORT、DOWNLINK NAS TRANSPORT、INITIAL CONTEXT SETUP REQUEST、INITIAL CONTEXT SETUP RESPONSE 等。

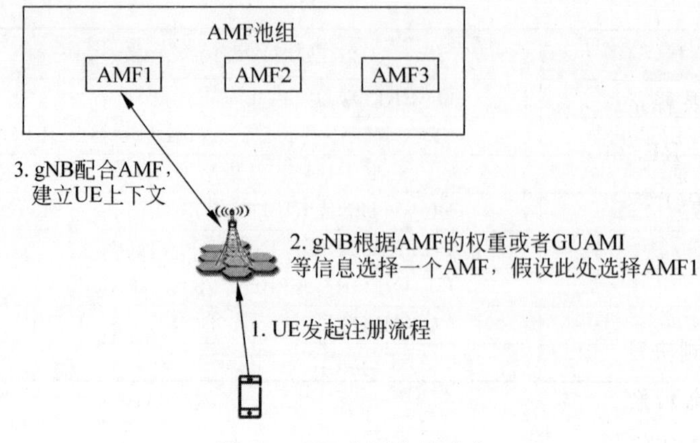

图 2-4 UE 上下文的建立

在完成 5G 注册流程后 UE 将发起 PDU 会话建立流程。gNB 需要根据网络侧的要求，为 UE 分配该 PDU 会话及 QoS 流相关的资源并建立无线承载，如图 2-5 所示。

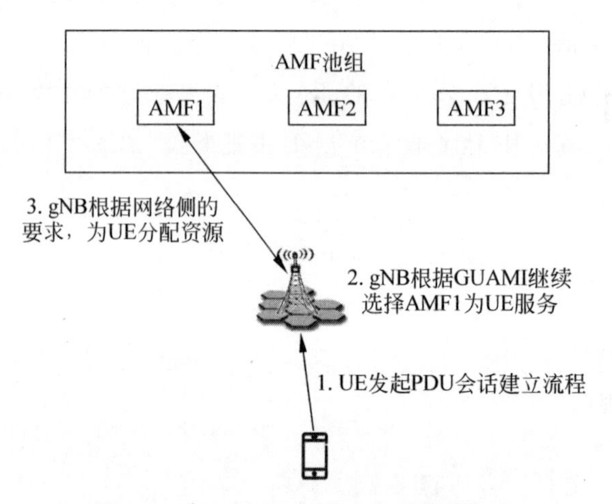

图 2-5 建立 PDU 会话和分配所需资源

图 2-5 用到的消息有 PDU SESSION RESOURCE SETUP REQUEST、PDU SESSION RESOURCE SETUP RESPONSE、UPLINK NAS TRANSPORT、DOWNLINK NAS TRANSPORT 等。

PDU 会话建立后，UE 就可以访问该 DN 的 5G 业务了。如果 UE 在访问 5G 业务期间发生位置移动或其他场景变化，则还会触发以下 N2 流程。

(1) 移动到相邻的 gNB 触发 N2 或 Xn 切换流程。相关的 N2 消息有 HANDOVER REQUIRED、HANDOVER REQUEST、HANDOVER REQUEST ACKNOWLEDGE、HANDOVER COMMAND、HANDOVER NOTIFY、UE CONTEXT RELEASE COMMAND、

UE CONTEXT RELEASE COMPLETE(释放老 gNB 侧的用户上下文)、PATH SWITCH REQUEST、PATH SWITCH REQUEST ACKNOWLEDGE 等。

(2) UE 如果释放 PDU 会话,则触发 PDU 会话资源释放流程。相关的 N2 消息有 PDU SESSION RESOURCE RELEASE COMMAND、PDU SESSION RESOURCE RELEASE RESPONSE。

(3) UE 处于 CM-IDLE 态时如果有下行数据到达,则将触发寻呼流程和业务请求流程。相关的 N2 消息有 PAGING。

(4) 当网络侧决定建立新的 QoS 流或涉及 QoS 参数调整时(如 VoNR 场景给音频流建立专有 QoS 流),触发 PDU 会话资源修改流程。相关的 N2 消息有 PDU SESSION RESOURCE MODIFY REQUEST、PDU SESSION RESOURCE MODIFY RESPONSE 等。

(5) 其他辅助和操作维护相关的流程。相关的 N2 消息有 NG RESET、OVERLOAD START、TRACE START、ERROR INDICATION 等。

2.2 N4 接口 PFCP

2.2.1 PFCP 规范概述

N4 接口采用的协议是包转发控制协议(Packet Forwarding Control Protocol,PFCP),在 29244 中定义。规范中的目录结构翻译和整理如下:

第 1~3 章是范围、参考文档、定义/符号/缩略语说明。

第 4 章是 N4 接口协议栈(PFCP/UDP/IP/Ethernet)。

第 5 章是功能描述,包括包转发模型、PDR/URR/FAR/BAR/QER 的处理过程、CP 和 UP 间的用户面数据转发、PCC、F-TEID 的分配与释放、PFCP 会话处理、合法监管的支持、错误指示的处理、用户平面不活跃的指示与报告、暂停与恢复通知流程、5G UPF、增强的 PFCP 偶联释放、预定义的 PDR 激活与去激活、5G 的 UE IP 地址分配与释放、对 urLLC 的支持等方面的介绍。

第 6 章是流程,包括 PFCP 节点相关流程和 PFCP 会话相关流程。

第 7 章是消息与消息格式,包括 PFCP 节点相关消息和 PFCP 会话相关消息及(协议的)错误处理。

第 8 章介绍消息的参数(132 个参数)。

可以看到在规范的第 5 章描述了 N4 接口所需要实现的全部功能。这些功能大多是通过下发各种规则实现的。本节接下来就以这些规则作为学习入口,进行深入介绍。

2.2.2 PFCP 基本概念

问题 2-1：什么是 PFCP 偶联(PFCP Association)？什么是 PFCP 会话(PFCP Session)？

答案 2-1：PFCP 偶联是 SMF 和 UPF 之间建立的 N4 关联,通过 PFCP Association Setup 流程建立。这是一个节点级的流程,和 UE 无关,即无须用户触发。通常在网元开局阶段就会建立。PFCP 偶联建立的主要作用是双方完成能力协商及 SMF 将 UPF 纳入管理等。

PFCP 会话也叫 N4 会话,规范中提到 PFCP 会话可以和 UE 相关,也可以和 UE 无关,但在多数 5G 商用网络中和 UE 相关。用于下发和 UE 相关的用户面处理策略。

N4 会话通过 PFCP 会话建立流程来建立。该流程通常不会独立出现,而是作为 PDU 会话建立流程的一部分,因此无须单独进行学习,而应放在整体流程中学习。

问题 2-2：什么是 PFCP 节点相关流程？什么是 PFCP 会话相关流程？

答案 2-2：PFCP 节点相关流程是与用户无关的流程,通常用于接口配置和管理、SMF 与 UPF 能力协商等目的。PFCP 偶联相关流程就是 PFCP 节点相关流程,无论 N4 接口上有多少个用户,都只会有 1 个 PFCP 偶联。节点相关的流程在 29244 的 6.2 节定义,主要包括心跳(Heartbeat)流程、负荷控制(Load Control)流程、过载控制(Overload Control)流程、PFD 管理(Packet Flow Description Management)流程、PFCP 偶联的建立/更新/释放流程和节点报告(Node Report)流程。

PFCP 会话相关流程则是和 UE 相关联的流程。PFCP 会话通过会话端点标识(Session Endpoint Identifier,SEID)来区分。PFCP 会话相关流程在 29244 的 6.3 节定义,包括 PFCP 会话的建立/修改/删除流程及 PFCP 会话的报告流程。

本节将重点关注 PFCP 会话相关的流程和参数。

31min

2.2.3 UPF 如何完成报文处理

UPF 根据 SMF 下发的各种规则完成对用户平面报文的处理,这些主要规则包括以下几点。

(1) 用于包检测的报文检测规则(Packet Detection Rule,PDR)。

(2) 用于包转发的转发行动规则(Forwarding Action Rule,FAR)。

(3) 用于 QoS 处理的 QoS 执行规则(QoS Enforcement Rule,QER)。

(4) 用于触发使用量报告流程的使用量报告规则(Usage Reporting Rule,URR)。

(5) 用于报文缓存的缓存行动规则(Buffering Action Rule,BAR)。

规范中有一张原图解释了 UPF 在收到 SMF 下发的 N4 规则后,执行报文处理的流程,如图 2-6 所示。为了更好地说明,图上加了入端口 Eth1/1(以太网口)、出端口 Eth1/2。

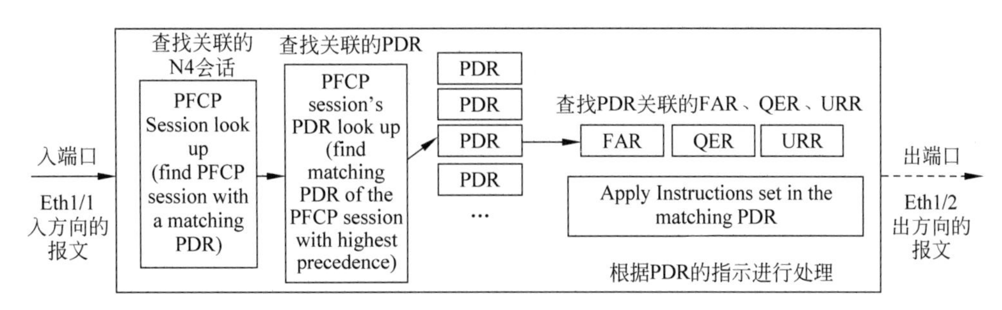

图 2-6　UPF 侧报文处理流程

当 UPF 从入端口 Eth1/1 收到了一个 gNB 发送过来的上行用户面数据报文时,应该按照以下顺序处理:

(1) UPF 首先要检查该用户面报文是否有关联的 PFCP 会话(可根据 UE 的 IP 地址、N3 隧道的 TEID 等信息作为查询索引)。如果能找到,则继续执行第 2 步。

(2) UPF 根据 PDR 的要求对报文进行匹配。由于上行报文是从 N3 接口到达的,因此 PDR 会要求 UPF 将 GTP-U 隧道解封装,并根据 PDR 中的报文检测规则匹配。如果有多个 PDR,则根据 PDR 的优先级(Precedence 参数)决定查找顺序。

(3) 根据 PDR 规则对报文匹配成功后,UPF 继续查找 PDR 所关联的 FAR,以此来决定报文的转发行动。转发行动可以是转发、丢弃、缓存或者触发报文的重定向(例如 UE 访问违规的网址或欠费等场景)。

(4) 如果 FAR 采取的行动是转发,则 UPF 需要继续检查是否有关联的 QER(可选),以此来决定报文的 QoS 待遇,例如是否需要做速率保障等。

(5) UPF 接下来根据目的 IP 查找路由表得到出端口是 Eth1/2,将数据包通过 Eth1/2 转发出去,通常物理下一跳是数据中心的二层交换机。

(6) UPF 成功转发报文之后,UPF 还需要检查 PDR 是否关联了 URR,以此来决定如何累积用户的使用量及给 SMF 发送使用量报告,使用量报告可用于计费和策略控制等目的(如超量限速等场景)。

2.2.4　N4 接口规则之 PDR

1. PDR(包检测规则)概述

关于 PDR 的详细处理,在 29244 的 5.2.1A Packet Detection Rule Handling 一节中定

义。PDR 的主要作用是告诉 UPF 如何对数据包进行检测和分类。

PDR 在 PFCP 会话建立流程中下发给 UPF,并可以通过 N4 会话修改流程更新 PDR。

每个 PDR 必须包含一个包检测信息(Packet Detection Information,PDI)参数,该参数定义了包检测的详细规则。每个 PDI 需要包含以下信息(以此来检测报文):

(1) 入方向数据包的源接口。

(2) 本地 GTP 隧道的 F-TEID、网络实例(Network Instance)、UE 的 IP 地址、业务数据流过滤器(SDF Filter)、应用标识(Application ID)、QFI 等参数的组合。

其中对业务提供详细描述信息的 SDF Filter 可以是 SMF 或者 UPF 中的本地配置,也可以是 PCF 将其作为 PCC 规则的一部分下发给 SMF 后再由 SMF 转换成 N4 规则下发给 UPF 执行。

PDI 参数的详细构成如图 2-7 所示。

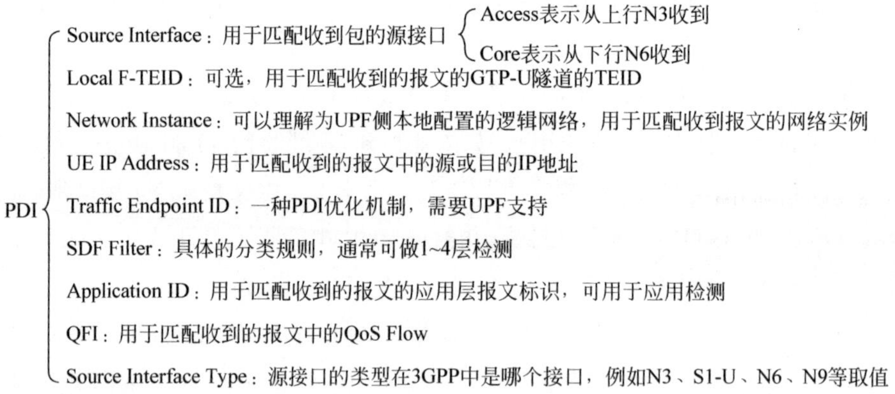

PDI
- Source Interface：用于匹配收到包的源接口
  - Access表示从上行N3收到
  - Core表示从下行N6收到
- Local F-TEID：可选，用于匹配收到的报文的GTP-U隧道的TEID
- Network Instance：可以理解为UPF侧本地配置的逻辑网络，用于匹配收到报文的网络实例
- UE IP Address：用于匹配收到的报文中的源或目的IP地址
- Traffic Endpoint ID：一种PDI优化机制，需要UPF支持
- SDF Filter：具体的分类规则，通常可做1~4层检测
- Application ID：用于匹配收到的报文的应用层报文标识，可用于应用检测
- QFI：用于匹配收到的报文中的QoS Flow
- Source Interface Type：源接口的类型在3GPP中是哪个接口，例如N3、S1-U、N6、N9等取值

图 2-7　PDI 的构成

SDF Filter 参数的详细构成如图 2-8 所示。

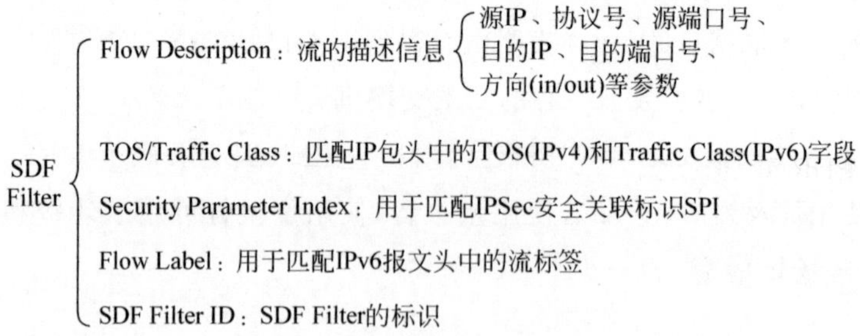

SDF Filter
- Flow Description：流的描述信息
  - 源IP、协议号、源端口号、
  - 目的IP、目的端口号、
  - 方向(in/out)等参数
- TOS/Traffic Class：匹配IP包头中的TOS(IPv4)和Traffic Class(IPv6)字段
- Security Parameter Index：用于匹配IPSec安全关联标识SPI
- Flow Label：用于匹配IPv6报文头中的流标签
- SDF Filter ID：SDF Filter的标识

图 2-8　SDF Filter 的构成

2. PDR 的主要参数

以 PFCP 会话建立流程为例介绍 PDR 中的参数,在 29244 的 7.5.2.2 Create PDR IE

within PFCP Session Establishment Request 中定义。该节详细说明了PDR的所有参数及用于包检测分类的PDI的所有参数。理解了这些参数的含义，基本就理解了PDR。PDR的主要参数包括以下几种。

(1) PDR ID：PDR标识，用于区分PDR。

(2) Precedence：PDR的优先级。

(3) Outer Header Removal：指示UPF是否移除协议栈最外层的报文头，如GTP-U。

(4) FAR ID：PDR关联的转发规则标识。

(5) URR ID：PDR关联的使用量报告规则标识。

(6) QER ID：PDR关联的QoS执行规则标识。

(7) Activate Predefined Rules：是否激活1个或多个预定义的规则。

(8) Activate Time：激活时间，即PDR的具体生效时间。允许提前下发，延迟激活。

(9) Deactivate Time：去激活时间，即PDR的失效时间。

(10) PDI：包检测信息。定义了包检测的详细规则。

3. PDR实际报文分析举例

在本例中，SMF发起PFCP会话建立并下发了两个PDR给UPF，如图2-9所示。

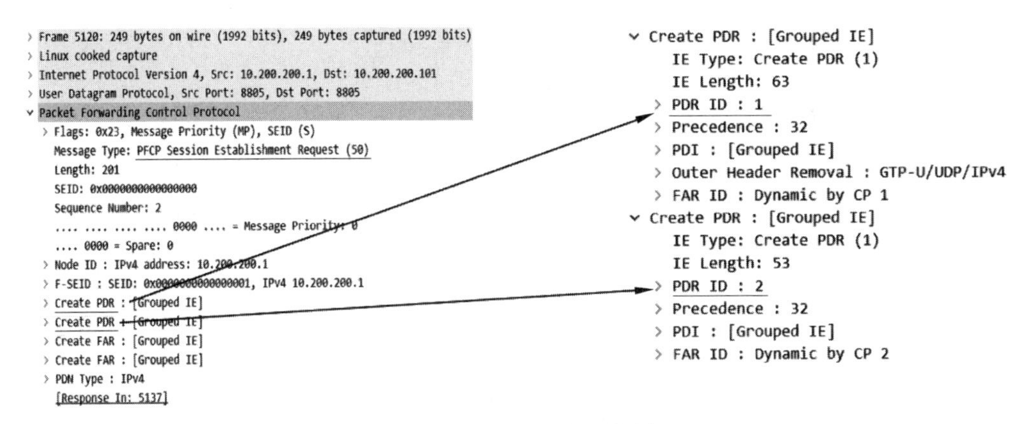

图2-9　PDR实际报文举例

展开两个PDR看详细参数。先看第1个PDR，即PDR ID等于1的PDR。第1个PDR用于上行方向的数据包检测，展开后如图2-10所示。

这里主要说明一下用于包检测的PDI参数，PDI参数定义的多个条件需同时满足，是逻辑与的关系。

(1) 源接口(Source Interface)：取值为Access，表示上行数据，可以理解为从N3接口收到的包。

```
Create PDR : [Grouped IE]
  IE Type: Create PDR (1)
  IE Length: 63
> PDR ID : 1
> Precedence : 32
v PDI : [Grouped IE]
    IE Type: PDI (2)
    IE Length: 32
  > Source Interface : Access
  > F-TEID : TEID: 0x00000001, IPv4 10.200.200.102
  v Network Instance :
      IE Type: Network Instance (22)
      IE Length: 1
      Network Instance:
  v UE IP Address :
      IE Type: UE IP Address (93)
      IE Length: 5
    > Flags: 0x02, V4 (IPv4)
      IPv4 address: 60.60.0.1
v Outer Header Removal : GTP-U/UDP/IPv4
    IE Type: Outer Header Removal (95)
    IE Length: 1
    Outer Header Removal Description: GTP-U/UDP/IPv4 (0)
> FAR ID : Dynamic by CP 1
```

图 2-10　上行报文检测的 PDR

（2）完全合格隧道端点标识(Fully Qualified Tunnel Endpoint Identifier,F-TEID)：用于描述 N3 接口 GTP-U 隧道信息,包括两个子参数,其中 TEID 为 0x00000001 表示 N3 隧道的隧道标识；IPv4 地址为 10.200.200.102,是 UPF 侧 N3 接口地址。UPF 通过检查收到的用户面报文与这两个子参数是否相符判断匹配是否成功,如果相符,则匹配成功。

注意：N3 接口的 TEID 和 IP 地址可以由 UPF 自己分配,也可以由 SMF 给 UPF 分配(本例是 SMF 为 UPF 分配)。通过 F-TEID 的 CHOOSE(CH)bit 来控制。如果该 bit 取值为 1,则表示由 UPF 自行分配,此种情况 F-TEID 参数中就不应该出现 TEID 和 IP 地址；如果该 bit 取值为 0,则表示由 SMF 为 UPF 分配,此种情况 F-TEID 参数中就必须出现 TEID 和 IP 地址。5G 商用网络大多是由 UPF 自行分配,也就是 bit 3 取值为 1。

（3）网络实例(Network Instance)：该值通常对应于 UPF 侧本地配置的 VPN 或路由实例的名字。本例取值为空表示匹配报文时不检查是否从特定的网络实例收到。

（4）UE IP 地址：表示 UE 的 IP 如果是 60.60.0.1,则匹配成功。

（5）外层包头移除(Outer Header Removal)：表示在匹配时需要移除 N3 接口的 GTP-U 隧道头部。

（6）FAR ID=1,表示该上行 PDR 关联的 FAR 标识为 1。

再看第2个PDR,用于下行方向的数据包检测。展开后如图2-11所示。

```
∨ Create PDR : [Grouped IE]
    IE Type: Create PDR (1)
    IE Length: 53
  > PDR ID : 2
  > Precedence : 32
  ∨ PDI : [Grouped IE]
      IE Type: PDI (2)
      IE Length: 27
    > Source Interface : Core
    ∨ Network Instance : internet
        IE Type: Network Instance (22)
        IE Length: 9
        Network Instance: internet
    ∨ UE IP Address :
        IE Type: UE IP Address (93)
        IE Length: 5
      > Flags: 0x02, V4 (IPv4)
        IPv4 address: 60.60.0.1
  > FAR ID : Dynamic by CP 2
```

图2-11 下行报文检测的PDR

下行报文检测的PDI参数说明如下。

(1) 源接口:取值为Core,表示下行数据,可以理解为从N6或N9接口收到的包。

(2) 网络实例:取值为internet,表示匹配报文时要检查该报文是否从名称为internet的网络实例中收到。

(3) UE IP地址:表示UE的IP如果是60.60.0.1,则该PDR被匹配命中。

(4) FAR ID:取值为2,表示该下行PDR关联的FAR标识为2。

2.2.5 N4接口规则之FAR

1. FAR(包转发规则)概述

关于FAR的处理在29244的5.2.3 Forwarding Action Rule Handling一节中定义。FAR用来告诉UPF怎样转发数据包。FAR在PFCP会话建立流程中下发给UPF,并可以通过N4会话修改流程来更新FAR。

每个FAR必须关联到一个PDR,即不同的报文执行不同的转发规则。FAR定义的转发规则包括丢弃、转发、缓存或者复制一份报文。

2. FAR的主要参数

以PFCP会话建立流程为例介绍FAR中的参数,在29244的7.5.2.3 Create FAR IE

within PFCP Session Establishment Request 中定义。该节详细说明了 FAR 的所有参数，理解了这些参数的含义，基本就理解了 FAR。FAR 的主要参数如图 2-12 所示。

FAR
- FARD：用于区分FAR
- Apply Action：告诉UPF应该对报文采取怎样的转发行为
  - DROP位：置1表示丢弃该报文
  - FORW位：置1表示转发该报文
  - BUFF位：置1表示缓存该报文
  - NOCP位：置1表示有需要缓存的第1个下行数据到达，要通知CP
  - DUPL位：置1表示镜像一份报文
- Forwarding Parameters：具体的转发参数
- Duplicating Parameters：具体的报文镜像参数
- BAR ID：如果Apply Action.指明要对报文进行缓存，则需要关联一个BAR，告诉UPF如何缓存

图 2-12 FAR 的主要参数

其中，Forwarding Parameters 子参数包含了具体的转发规则，以及转发时的一些额外处理，如图 2-13 所示。

Forwarding Parameters
- Destination Interface：告诉UP，这个报文要转发到哪个目标接口
- Network Instance：告诉UP，这个报文要转发到哪个网络实例
- Redirect Information：是否要对该报文做重定向处理，重定向的目标是哪里
- Outer Header Creation：指示UP，在转发该报文时，添加外层报文头(如GTP-U)
- Transport Level Marking：转发时给报文IP头打上指定的DSCP标记值
- Forwarding Policy：包含1个转发策略ID，关联到一个在UPF本地配置的转发策略
- Header Enrichment：包头增强，即HTTP头部需添加额外的信息，如手机号码等
- Linked Traffic Endpoint ID：可选，需UPF支持PDI优化特性，包含分配给该N4会话的流量端点标识
- Proxying：针对Ethernet PDU类型数据，根据缓存信息响应ARP请求
- Destination Interface Type：目标接口的类型在3GPP中是哪个接口，例如N3、N6等

图 2-13 Forwarding Parameters 子参数

3. FAR 实际报文分析举例

在本例中，SMF 发起 PFCP 会话建立并下发 PDR 和关联的 FAR 给 UPF，如图 2-14 所示。

在图 2-14 所示的 PFCP 会话建立请求消息中下发了两个 PDR，并关联到两个 FAR。两个 PDR 对应的 FAR 都没有 Forwarding Parameters 参数，但 Apply Action 的 FORW 位都置 1，表示允许转发。gNB 分配了下行 N3 接口 GTP-U TEID 和地址后，SMF 通过 N4 会话修改流程更新 FAR，将 gNB 的 N3 用户面信息通知 UPF，用于下行数据转发，如图 2-15 所示。

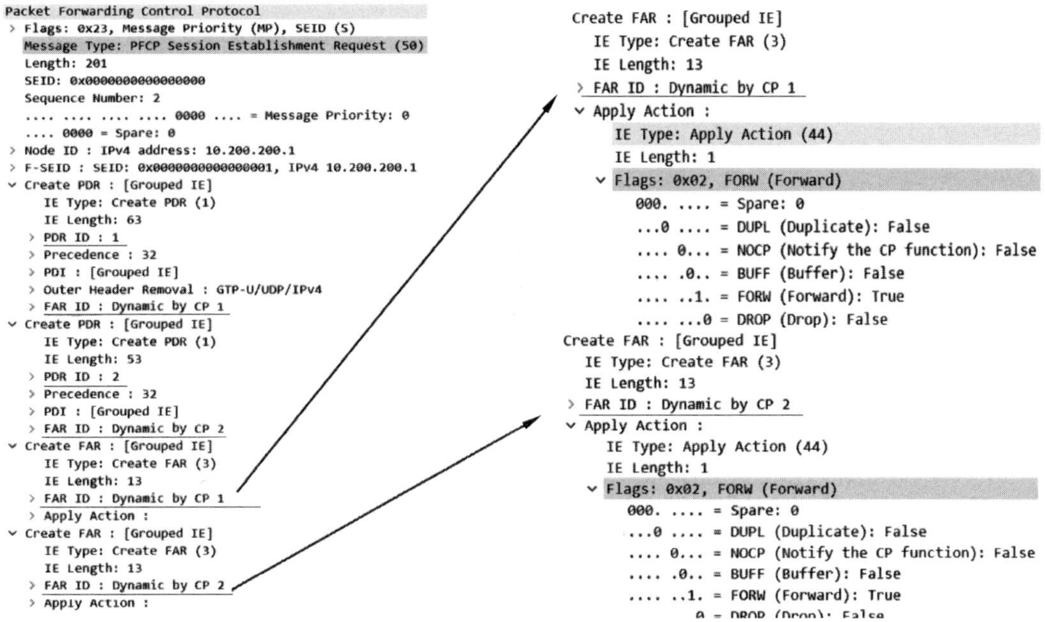

```
Packet Forwarding Control Protocol
> Flags: 0x23, Message Priority (MP), SEID (S)
  Message Type: PFCP Session Establishment Request (50)
  Length: 201
  SEID: 0x0000000000000000
  Sequence Number: 2
  .... .... .... .... 0000 .... = Message Priority: 0
  .... 0000 = Spare: 0
> Node ID : IPv4 address: 10.200.200.1
> F-SEID : SEID: 0x0000000000000001, IPv4 10.200.200.1
v Create PDR : [Grouped IE]
    IE Type: Create PDR (1)
    IE Length: 63
  > PDR ID : 1
  > Precedence : 32
  > PDI : [Grouped IE]
  > Outer Header Removal : GTP-U/UDP/IPv4
  > FAR ID : Dynamic by CP 1
v Create PDR : [Grouped IE]
    IE Type: Create PDR (1)
    IE Length: 53
  > PDR ID : 2
  > Precedence : 32
  > PDI : [Grouped IE]
  > FAR ID : Dynamic by CP 2
v Create FAR : [Grouped IE]
    IE Type: Create FAR (3)
    IE Length: 13
  > FAR ID : Dynamic by CP 1
  > Apply Action :
v Create FAR : [Grouped IE]
    IE Type: Create FAR (3)
    IE Length: 13
  > FAR ID : Dynamic by CP 2
  > Apply Action :
```

```
Create FAR : [Grouped IE]
  IE Type: Create FAR (3)
  IE Length: 13
> FAR ID : Dynamic by CP 1
v Apply Action :
    IE Type: Apply Action (44)
    IE Length: 1
  v Flags: 0x02, FORW (Forward)
      000. .... = Spare: 0
      ...0 .... = DUPL (Duplicate): False
      .... 0... = NOCP (Notify the CP function): False
      .... .0.. = BUFF (Buffer): False
      .... ..1. = FORW (Forward): True
      .... ...0 = DROP (Drop): False
Create FAR : [Grouped IE]
  IE Type: Create FAR (3)
  IE Length: 13
> FAR ID : Dynamic by CP 2
v Apply Action :
    IE Type: Apply Action (44)
    IE Length: 1
  v Flags: 0x02, FORW (Forward)
      000. .... = Spare: 0
      ...0 .... = DUPL (Duplicate): False
      .... 0... = NOCP (Notify the CP function): False
      .... .0.. = BUFF (Buffer): False
      .... ..1. = FORW (Forward): True
```

图 2-14　FAR 实际报文举例

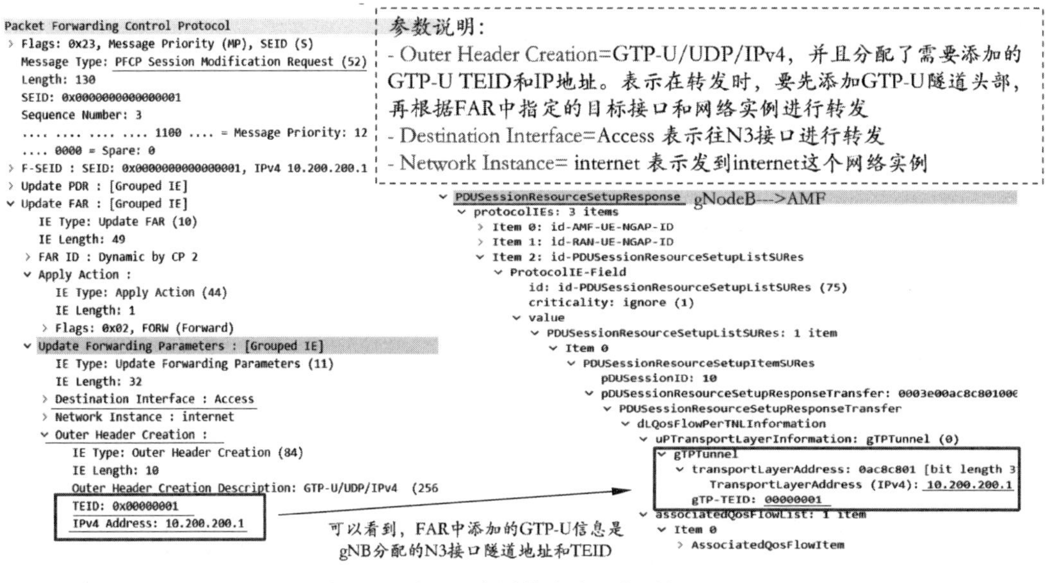

```
Packet Forwarding Control Protocol
> Flags: 0x23, Message Priority (MP), SEID (S)
  Message Type: PFCP Session Modification Request (52)
  Length: 130
  SEID: 0x0000000000000001
  Sequence Number: 3
  .... .... .... .... 1100 .... = Message Priority: 12
  .... 0000 = Spare: 0
> F-SEID : SEID: 0x0000000000000001, IPv4 10.200.200.1
> Update PDR : [Grouped IE]
v Update FAR : [Grouped IE]
    IE Type: Update FAR (10)
    IE Length: 49
  > FAR ID : Dynamic by CP 2
  v Apply Action :
      IE Type: Apply Action (44)
      IE Length: 1
    > Flags: 0x02, FORW (Forward)
  v Update Forwarding Parameters : [Grouped IE]
      IE Type: Update Forwarding Parameters (11)
      IE Length: 32
    > Destination Interface : Access
    > Network Instance : internet
    v Outer Header Creation :
        IE Type: Outer Header Creation (84)
        IE Length: 10
        Outer Header Creation Description: GTP-U/UDP/IPv4 (256
        TEID: 0x00000001
        IPv4 Address: 10.200.200.1
```

参数说明：

- Outer Header Creation=GTP-U/UDP/IPv4，并且分配了需要添加的GTP-U TEID和IP地址。表示在转发时，要先添加GTP-U隧道头部，再根据FAR中指定的目标接口和网络实例进行转发
- Destination Interface=Access 表示往N3接口进行转发
- Network Instance= internet 表示发到internet这个网络实例

```
v PDUSessionResourceSetupResponse  gNodeB--->AMF
  v protocolIEs: 3 items
    > Item 0: id-AMF-UE-NGAP-ID
    > Item 1: id-RAN-UE-NGAP-ID
    v Item 2: id-PDUSessionResourceSetupListSURes
      v ProtocolIE-Field
          id: id-PDUSessionResourceSetupListSURes (75)
          criticality: ignore (1)
        v value
          v PDUSessionResourceSetupListSURes: 1 item
            v Item 0
              v PDUSessionResourceSetupItemSURes
                  pDUSessionID: 10
                v pDUSessionResourceSetupResponseTransfer: 0003e00ac8c80100€
                  v PDUSessionResourceSetupResponseTransfer
                    v dLQosFlowPerTNLInformation
                      v uPTransportLayerInformation: gTPTunnel (0)
                        v gTPTunnel
                          v transportLayerAddress: 0ac8c801 [bit length 3
                              TransportLayerAddress (IPv4): 10.200.200.1
                            gTP-TEID: 00000001
                      v associatedQosFlowList: 1 item
                        v Item 0
                          > AssociatedQosFlowItem
```

可以看到，FAR中添加的GTP-U信息是gNB分配的N3接口隧道地址和TEID

图 2-15　在 N4 会话修改流程中更新 FAR

11min

2.2.6 N4 接口规则之 QER

1. QER(QoS 执行规则)概述

关于 QER 的处理在规范 29244 的 5.2.5 QoS Enforcement Rule Handling 一节中定义。QER 用于告知 UPF 如何对数据包执行不同的 QoS 策略。QER 在 PFCP 会话建立流程中下发给 UPF,并可以通过 N4 会话修改流程来更新已经下发的 QER。

每个 QER 都必须关联到一个 PDR,即 UPF 先根据 PDR 执行报文的检测与分类,然后根据 FAR 决定是否转发,再根据 QER 决定执行哪些 QoS 规则或策略。

SMF 可以要求 UPF 执行门控、QoS 控制、为传输层打上不同的 QoS 标记、反射型 QoS 指示等和 QoS 相关的动作。QER 中的规则可以采用 SMF 本地配置,也可以从 PCF 获取。

2. QER 的主要参数

以 PFCP 会话建立流程为例介绍 QER 的主要参数,在 29244 的 7.5.2.5 Create QER IE within PFCP Session Establishment Request 一节中定义。理解了这些参数的含义,基本就理解了 QER。QER 的主要参数如图 2-16 所示。

QER
- QER ID：用于区分QER的标识
- QER Correlation ID：用于关联多个N4会话的QER
- Gate Status：门控开关。开门就让报文通过，关门则不能通过
- Maximum Bitrate：指明通过PDR检测分类出的报文的MBR(上行和/或下行最大比特率)
  针对5GC，该参数设置为Session-AMBR或者某个QoS流的MBR或者一个SDF的MBR
- Guaranteed Bitrate：指明通过PDR检测分类出的报文的GBR(上行和/或下行的保证比特率)
- Packet Rate：指明给定时间内允许转发的最大上行/下行报文速率
- DL Flow Level Marking：根据应用检测结果，给传输层打上不同的标记(DSCP值)
- QoS Flow Identifier：QoS流的标识
- Paging Policy Indicator：要求UPF在转发报文中设置寻呼策略指示
- Averaging Window：平均窗口大小

图 2-16 QER 的主要参数

3. QER 实际报文分析举例

在本例中,SMF 发起 PFCP 会话建立并将 PDR 和关联的 QER 下发给 UPF,如图 2-17 所示。

可以看到 N4 会话下发了两个 PDR,其中第 1 个 PDR ID 等于 1,关联的 QER ID 也是 1。QER 中门控状态(Gate Status)参数的取值是上行开门和下行也开门,表示上下行全放通,但放通的同时要执行 MBR 的速率限制。这里的限制是上行 MBR 为 100 000Kb/s,下行 MBR 是 150 000Kb/s。

```
v Packet Forwarding Control Protocol
  > Flags: 0x21, SEID (S)
    Message Type: PFCP Session Establishment Request (50)
    Length: 418
    SEID: 0x0000000000000000
    Sequence Number:
    Spare: 0
  > Node ID : IPv4 address: 10.
  v Create PDR : [Grouped IE]
      IE Type: Create PDR (1)
      IE Length: 103
    > PDR ID : 1
    > Precedence : 253
    > PDI : [Grouped IE]
    > Outer Header Removal : GTP-U/UDP/IPv4
    > FAR ID : Dynamic by CP 1
    > URR ID : Dynamic by CP 2
    > URR ID : Dynamic by CP 1
    > QER ID : Dynamic by CP 1
  > Create PDR : [Grouped IE]
  > Create FAR : [Grouped IE]
  > Create FAR : [Grouped IE]
  > Create URR : [Grouped IE]
  > Create URR : [Grouped IE]
  v Create QER : [Grouped IE]
      IE Type: Create QER (7)
      IE Length: 27
    > QER ID : Dynamic by CP 1
    > Gate Status :
    > MBR :
```

```
Create QER : [Grouped IE]
   IE Type: Create QER (7)
   IE Length: 27
 > QER ID : Dynamic by CP 1
 v Gate Status :
     IE Type: Gate Status (25)
     IE Length: 1
   > Flags: 0x00, UL Gate: OPEN, DL Gate: OPEN
 v MBR :
     IE Type: MBR (26)
     IE Length: 10
     UL MBR: 100000
     DL MBR: 150000
```

图 2-17　QER 实际报文举例

2.2.7　N4 接口规则之 BAR

19min

1. BAR(包缓存规则)概述

关于 BAR 的处理在 29244 的 5.2.4 Buffering Action Rule Handling 一节中定义。BAR 的作用是告知 UPF 如何缓存收到的下行数据包。BAR 在 PFCP 会话建立流程中下发给 UPF,并可以通过 N4 会话修改流程来更新和删除已经下发的 BAR。

UPF 为什么需要缓存下行数据包?因为 UE 可能处于 CM-IDLE 态,此状态下 N3 接口资源被释放,UPF 不知道 gNB 的地址信息无法转发下行数据,因此需要缓存。UPF 还需要通知 SMF 触发寻呼流程,UE 收到寻呼后将发起业务请求流程重建 N3 接口用户面隧道与资源,UPF 此时再从缓存中提取下行数据进行转发。

每个 BAR 必须关联到一个 FAR,只有 FAR 中定义的 Action 参数的取值为缓存(BUFF 标记位置 1),才会根据 BAR 决定如何转发。如果 Action 参数的取值直接就是转发或者丢弃,那么就无须应用 BAR 规则了。

2. BAR 的主要参数

以 PFCP 会话建立流程为例介绍 BAR 中的主要参数,在 29244 的 7.5.2.6 Create BAR IE within PFCP Session Establishment Request 一节中定义。理解了这些参数的含义,就理解了 BAR。BAR 的主要参数如图 2-18 所示。

BAR
- BAR ID：用于区分BAR
- DL Buffering Duration：建议的报文缓存时长。需要UP支持DL Buffering Duration参数
- Downlink Data Notification Delay：CM-IDLE下收到下行第1个数据，建议延迟发送DDN通知的时长，并且需要UP支持Downlink Data Notification Delay参数
- Suggested Buffering Packets Count：建议的报文缓存个数，如果超过，则丢弃

图 2-18　BAR 的主要参数

BAR 中的主要参数可以由 SMF 下发给 UPF，也可以在 UPF 中进行本地配置。如果 UPF 在本地配置了建议的缓存时长和缓存个数等 BAR 中的主要参数，则 SMF 只需下发 FAR 并将 Apply Action 的 BUFF 标记位置 1，无须下发 BAR，然后由 UPF 根据本地配置的缓存参数进行缓存。这样做的好处是可以减少 N4 接口的信令开销。

3. BAR 实际报文分析举例

BAR 常见于 UE 处于 CM-IDLE 状态时 UPF 收到下行数据的场景。此时 UPF 需要通知 SMF 有下行数据到达，以及在 N3 隧道激活之前为 UE 缓存下行数据。场景举例如下：

(1) 早上 7 点整，UE 开机完成了注册和 PDU 会话建立流程，含 PFCP 会话建立和 BAR 等规则的下发。

(2) 早 7 点 0 分 10 秒，gNB 监测到 UE 没有流量产生，触发了 N2 释放流程，N3 接口用户面连接也被释放。SMF 发起 N4 会话修改流程，要求 UPF 对下行数据进行缓存。在本例中 SMF 不下发 BAR，而只是更新 FAR，将 Apply Action 的 BUFF 和 NOCP 标记位置 1。将 FORW 标记位置 0，UPF 根据本地配置的缓存参数开始缓存，如图 2-19 所示。

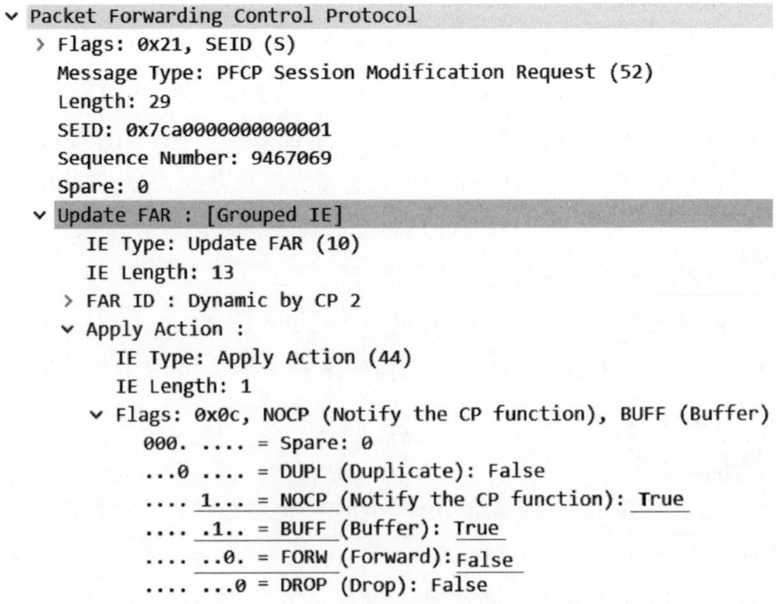

```
v Packet Forwarding Control Protocol
  > Flags: 0x21, SEID (S)
    Message Type: PFCP Session Modification Request (52)
    Length: 29
    SEID: 0x7ca0000000000001
    Sequence Number: 9467069
    Spare: 0
  v Update FAR : [Grouped IE]
      IE Type: Update FAR (10)
      IE Length: 13
    > FAR ID : Dynamic by CP 2
    v Apply Action :
        IE Type: Apply Action (44)
        IE Length: 1
      v Flags: 0x0c, NOCP (Notify the CP function), BUFF (Buffer)
          000. .... = Spare: 0
          ...0 .... = DUPL (Duplicate): False
          .... 1... = NOCP (Notify the CP function): True
          .... .1.. = BUFF (Buffer): True
          .... ..0. = FORW (Forward): False
          .... ...0 = DROP (Drop): False
```

图 2-19　N2 释放流程中的缓存指示

32min

2.2.8 N4 接口规则之 URR

1. URR(使用量上报规则)概述

关于 URR 的处理在规范 29244 的 5.2.2 Usage Reporting Rule Handling 一节中介绍。URR 用来告诉 UPF 如何上报使用量统计信息。URR 可以在 PFCP 会话建立流程中下发,也可以通过 N4 会话修改流程进行修改。

每个 URR 必须关联到一个 PDR。URR 定义的使用量上报规则包括计量方法、报告的触发器、URR ID 等。

2. URR 的主要参数

以 PFCP 会话建立流程中下发的 URR 为例进行介绍。PFCP 会话建立流程中的 URR 是通过 Create URR 参数下发的,主要子参数构成见表 2-3。

表 2-3 Create URR 参数

参数名称	M:必选 C:有条件 O:可选	参数说明
URR ID	M	URR
Measurement Method	M	测量方法(如按流量、时长还是事件),和计费方法有关
Reporting Triggers	M	向 CP 发送报告的触发器,例如周期性上报、达到门限值上报等
Measurement Period	C	测量的周期,用于定期上报
Volume Threshold	C	如果采用基于流量进行测量,则该参数用于定义流量的上报门限值,一旦达到,就需要上报 CP
Volume Quota	C	流量的使用配额(通常用于实时计费)
Event Threshold	C	如果采用基于事件(例如一次成功的音乐下载)进行计费,则该参数用于定义事件的上报门限值(如 10 次成功的下载)
Event Quota	C	事件的使用配额(通常用于实时计费)
Time Threshold	C	如果采用基于时间进行计费,则该参数用于定义时间的上报门限值(如 10min)
Time Quota	C	时间的使用配额(通常用于实时计费)
Quota Holding Time	C	如果用户一直没有流量产生,则该参数用于定义配额的有效期。如果超期,则需要重新申请配额
Quota Validity Time	C	定义配额的有效时间,但需要 UP 支持 VTIME(Validity Time)特性。当该计时器超时时,UP 应停止(或有限度转发少量报文)报文转发,并向 CP 发送报告
Monitoring Time	O	监控时间,当该计时器超时时,将重置(流量/时间/事件)门限值

续表

参数名称	M：必选 C：有条件 O：可选	参数说明
Subsequent Volume Threshold	O	启动了监控时间并采用了基于流量的测量后，该参数用于提供后续功能需要监控的流量门限值。如果超出门限值，则 UPF 应向 SMF 发送报告
Subsequent Time Threshold	O	启动了监控时间并采用了基于时间的测量后，该参数用于提供后续功能需要监控的时间门限值。如果超出门限值，则 UPF 应向 SMF 发送报告
Subsequent Volume Quota	O	启动了监控时间并采用了基于流量的测量后，该参数用于指示在监控时间启动后一段时间内的可用流量配额
Subsequent Time Quota	O	启动了监控时间并采用了基于时间的测量后，该参数用于指示在监控时间启动后一段时间内的可用时间配额
Subsequent Event Threshold	O	启动了监控时间并采用了基于事件的测量后，该参数用于指示后续功能需要监控的事件次数门限值。如果超出门限值，则 UPF 应向 SMF 发送报告
Subsequent Event Quota	O	启动了监控时间并采用了基于事件的测量后，该参数用于指示在监控时间启动后一段时间内的可用事件配额
Inactivity Detection Time	C	采用基于时间的测量，该参数包含了用户没有流量产生的持续时间。如果该时间超时，则应挂起基于时间的测量
Linked URR ID	C	如果本 URR 的使用量报告关联到另一个 URR，则该参数包含关联的 URR 的 ID
Measurement Information	C	包含 5 个标记位： (1) MBQE (Measurement Before QoS Enforcement)位：置 1 表示请求测量 QoS 规则执行前的流量 (2) INAM (Inactive Measurement)位：置 1 表示测量暂停 (3) RADI (Reduced Application Detection Information)位：置 1 表示当检测到某应用启动或停止时，发送的报告里应只包含 App 的 ID (4) ISTM (Immediate Start Time Metering)位：置 1 表示立即启动时间的测量 (5) MNOP (Measurement of Number of Packets)位：置 1 表示请求 UP 测量转发的 UL/DL/Total 报文的数量(如果采用流量计费)
Time Quota Mechanism	C	如果采用基于时间的测量，则测量机制是采用连续时间段(Continuous Time Period，CTP)还是离散时间段(Discrete Time Period，DTP)

续表

参数名称	M：必选 C：有条件 O：可选	参数说明
Aggregated URRs	C	如果 URR 支持 Credit Pool（信用池，用户所有业务共享信用池中的配额），则包含该参数。用于提供聚合的 URR
FAR ID for Quota Action	C	当配额耗尽时，可以指定一个关联的 FAR，并通过 FAR 决定配额耗尽后的转发行为，如丢弃或者重定向报文
Ethernet Inactivity Timer	C	仅用于 Ethernet 类型的 PDU 会话。用于上报 inactive 的 UE 的 MAC 地址
Additional Monitoring Time	O	CP 可以下发 1 个 Monitoring Time 和多个 Additional Monitoring Time，用于重置（流量/时间/计费）门限值。让计费和管控更灵活

表 2-3 中提到了一个很重要的报告触发器（Reporting Trigger）参数，同时也是必选参数。该参数决定了 UPF 在什么情况下给 SMF 发送使用量报告，这取决于该参数的取值，该参数包括以下取值。

（1）PERIO（Periodic Reporting）：置 1 表示周期性上报。

（2）VOLTH（Volume Threshold）：置 1 表示流量门限到达触发的上报。

（3）TIMTH（Time Threshold）：置 1 表示时间门限到达触发的上报。

（4）QUHTI（Quota Holding Time）：置 1 表示当没有用户面数据产生时，导致 QHT 超时触发的上报。

（5）START（Start of Traffic）：置 1 表示检测到流量的产生触发的上报。

（6）STOPT（Stop of Traffic）：置 1 表示检测流量的停止触发的上报。

（7）DROTH（Dropped DL Traffic Threshold）：置 1 表示下行流量丢弃门限值到达触发的上报。

（8）LIUSA（Linked Usage Reporting）：置 1 表示关联到另一个 URR 触发的上报。

（9）VOLQU（Volume Quota）：置 1 表示流量配额耗尽触发的上报。

（10）TIMQU（Time Quota）：置 1 表示时间配额耗尽触发的上报。

（11）ENVCL（Envelope Closure）：置 1 表示信封闭合（基于时间的计费）的条件满足触发的上报。

（12）MACAR（MAC Addresses Reporting）：置 1 表示 MAC 地址作为 UE 上行帧源地址触发的上报。

（13）EVETH（Event Threshold）：置 1 表示事件门限到达触发的上报。

（14）EVEQU（Event Quota）：置 1 表示事件配额耗尽触发的上报。

图 2-20 为报告触发器参数报文实例，该报文实例中，STOPT 位置 1，表示触发使用量上报的原因是 UPF 检测到流量停止。

```
IE Type: Usage Report Trigger (63)
IE Length: 2
0... .... = IMMER (Immediate Report): False
.0.. .... = DROTH (Dropped DL Traffic Threshold): False
..1. .... = STOPT (Stop of Traffic): True
...0 .... = START (Start of Traffic): False
.... 0... = QUHTI (Quota Holding Time): False
.... .0.. = TIMTH (Time Threshold): False
.... ..0. = VOLTH (Volume Threshold): False
.... ...0 = PERIO (Periodic Reporting): False
0... .... = EVETH (Event Threshold): False
.0.. .... = MACAR (MAC Addresses Reporting): False
..0. .... = ENVCL (Envelope Closure): False
...0 .... = MONIT (Monitoring Time): False
.... 0... = TERMR (Termination Report): False
.... .0.. = LIUSA (Linked Usage Reporting): False
.... ..0. = TIMQU (Time Quota): False
.... ...0 = VOLQU (Volume Quota): False
```

图 2-20　URR 中的报告触发参数实例

3. N4 会话报告流程：上报使用量

当 URR 定义的使用量上报条件满足(如门限达到、配额失效等)时，UPF 应向 SMF 发送 N4 会话报告流程，报告用户的使用量。SMF 收到后，可决定通过 N4 会话修改流程来更新 URR，如下发新的配额等，其中报告类型(Report Type)参数取值为 USAR(Usage Report)表示该报告是一个使用量报告。上报使用量流程如图 2-21 所示。

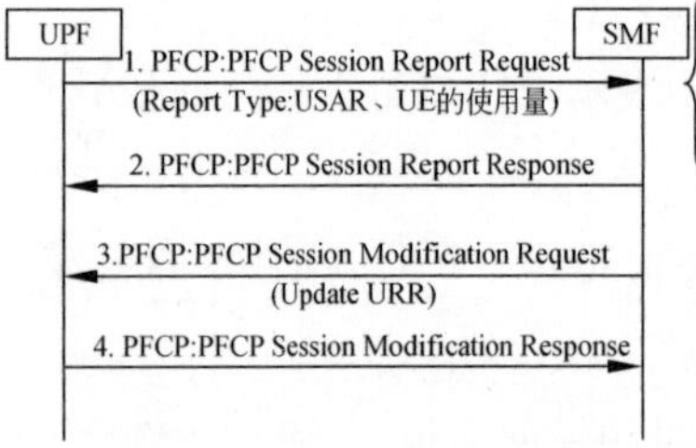

UPF　　SMF

1. PFCP:PFCP Session Report Request (Report Type:USAR、UE的使用量)

2. PFCP:PFCP Session Report Response

3.PFCP:PFCP Session Modification Request (Update URR)

4. PFCP:PFCP Session Modification Response

参数	是否必选	参数说明
URR ID	M	URR的标识
UR -SEQN	M	使用量报告序列号。URR使用量报告的唯一标识
Usage Report Trigger	M	使用量报告的触发条件
Start Time	C	报告中信息收集开始时的时间戳
End Time	C	报告生成时的时间戳
Volume Measurement	C	表示采用流量测量方式下，UE的上行/下行/总的使用量
Duration Measurement	C	表示采用时长测量方式
Application Detection Information	C	应用检测的信息参数
UE IP address	C	UE的IP地址
Network Instance	C	网络实例
Time of First Packet	C	第1个包出现的时间戳
Time of Last Packet	C	最后一个包出现的时间戳
Usage Information	C	使用量信息(有4个标记位，表示使用量的统计是在监控时间前还是后启动，以及是在QoS)规则执行前还是后启动
Query URR Reference	C	表示N4修改请求消息中接收到的查询URR的参考值
Event Time Stamp	C	用于事件的测量。表示事件发生的时间
Ethernet Traffic Information	C	用于以太网流量的上报

图 2-21　N4 会话报告流程及主要参数

4. URR 实际报文分析举例

在本例中，SMF 发起 PFCP 会话建立并将 URR 下发给 UPF，URR 中包含使用量测量的门限值，要求 UPF 当统计到的用户流量超过该门限值时，应发送报告通知 SMF 并上报用户的实时使用量，如图 2-22 所示。

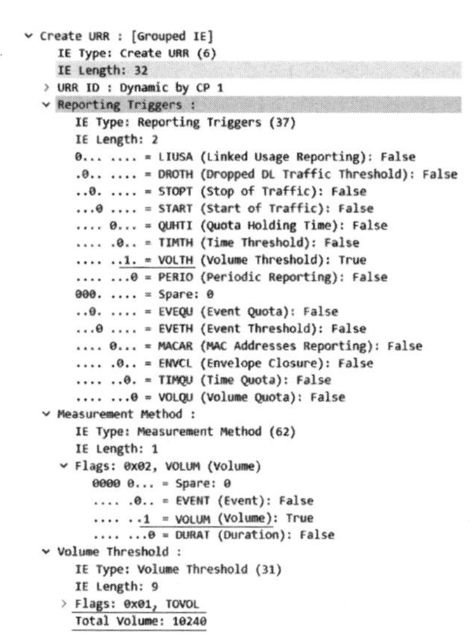

图 2-22　URR 实际报文举例

接下来 UPF 开始为 UE 转发用户面数据，并对流量进行统计。当 UPF 检测到为 UE 转发的上下行总流量超过了 SMF 定义的门限值时，立即向 SMF 发送报告，如图 2-23 所示。

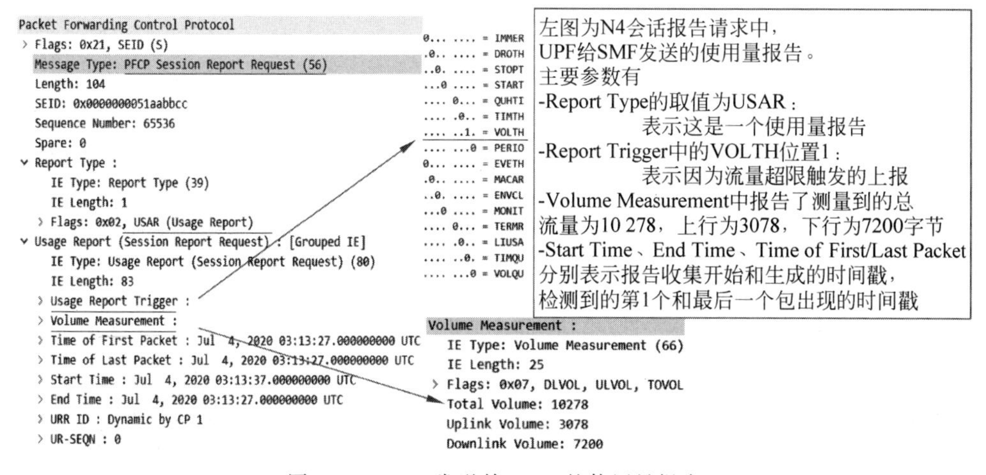

图 2-23　UPF 发送给 SMF 的使用量报告

11min

2.3 SBI HTTP/2

2.3.1 HTTP/2 概述

HTTP 在生活中有广泛的应用，互联网中大量的应用采用 HTTP，并基于 HTTP/1.1(RFC2616)版本，相比之下 5G 网络采用 HTTP/2(RFC7540)版本。HTTP 各个版本的演进图如图 2-24 所示。

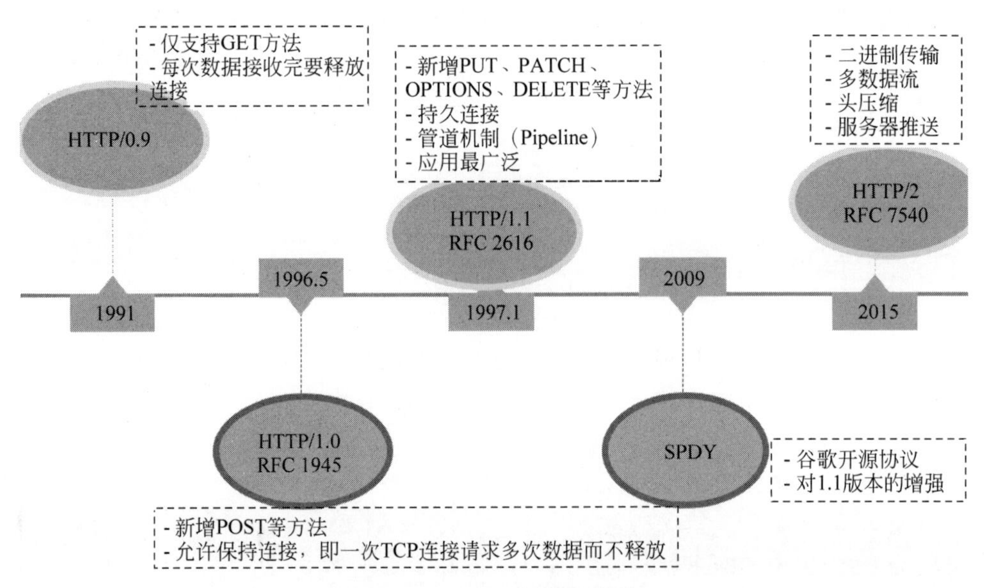

图 2-24　HTTP 版本演进图

HTTP/2 和 HTTP/1.1 相比有很多相同点，主要包括以下两点：

(1) HTTP/2 继承了 HTTP/1.1 的大部分功能和采用的方法(如 GET、POST 等)。

(2) 两个版本都支持以明文或加密的形式(HTTPS)进行传输。

但从用户体验和传送效率来看，HTTP/2 有了很大提升，如图 2-25 所示，这张地球的图片实际上是由 379 张小图片拼接而成的，但肉眼看起来就像是一张图。当采用 HTTP/2 版本时，页面加载时间只有不到 HTTP/1.1 的四分之一。

除此以外，HTTP/2 在二进制传输、多数据流传输、头压缩、服务器推送等方面做了增强。HTTP/2 和 HTTP/1.1 在传送效率方面的主要差异见表 2-4。

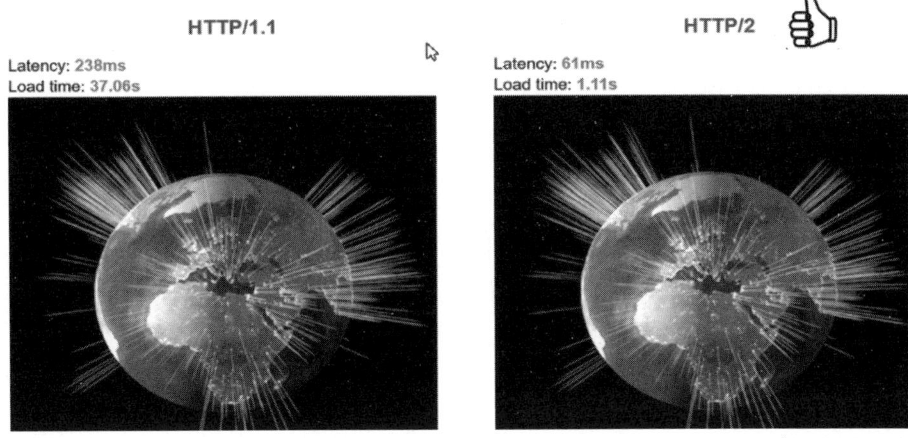

测试结果来源：https://http2.akamai.com/demo （将379张小图拼成1张大图）

图 2-25　HTTP/2 与 HTTP/1.1 在传送效率上的提升对比

表 2-4　HTTP/2 和 HTTP/1.1 在传送效率方面的对比

HTTP/1.1	HTTP/2
1 个 TCP 连接可同时发送多个 HTTP 请求，但服务器按顺序响应，存在线头阻塞问题	支持多路复用
不支持头压缩	支持头压缩，大幅降低包头大小
每个对象（如图片、HTML 页面、CSS 样式表）都需要通过 GET 请求获取，效率低	支持服务器主动推送
文本格式传输	二进制编码，解析更高效
为了提升效率需要多个 TCP 并发连接，这会大大增加服务器负担，而且很多客户端支持的并发 TCP 连接数量有限（如 Chrome 只支持 6 个并发 TCP 连接）	同域名下所有通信都在单个连接上完成，该连接可以承载任意数量的双向数据流
消息没有优先级设置	多流传输可以设置流的优先级，高优先级的流可以优先传送

2.3.2　HTTP/2 的基本概念

（1）帧（Frame）：HTTP/2 通信的最小单位，指 HTTP/2 中逻辑上的 HTTP 消息。例如请求和响应等，消息由一个或多个帧组成。

（2）流（Stream）：存在于连接中的一个虚拟通道。流可以承载双向消息，每个流都有一个唯一的整数标识。

(3) 连接(Connection)：可以理解为 TCP 连接。通过 TCP 三次握手建立。

HTTP/2 中连接与流的关系如图 2-26 所示。

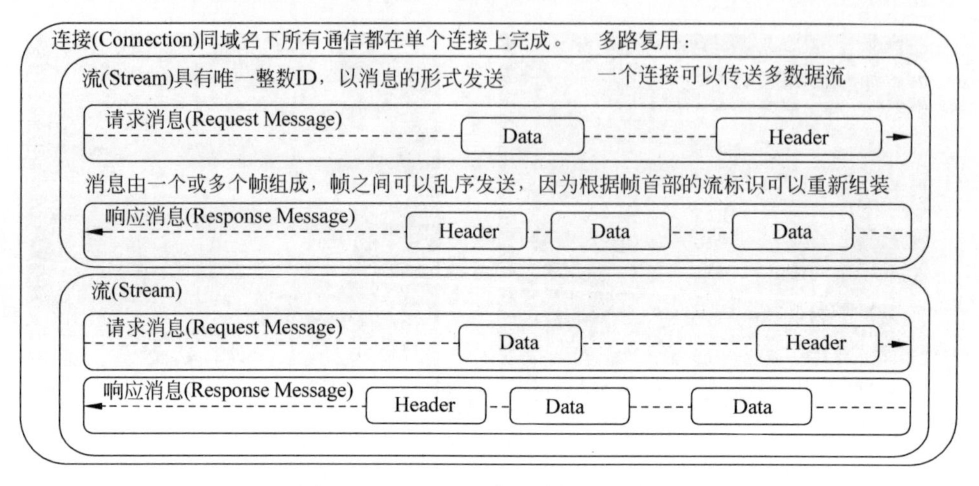

图 2-26　HTTP/2 中连接与流的关系

2.3.3　HTTP/2 的数据传送

HTTP/2 采用二进制传输数据,而非 HTTP/1.1 的文本格式,计算机解析二进制数据更高效。HTTP/1.1 的请求和响应报文都由请求行、首部和实体正文(可选)组成,各部分之间以文本换行符分隔。HTTP/1.1 的结构如图 2-27 所示。

HTTP/2 将请求和响应数据分割为更小的帧传送。多个帧之间可以乱序发送,根据帧首部的流标识可以重新组装。HTTP/2 头部示例如图 2-28 所示。

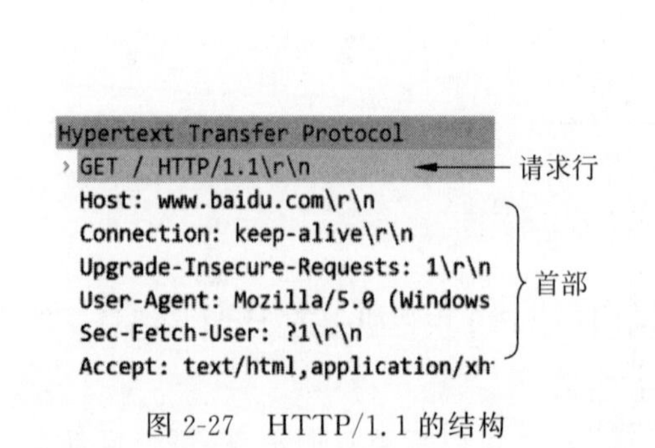

图 2-27　HTTP/1.1 的结构

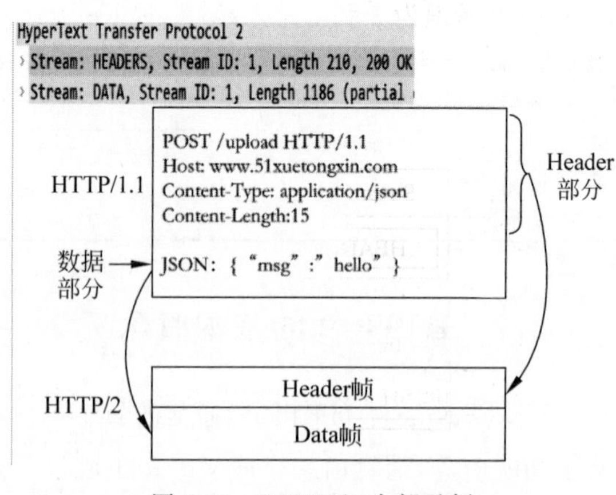

图 2-28　HTTP/2 头部示例

图 2-29 是一个 HTTP/2 报文实例，在这个包中访问了很多 HTTP/2 的网站，但只要指定 http2. streamid＝＝1 这一过滤条件，就可以把流标识为 1 的请求/响应消息对过滤出来。

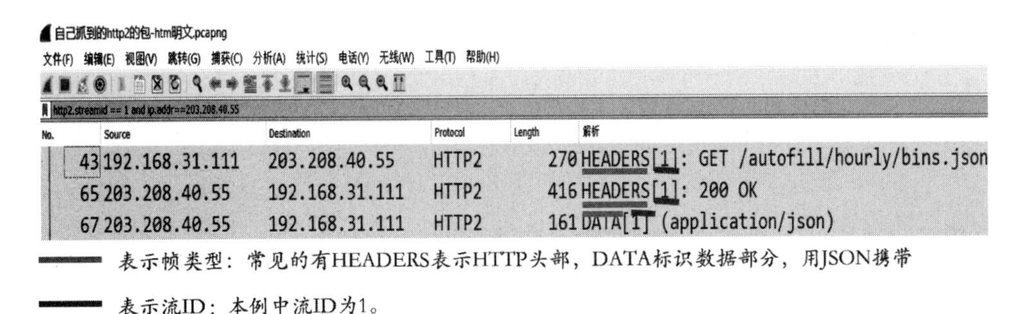

图 2-29　通过 streamid 过滤 HTTP/2 报文

2.3.4　HTTP/2 特性之服务器推送

HTTP/2 支持服务器推送(Server Push)特性，即服务器端可以在发送 HTTP 响应时主动推送其他资源，而不用等到浏览器解析到相应位置后发起请求再响应。例如服务器端可以主动把网页中的 JavaScript 脚本和 CSS 层叠样式表文件推送给客户端，而不需要客户端主动请求。这意味着服务器端可以做出预判，既然是访问网站必需的文件，就可以主动推送给客户端，从而达到节省网络带宽的目的。

HTTP/2 专门定义了 PUSH_PROMISE 帧类型，用于推送数据给客户端，如图 2-30 所示。从图中可以看出，客户端仅请求了/index. html 这个资源，但服务器端的响应包含了 4 个流，其中流标识为 3 和流标识为 4 为服务器主动推送的 CSS 和 JavaScript 脚本。

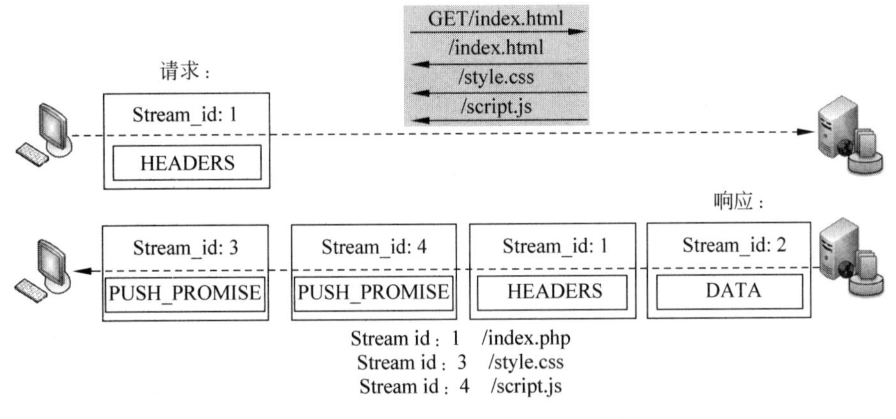

图 2-30　HTTP/2 的服务器推送特性

2.3.5 HTTP/2 特性之头压缩

HTTP/2 采用 HPACK 格式(RFC7541),能有效地压缩 HTTP 头部字段。它的基本原理是维护一份字典索引表,实际传输时只传输对应索引。在字典中维护着一份索引表,例如索引 2 表示 method=GET,索引 5 表示 path=/index.html 等,而通过网络只需传送索引,如图 2-31 所示。

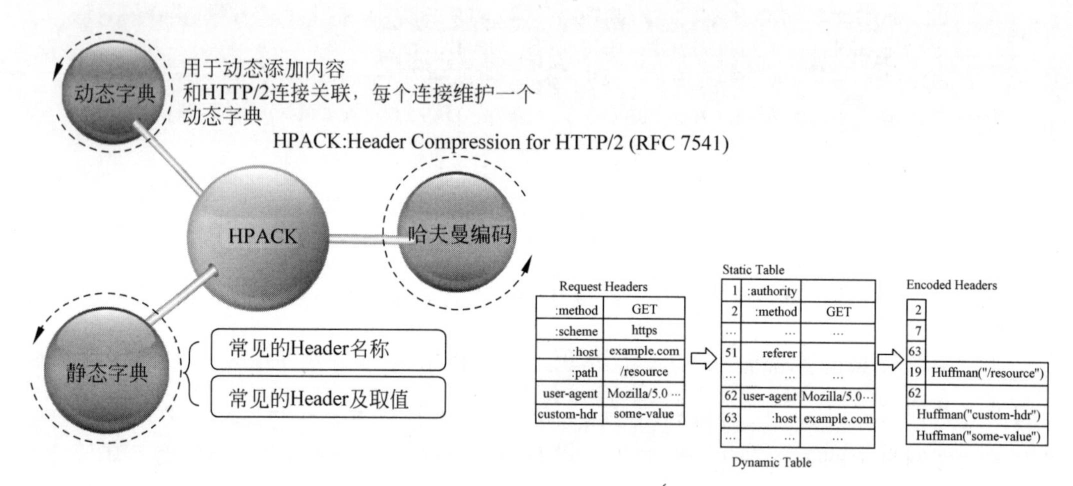

图 2-31　HTTP/2 的头压缩特性

在 3GPP 中也有类似应用。例如在 4G 的 PCC 解决方案中,PCRF 可以不给 PGW 下发完整的 PCC 规则,而只需下发 PCC 规则的名字,PGW 根据名字找到本地配置的 PCC 规则,从而减少 Gx 接口的信令开销。IMS 网络中的共享初始过滤准则(Shared Initial Filter Criteria,SiFC)也采用了类似的机制。

2.3.6 HTTP/2 数据部分之 JSON 封装

HTTP/2 的数据部分通过 DATA 帧携带,采用 JS 对象标记(JavaScript Object Notation,JSON)的格式传送用户数据。JSON 是一种轻量级的数据交换格式,和可扩展标记语言(eXtensible Markup Language,XML)一样,可以表达字符串、数字、布尔值、数字甚至对象等多种类型的数据,并采用键-值对的形式表示数据。

JSON 的对象用{}包含一系列无序的键-值对(Key-Value Pair)表示,其中键和值之间用冒号分隔,多个值用逗号分隔。JSON 还允许数据嵌套,嵌套用的数组用方括号[]表示。例如下面这个例子,通过 JSON 来描述 3GPP 网站的结构。

```
{
    "website": "3gpp.org",
    "category": {
        "name": "3GPP",
          "topic": {
             "topic_name": ["CUPS", "Network Slice", "Protocol Procedure"]
        }
    }
}
```

2.3.7　5GC 中的 HTTP 会话

前面介绍的是 HTTP/2 的基本头部和包格式,这是由 IETF 组织定义的。上层应用则由 3GPP 定义。根据 5GC 的规范定义,SBI 的网元可分为请求服务的消费者(Consumer)网元和提供服务的生产者(Producer)网元。消费者网元通过 HTTP 的方法访问生产者网元提供的服务。这些方法包括增加(POST)、删除(DELETE)、修改(PUT 或 PATCH)、查询(GET),可完成针对某个对象的增、删、改、查操作。

具体谁是消费者,谁是生产者,服务又如何去调用,用什么方法,响应要回哪些参数,这些问题的答案都可以在 3GPP 规范中找到。每个 SBI 网元都有 1 本甚至多本 29 系列的规范,详细介绍了该网元对外提供的服务和调用方法,例如 AMF 的 SBI 规范是 29518。其他网元的 SBI 规范可参考第 1 章的表 1-3。

5GC 中的 HTTP 会话举例如图 2-32 所示。

HTTP请求(方法)+URI
消费者网元
(如AMF)
生产者网元
(如UDM)
HTTP响应(状态码)+数据部分(JSON)

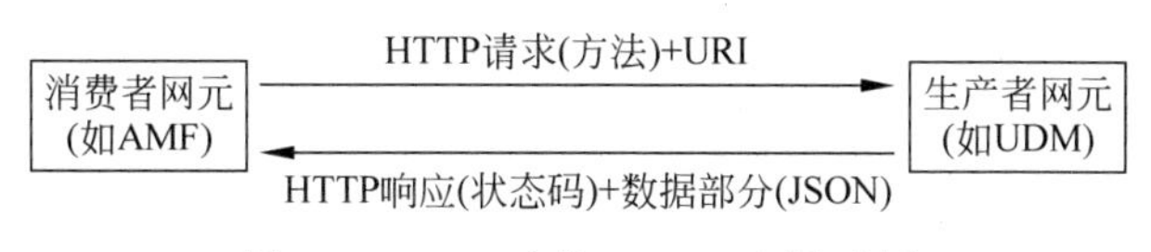

图 2-32　5GC 中的 HTTP 会话示例

数据部分通过 JSON 来携带,例如 UDM 返给 AMF 的接入管理签约数据,但不是所有的请求方法都会返回数据部分,例如 DELETE 方法的响应就只返回一种状态码。

常见的状态码包括 1xx 到 5xx,如图 2-33 所示。

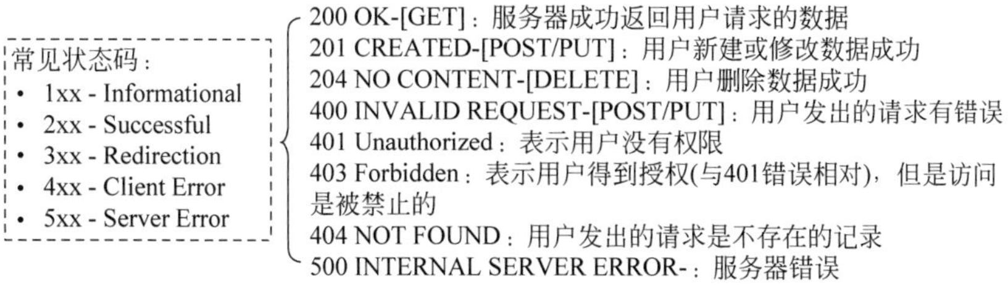

常见状态码：
• 1xx - Informational
• 2xx - Successful
• 3xx - Redirection
• 4xx - Client Error
• 5xx - Server Error
200 OK-[GET]：服务器成功返回用户请求的数据
201 CREATED-[POST/PUT]：用户新建或修改数据成功
204 NO CONTENT-[DELETE]：用户删除数据成功
400 INVALID REQUEST-[POST/PUT]：用户发出的请求有错误
401 Unauthorized：表示用户没有权限
403 Forbidden：表示用户得到授权(与401错误相对)，但是访问是被禁止的
404 NOT FOUND：用户发出的请求是不存在的记录
500 INTERNAL SERVER ERROR-：服务器错误

图 2-33　HTTP 常见状态码

2.3.8 RESTful API 概述

5GC 所使用的 HTTP/2 和互联网很多网站所使用的 HTTP 还有一个很大的不同，即 SBI 接口运行的 HTTP/2 采用 RESTful 风格。

REST 全称是表述性状态转移（Representational State Transfer），是一种编写风格，也可以称为一种 API 规范。符合 REST 特征的架构也可以称为 RESTful 风格或架构。

RESTful 有以下特点：

（1）所有事物都被抽象为资源，每个资源对应唯一的资源标识（Uniform Resource Identifier，URI）。例如 UE 上下文、用户的签约数据等都是资源，都有唯一的 URI 来标识。

（2）通过 HTTP 的方法可以对资源进行增、删、改、查操作。

（3）对资源的任何操作不改变资源标识 URI。

（4）所有的服务器操作都是无状态的。

很明显大多数互联网网站采用的不是 RESTful 风格。用户直接输入 www.baidu.com 就可以得到百度首页推送的所有资源，包括文字、图片、视频、CSS 样式表、JS 动画脚本等。URI 和资源的关系不是一对一的。当然，用户无须知道也不可能记住百度网站首页有哪些资源，而 5GC 不同，如果需要访问哪个资源就必须提前知道该资源的 URI。如果不知道，则需要去查 29 系列的 SBI 网元规范，所有的资源清单和对应的 URI 都可以在规范中找到。例如 AMF 需要访问 UDM 中的 am-data 资源，则需要查询 UDM 的服务规范 29503 来构建 am-data 的资源 URI。

2.3.9 5GC 资源 URI 的结构

5GC 中一个资源对应一个 URI。5GC SBI 资源 URI 结构在 29501 中定义，格式如下：

```
{apiRoot}/{apiName}/{apiVersion}/{apiSpecificResourceUriPart}
```

其中，

（1）apiRoot：http(s)://host(：port)。

（2）apiName：API 的名字，也就是 SBI 服务的名字，如 namf-comm。

（3）apiVersion：版本号，如 v1。

（4）apiSpecificResourceUriPart：资源部分。

5GC 的资源 URI 示例如图 2-34 所示。该示例是调用 UDM 的 nudm-sdm 服务获取

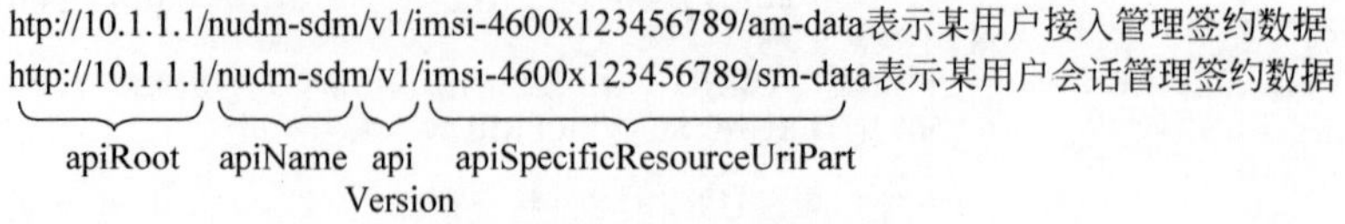

htp://10.1.1.1/nudm-sdm/v1/imsi-4600x123456789/am-data表示某用户接入管理签约数据
http://10.1.1.1/nudm-sdm/v1/imsi-4600x123456789/sm-data表示某用户会话管理签约数据

apiRoot　apiName　api Version　apiSpecificResourceUriPart

图 2-34　5GC 中的资源 URI

am-data(接入管理签约数据)和 sm-data(会话管理签约数据)的例子。

2.4　用户面协议 GTP-U

2.4.1　5G 的 GTP-U 协议简介

5G 中采用的 GTP-U 协议在 29281 定义。5G 的 GTP-U 协议栈和 4G 相同,并使用相同的端口号 UDP 2152,但在 4G 的 GTP-U 协议的基础上进行了增强,以此来满足 5G 网络的要求。

GTP-U 协议作为 5G 中唯一的用户面协议,主要应用于以下接口。

(1) N3 接口:位于 gNB 和 UPF 之间,5G 用户面基本接口。

(2) N9 接口:位于两个 UPF 之间,适用于 MEC 分流场景或插入 I-UPF 的场景。

(3) N4-U 接口:位于 SMF 和 UPF 之间。规范允许 UPF 将一些特定用户面报文发给 SMF 处理并通过该接口从 SMF 接收响应。例如用于 UE 的 IPv6 地址前缀分配的路由器请求(Router Solicitation, RS)/路由器通告(Router Advertisement,RA)消息、用于行业用户的 RADIUS 二次鉴权请求/响应消息等。

(4) Xn-U:位于两个 gNB 之间。通过该接口,在 Xn 切换场景下,两个 gNB 之间可以直接传递用户面数据。但需要注意实际商用网络中某些场景下(如跨省相邻的两个 gNB 之间)gNB 之间没有启用 Xn 接口,此场景下就只能通过 N2 接口完成切换,用户面则通过 N3 接口完成转发。

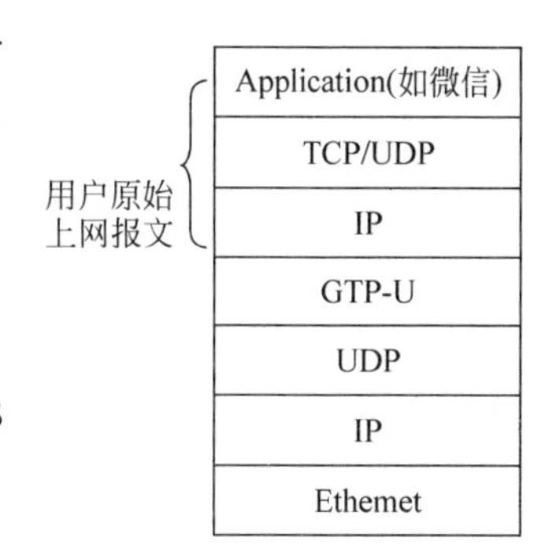

图 2-35　GTP-U 协议栈

GTP-U 协议栈如图 2-35 所示。

5G 网络中端到用户端面转发协议栈如图 2-36 所示。

GTP-U 消息可用来传送上层用户面数据或信令消息。信令消息的参数部分叫信息元素(Information Element,IE),采用类型值(Type Value,TV)或类型长度值(Type Length Value,TLV)编码。TV 类型的参数为固定长度,因此无需长度字段。GTP-U 消息分类如图 2-37 所示。

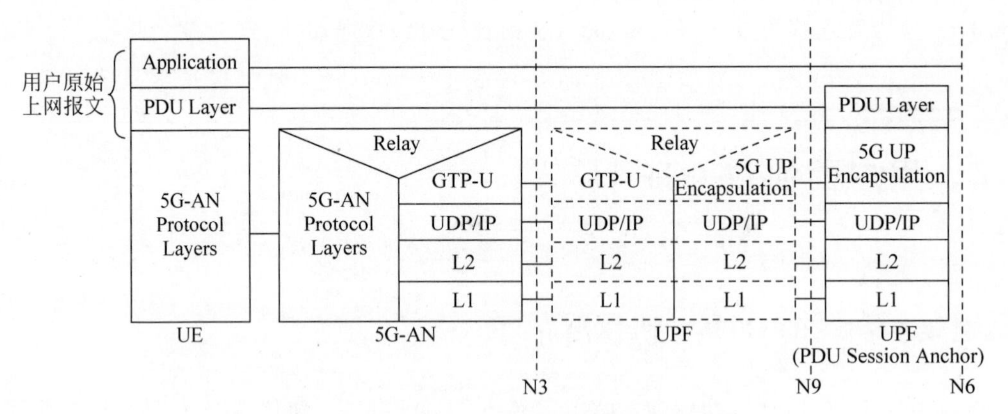

图 2-36　5G 网络中端到用户端面转发协议栈

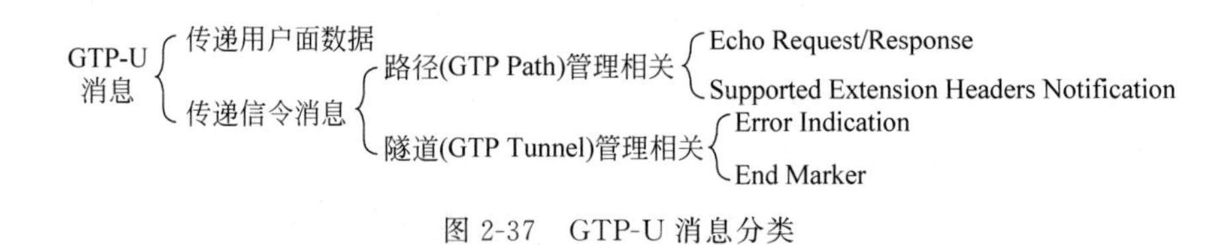

图 2-37　GTP-U 消息分类

2.4.2　GTP-U 包头结构

GTP-U 包头由必选参数 8 字节、可选参数 4 字节和扩展包头三部分组成，如图 2-38 所示。

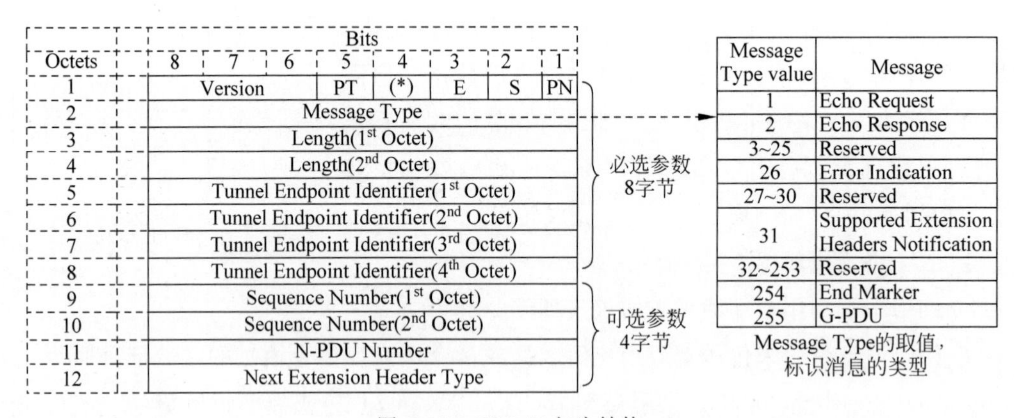

图 2-38　GTP-U 包头结构

主要参数说明如下。

(1) Version：版本号，V1 版本。

(2) PT：Protocol Type，协议类型，1 比特。取值为 0 表示 GTP'，用于 4G 话单传递；

取值为1表示GTP。

(3) E bit：Extension Header标记位，1比特。指示是否存在扩展包头。

(4) S bit：Sequence Number标记位，1比特。指示是否存在序列号字段。

(5) PN bit：N-PDU数字标记位，1比特。指示是否存在N-PDU Number参数。

(6) Length：GTP报文总长度，2字节。等于上层净荷长度加上GTP-U头的总长度。

(7) TEID：GTP隧道端点标识，4字节。

(8) Sequence Number：序列号，2字节。对T-PDU进行编号，可用于切换过程中用户面数据报文的排序、重传等目的。

(9) N-PDU Number：N-PDU数字，1字节。仅用于GPRS，属于SNDCP层参数。

(10) Next Extension Header Type：下一个扩展包头类型，1字节。表示如果有扩展包头，则指出扩展包头的类型。

5G的GTP-U的前12字节(必选+可选参数)和4G的GTP-U是完全一样的，但因为5G引入了QoS流等新特性，在29281中新增加了以下扩展包头来支持。

(1) UDP Port扩展包头：用于错误指示(Error Indication)消息中传递触发该错误指示的GTP-U的UDP源端口号。

(2) RAN Container扩展包头：在两个eNB之间(X2-U口)出现，用于透传一些RAN的参数。具体参数在36425中定义。

(3) Xw RAN Container扩展包头：在eNB和WLAN之间(Xw口)出现，用于透传一些RAN的参数。具体参数在36465中定义。

(4) NR RAN Container扩展包头：在X2-U、Xn-U、F1-U口出现，用于透传一些RAN的参数。具体参数在38425中定义。

(5) PDU Session Container扩展包头：透传PDU会话相关参数。

本节重点要讨论的是PDU Session Container扩展包头。在介绍QoS时曾提到，同一个N3隧道上可能会有多个QoS流传递，那么如何区分不同的QoS流呢？为了支持5G相关的PDU会话参数传递，在TS29.281和TS38.415中联合定义了PDU Session Container扩展包头解决这个问题。在该扩展包头中，增加了QFI等参数，可用于区分不同的QoS流等目的。下行方向PDU Session Container扩展包头的结构如图2-39所示。

<table>
<tr><td colspan="3">PDU Type =0</td><td>Spare</td></tr>
<tr><td>PPP</td><td>RQI</td><td colspan="2">QoS Flow Identifier</td></tr>
<tr><td colspan="2">PPI</td><td colspan="2">Spare</td></tr>
</table>

图2-39　PDU Session Container扩展包头结构(下行)

Container 翻译为容器，即为多个 PDU 会话参数提供集中存放的位置。

(1) PPP：Paging Policy Presence，寻呼策略呈现标识，1 比特。指示是否存在 PPI 参数。

(2) PPI：Paging Policy Indicator，寻呼策略指示，3 比特。用于差异化寻呼策略(Paging Policy Differentiation，PPD)功能。PPD 功能在 23501 的 5.4.3.2 中定义。该功能可根据运营商的配置，由 AMF 针对同一 PDU 会话的不同流量或业务类型采取不同的寻呼策略。由 PPI 参数决定。PPI 参数可以由 SMF 根据 IP 包头的 DSCP 值映射过来，然后提供给 UPF。

(3) RQI：Reflective QoS Indication，反射型 QoS 指示，1 比特。

(4) QFI：Qos 流标识，6 比特。

(5) PDU Type：PDU 会话类型，4 比特。取值为 0 表示 DL PDU SESSION INFORMATION，代表下行 PDU 会话信息；取值为 1 表示 UL PDU SESSION INFORMATION，代表上行 PDU 会话信息。取值 2～15 预留。

GTP-U 及 PDU Session Container 扩展包头实例报文如图 2-40 所示。

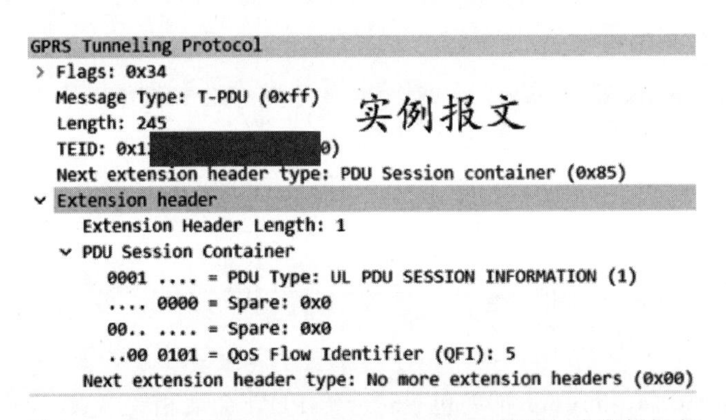

图 2-40 GTP-U 及 PDU Session Container 扩展包头实例报文

2.4.3 N3 接口 GTP-U 消息封装举例

场景说明：UE 在建立了 PDU 会话之后访问腾讯视频，gNB 收到了 UE 的上行用户面数据，然后通过 N3 接口发送给 UPF。

本节通过这个场景实例来介绍 GTP-U 消息的封装和解读。

UPF 收到的 GTP-U 报文包含两层 IP 头部。

(1) 内层 IP 包头为用户原始数据净荷，包括腾讯视频的 HTTP 请求，目的端口为 HTTPS 的默认端口 443。源 IP 地址为 UE 的 IP 地址，目的 IP 为腾讯服务器 IP。gNB 负责压入 GTP-U 包头，包括 TEID 和标识 QoS 流的 QFI 参数。

(2) 外层 IP 包头则是 GTP 隧道的端点，源 IP 为 gNB 的 N3 接口地址，目的 IP 为 UPF 侧 N3 接口地址。UPF 收到后先根据外层 IP 头部和 GTP-U 头部进行解封装，然后根据内层 IP 包头中的目的 IP 查路由表往 N6 接口进行转发，如图 2-41 所示。

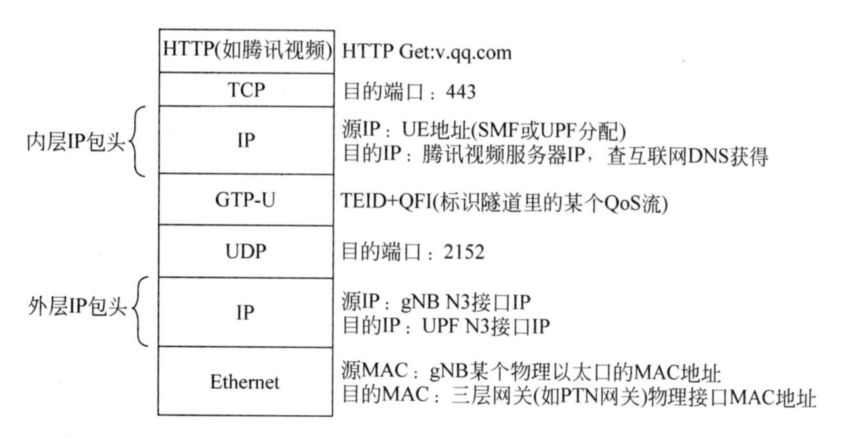

图 2-41　N3 接口上行方向 GTP-U 报文协议栈举例(UE 访问腾讯视频)

第3章

5GC 基本信令流程

5G 端到端信令流程在 3GPP 规范 23502 中定义。在 23502 中将 5GC 的基本信令流程分为注册管理、会话管理、连接管理及 5G 内切换等几个大类进行介绍。这些基本信令流程都属于必选流程，均已在现网中商用，因此作为从业人员来讲，需要重点学习、反复学习。

3.1 注册管理流程

5GC 的注册流程类似于 EPC 中的附着流程，主要差别如下。

(1) 5GC 没有永久在线的概念，注册流程中不要求建立 PDU 会话。注册流程完成后，UE 可以根据运营商终端规范的要求决定是否立即发起 PDU 会话建立，而 EPC 附着流程则要求（在附着流程中）必须建立包含 EPS 缺省承载的 PDN 连接。

(2) EPC 中的跟踪区更新流程，在 5GC 中叫作移动性注册更新流程。

5GC 注册流程在 23502 的 4.2.2.2.2 General Registration 节定义，但规范中将 4 种不同场景的注册流程合并画在一张流程图里，统称为常规注册（General Registration）。这 4 种注册流程场景或类型如下。

(1) 初始注册（Initial Registration）：通常由 UE 开机时触发，类似 4G 的初始附着。

(2) 移动性注册更新（Mobility Registration Update，MRU）：当 UE 离开当前 TA 进入一个新的 TA，但新 TA 不属于当前 UE 的注册区域时触发，类似 4G 的跟踪区更新流程（Tracking Area Update，TAU）。

(3) 周期性注册更新（Periodic Registration Update，PRU）：UE 需周期性地发起周期性注册更新流程，由网络侧下发的周期性注册计时器 T3512 控制，类似 4G 的周期性 TAU。

(4) 紧急注册（Emergency Registration）：适用于 5G 的紧急业务场景。

这 4 种注册流程通过 NAS 消息注册请求中的参数 5GS registration type 来区分，如图 3-1 所示。

```
5GS registration type value (octet 3, bits 1 to 3)
Bits
3  2  1
0  0  1      initial registration
0  1  0      mobility registration updating
0  1  1      periodic registration updating
1  0  0      emergency registration
1  1  1      reserved
```

图 3-1　registration type 参数取值

由于不同的注册类型和触发条件,本节将按场景拆分后进行介绍。

3.1.1　初始注册流程

1. 规范中的初始注册流程

规范中的初始注册流程如图 3-2 所示。

规范中的初始注册流程的主要步骤说明如下。

第 1 步：UE 发起注册请求。

第 2 步：gNB 完成新 AMF 的选择(例如根据 GUAMI 选择)。

第 3 步：gNB 转发注册请求给选中的新 AMF。

第 4 步和第 5 步：新 AMF 找老 AMF 获取 UE 上下文(含用户的 SUPI)。

第 6 步和第 7 步：有条件触发。如果老 AMF 把 UE 上下文删除了,则新 AMF 需要找 UE 获取 SUCI,用于后续的鉴权流程。

第 8 步：新 AMF 查询 NRF 完成 AUSF 的选择。

第 9 步：完成鉴权、加密、完整性保护流程。

第 10 步：新 AMF 通知老 AMF,UE 已经在新 AMF 上完成注册。

第 11 步和第 12 步：执行 IMEI 检查。

第 13 步：新 AMF 查询 NRF 选择一个 UDM。

第 14a 步：新 AMF 在 UDM 上进行注册登记。第 14b 步：新 AMF 从 UDM 获取用户的 am-data(接入管理签约数据)。第 14c 步新 AMF 向 UDM 订阅签约数据的变更。第 14d 步和第 14e 步：UDM 向老 AMF 发去注册通知,老 AMF 向 UDM 发起去订阅。

第 15 步：新 AMF 查 NRF 选择 PCF。

第 16 步：新 AMF 请求 PCF 下发 am-policy,即接入管理策略。

第 17 步：有条件步骤,只有涉及 PDU 会话修改和释放才会触发。

第 18 步和第 19 步(含 19a/b/c)：有条件触发,用于和非 3GPP 网络的互操作。

第 21 步：新 AMF 给 UE 发送注册接收,确认注册成功。

第 21b 步：新 AMF 从 PCF 获取 UE 策略(可选)。

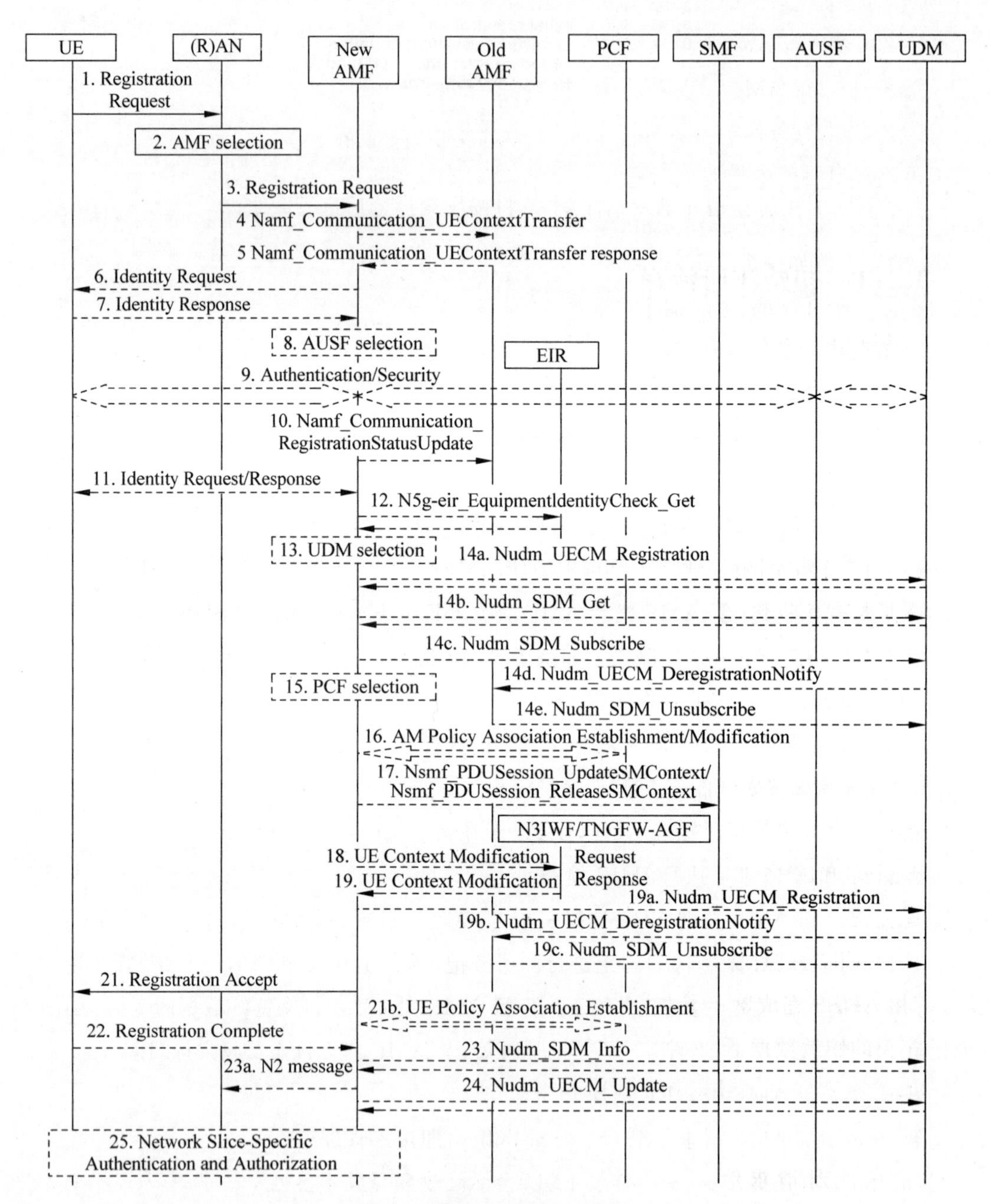

图 3-2　规范中的初始注册流程

第22步：UE发送注册完成消息给新AMF。

第23步：有条件触发(仅用于国际漫游场景)。

第23a步：新AMF和RAN交互，如发送RRC Inactive辅助参数。

第24步：新AMF向UDM发送更新，自己是否支持IMS。

第25步：有条件触发，用于网络切片场景下的二次鉴权/授权流程。

可以看出规范中的流程图是一个大而全的图，并没有根据实际环境区分场景，例如：

(1) 图中有两个AMF(新AMF和老AMF)，但并不是所有的初始注册流程一定出现两个AMF。例如一个北京用户，如果该用户工作、住家都在单位附近，则很大概率整天都驻留在同一个TA或相邻的TA，但该TA和相邻的TA都属于同一个AMF的服务范围，该用户当天并未离开AMF所分配的注册区域，AMF也不会发生变化。该场景下UE无论关机、开机发起多少次注册流程，总是由同一个AMF为其服务，所以第4步、第5步、第10步都没有。

(2) 第12步执行IMEI检查，实际商用网络不一定开启。

(3) 第18步和第19步是和非3GPP(WiFi)的互操作，实际网络可能没有商用。

(4) 第25步是网络切片相关的二次鉴权和授权，通常针对行业用户，普通的eMBB用户通常是没有该步骤的。

(5) 规范中隐藏或省略了很多子流程(例如查询NRF的网元选择流程、鉴权过程等)，而只关注高层应用部分的流程。

因此，规范虽全，但在学习时也需要提炼和区分场景。

2. 信令流程实战

本节结合一个最常见的eMBB用户场景介绍初始注册流程。假设某广州5G用户到北京出差，该用户在广州某AMF(老AMF)下注册成功后乘坐飞机到达北京后开机，触发初始注册流程。

该流程将通过拜访地北京gNB接入、北京AMF完成注册管理，广州PCF完成策略控制、广州AUSF完成鉴权管理、广州UDM(商用网络中通常与AUSF合设)完成对UE的移动性相关的签约数据下发、鉴权参数产生等功能。

步骤较多，分成4张图进行介绍，如图3-3～图3-6所示。

第1步：广州UE落地北京后开机接入北京5G网络并发起5G注册流程。UE发送NAS消息注册请求给北京AMF。注册请求消息的主要参数有消息类型(取值为registration request)、5GS注册类型(取值为initial registration，表示初始注册)、5GS用户标识(取值为SUCI或者5G-GUTI。由于本场景下UE曾在广州AMF下注册登记过，所以会保存广州AMF分配的5G-GUTI，因此本例取值为5G-GUTI，但如果是新卡第1次使

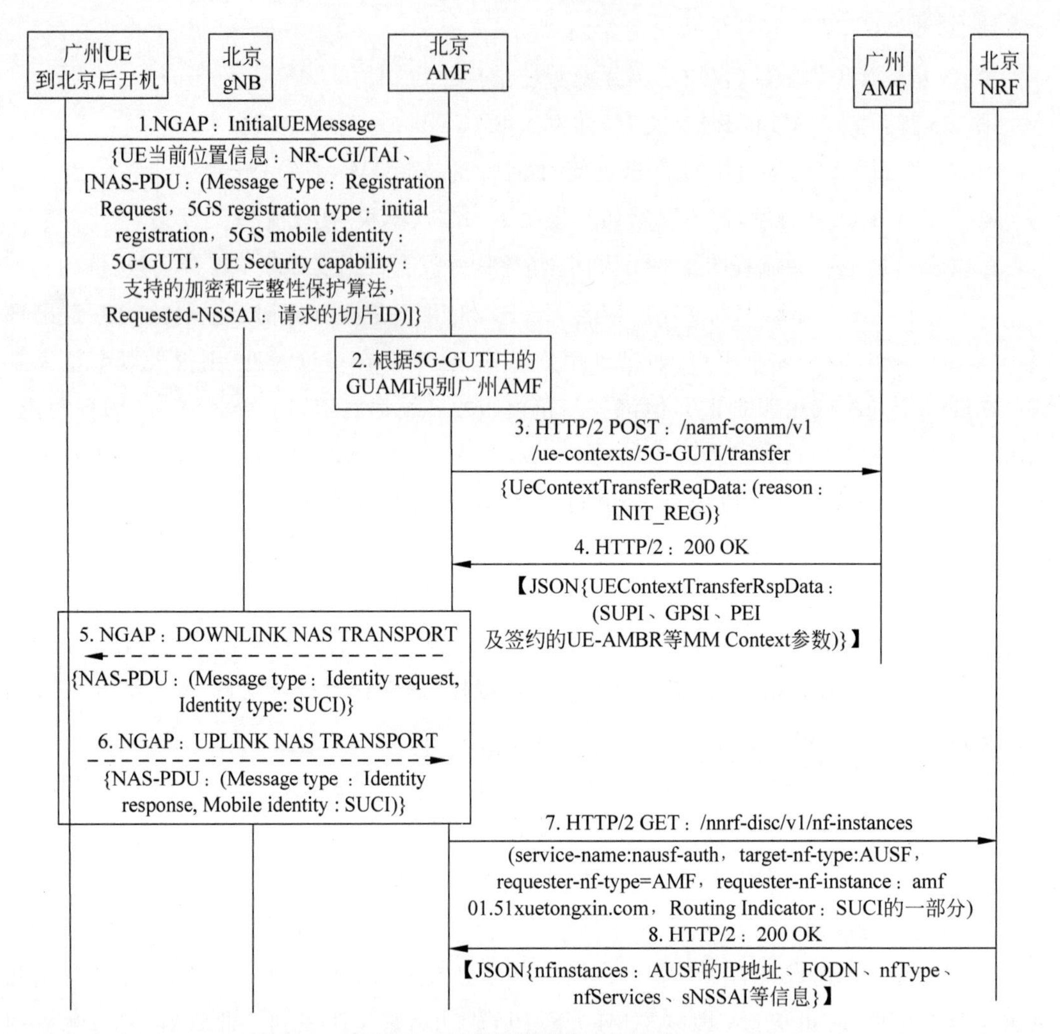

图 3-3　初始化注册流程实战(1)

用，则没有 5G-GUTI，只能用 SUCI)、UE 安全能力(包括 UE 支持的加密和完整性保护算法，用于和网络侧的协商)和请求的网络切片标识(可选)等主要参数。

NAS 消息通过 RRC(Radio Resource Control)协议承载，通过空口发给北京机场的 gNB，gNB 选择了本地 AMF 池组中的某个北京 AMF 为这个广州 UE 服务，并将注册请求消息封装在 N2 消息初始 UE 消息(Initial UE Message)中，透传给北京 AMF 处理。gNB 还会在 N2 消息中加入 UE 的当前位置信息，即北京机场的 NCGI 和 TA。

第 2 步：北京 AMF 提取出注册请求中的 5G-GUTI，进一步提取出 GUAMI 参数，通过查询 NRF 识别出该 GUAMI 属于广州 AMF，并从 NRF 的返回结果中得到广州 AMF 的 IP。

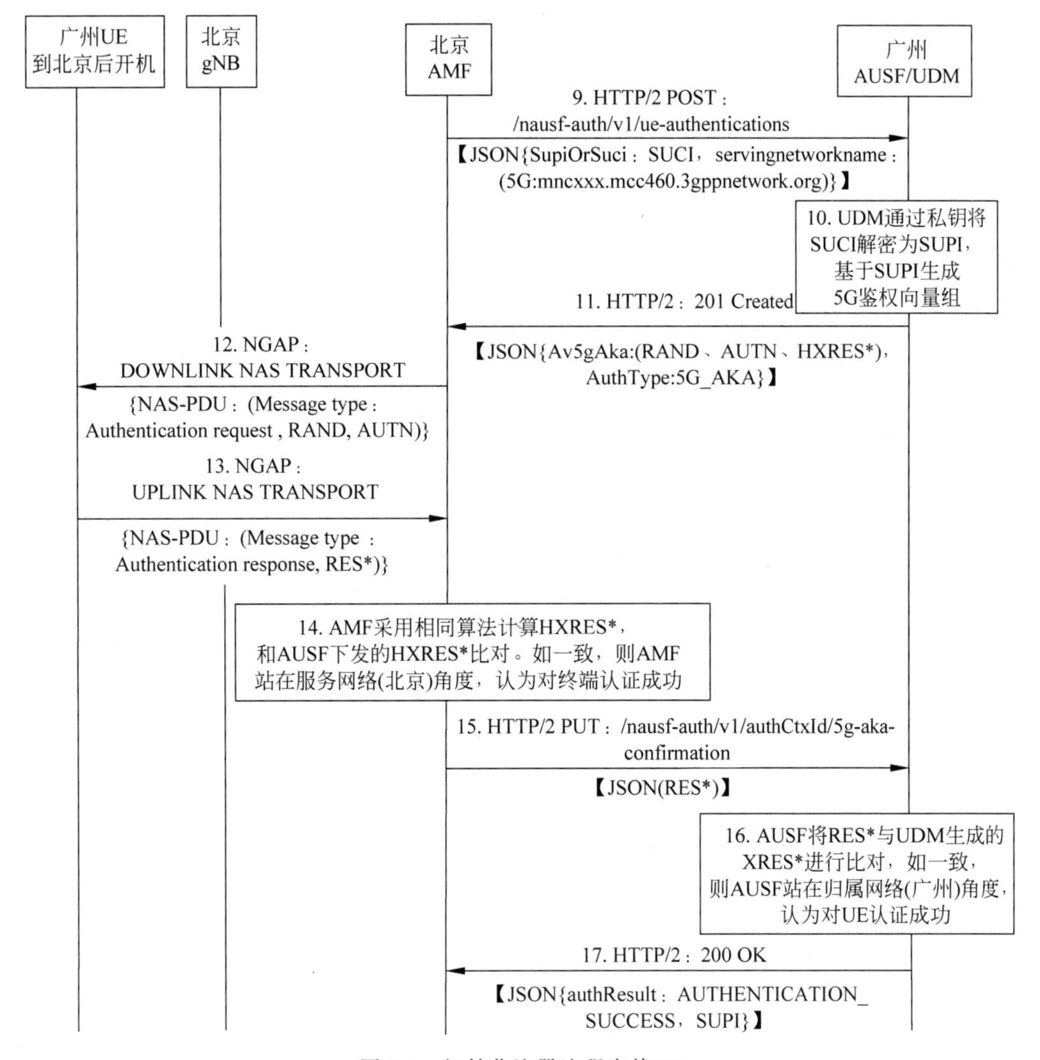

图 3-4　初始化注册流程实战(2)

第 3 步：北京 AMF 调用广州 AMF 的 Namf_Communication_UEContextTransfer 服务操作，请求广州 AMF 返回 UE 的上下文。对应到 HTTP 的消息如下。

(1) Header 部分是 POST：/namf-comm/v1/ue-contexts/5G-GUTI/transfer。

(2) Body 部分通过 JSON 封装，携带的主要参数有 UE 发上来的完整注册请求消息和 reason：INIT_REG(初始注册)。

第 4 步：广州 AMF 根据 UE 的 5G-GUTI 查找到关联的 UE 上下文，给北京 AMF 返回带有 UE 上下文的 200 OK 响应。UE 上下文包括 UE 的 SUPI、签约的 UE-AMBR 等参数。

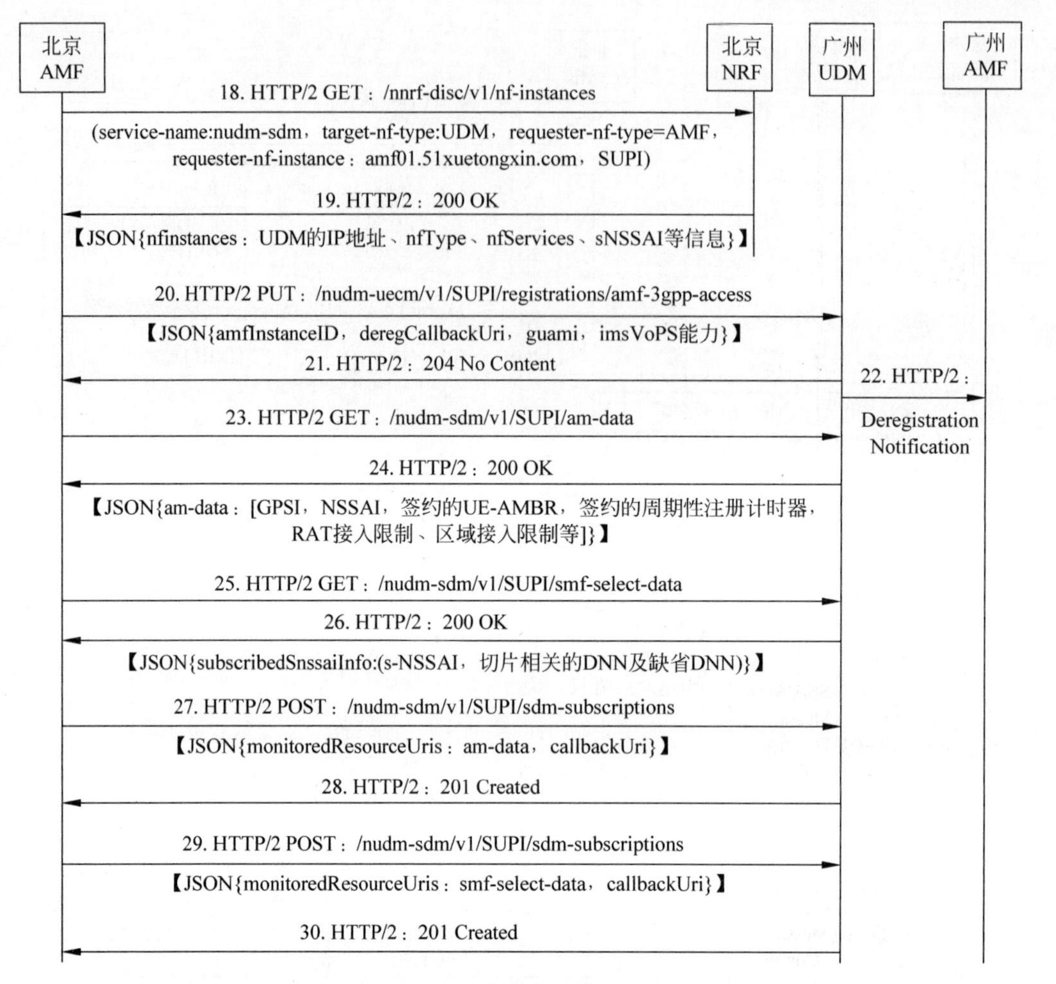

图 3-5　初始化注册流程实战(3)

第 5 步和第 6 步：网络侧要求 UE 提供 SUCI，为有条件触发。如果 UE 关机时间过长(例如落地后 24h 未开机)，广州 AMF 有可能已经将 UE 上下文删除，导致无法返回 UE 上下文给北京 AMF，则北京 AMF 无法获取 UE 的 SUPI。由于 5G-GUTI 不能用于鉴权，因此北京 AMF 将发送身份请求(Identity Request)消息给 UE，请求 UE 返回可用于鉴权的 SUCI。UE 通过身份响应(Identity Response)消息返回自己的 SUCI。如果第 4 步北京 AMF 已经得到包含用户 SUPI 的 UE 上下文了，则跳过这两步。

第 7 步：启动鉴权流程。北京 AMF 调用 NRF 的 Nnrf-disc 服务发起 AUSF 的选择，对应的 HTTP 消息是 GET：/nnrf-disc/v1/nf-instances。主要参数有 service-name＝nausf-auth、target-nf-type＝AUSF、requester-nf-type＝AMF、requester-nf-instance＝amf01.51xuetongxin.com、Routing Indicator 等，其中 Routing Indicator 是选择 AUSF 的关键参数。

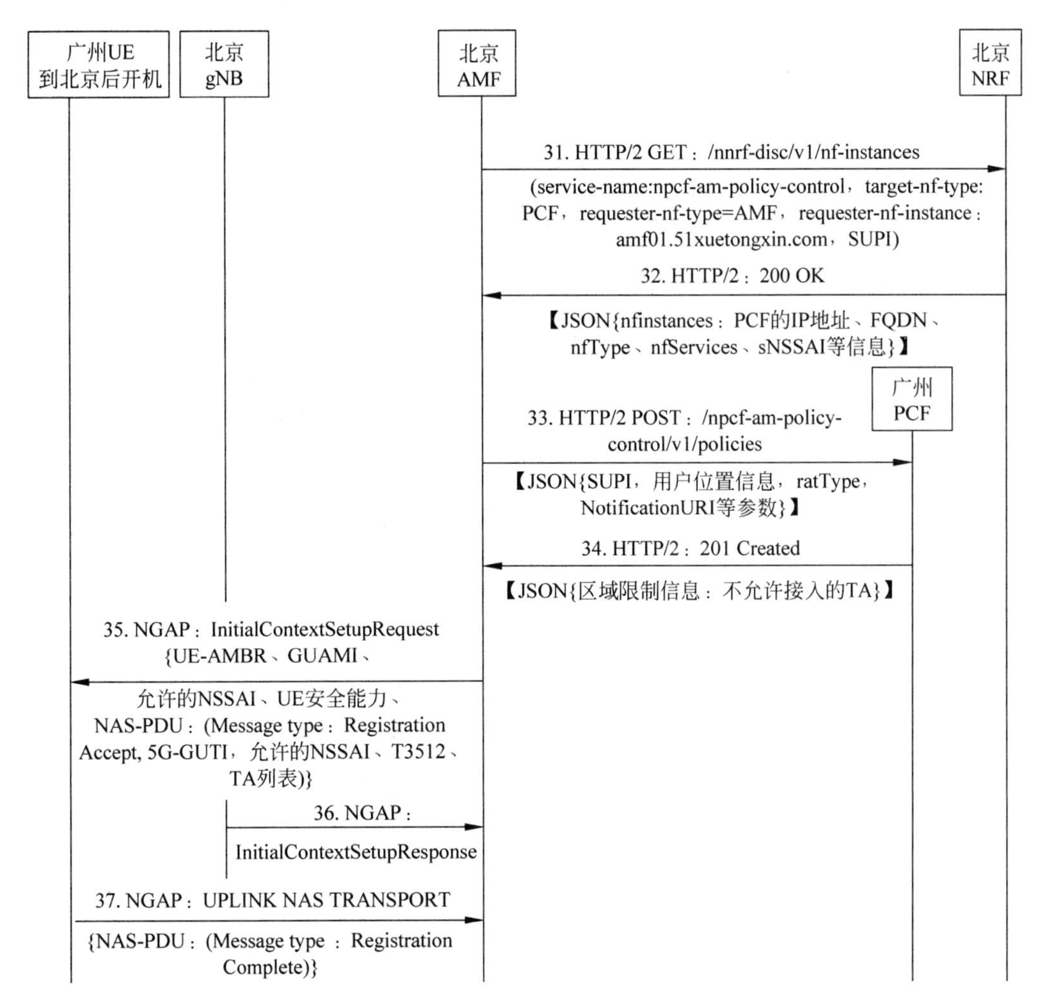

图 3-6　初始化注册流程实战(4)

第 8 步：NRF 返回带有归属地广州 AUSF 详细信息的 200 OK 响应。消息中包含 AUSF 的业务 IP 地址和 AUSF 支持的服务、所属的切片标识等信息。

第 9 步：北京 AMF 调用广州 AUSF 的 nausf-auth 服务，请求广州 AUSF 提供鉴权参数，对应的 HTTP 消息是 POST：/nausf-auth/v1/ue-authentications，主要参数有用户的 SUCI 和服务网络名称。广州 AUSF 自身不能产生鉴权参数，需要请求 UDM 产生，但在大多数 5G 商用网络中 AUSF 和 UDM 是合设的，因此 AUSF 到 UDM 取鉴权参数的步骤属于内部流程，不在信令流程图中展示。

第 10 步：归属地广州 UDM 从 AUSF 收到产生鉴权向量的请求后，根据本地保存的私钥并使用和 UE 相同的算法对 SUCI 进行解密，还原出明文的 SUPI，并且 UDM 还需要根据配置为 UE 选择一个鉴权方法，可以是 EAP-AKA'或者 5G-AKA。在本例中，广州 UDM

选择了 5G-AKA 鉴权方法，并结合 SUPI 产生了 5G 归属网络鉴权向量组（5G Home Environment Authentication Vector，5G HE AV），包括用于计算鉴权结果的随机数 RAND、鉴权令牌（AUthentication TokeN，AUTN）、UDM 侧计算出来的鉴权结果 XRES* 及密钥 Kausf。广州 UDM 通过内部流程将产生的 5G 归属网络鉴权向量组发送给广州 AUSF。

广州 AUSF 收到后需要根据 XRES* 参数并结合 33501 附录 A. 5 的算法计算出哈希期望响应值（Hash eXpected RESponse，HXRES*），根据 33501 附录 A. 6 的算法结合 Kausf 计算出 Kseaf，并在本地存储 XRES*。

第 11 步：广州 AUSF 给北京 AMF 返回 201 响应消息。消息中包含了 RAND、AUTN 和 HXRES*，并且声明鉴权类型是 5G_AKA。规范中将 AUSF 发给 AMF 的鉴权向量参数称为 5G 服务网络鉴权向量（5G Serving Environment Authentication Vector，5G SE AV）。

第 12 步：北京 AMF 给 UE 发送 NAS 消息鉴权请求，包括 RAND 和 AUTN 参数。该消息通过 N2 接口的下行 NAS 传送（Downlink NAS Transport）消息封装后发给 gNB，gNB 提取出 NAS 消息后通过空口发给 UE。

第 13 步：UE 首先使用 AUTN 结合 33501 定义的鉴权算法对网络侧进行鉴权。UE 对网络侧鉴权通过后，UE 以 RAND 等作为输入并结合鉴权算法计算出 UE 侧的鉴权结果 RES*，给 AMF 返回鉴权响应消息，该消息中包含了 UE 侧计算的鉴权结果 RES*。

第 14 步：由于本例采用的是 5G-AKA 鉴权算法，网络侧需要做两次鉴权结果的比对，分别站在拜访地和归属地的角度进行鉴权结果比对。拜访地鉴权结果比对由北京 AMF 负责，归属地鉴权结果比对由广州 AUSF 负责。

北京 AMF 需要根据 33501 附录 A. 5 的算法，结合 RES* 计算出 HRES*，和广州 AUSF 下发的 HXRES* 比对。如果一致，则北京 AMF 站在拜访地网络的角度认为对 UE 鉴权成功。

第 15 步：北京 AMF 继续调用广州 AUSF 的 nausf-auth 服务，请求广州 AUSF 对鉴权结果站在归属地角度进行比对。对应的 HTTP 消息是 PUT：/nausf-auth/v1/authCtxId/5g-aka-confirmation，消息中包含了 UE 计算出的鉴权结果 RES*。

第 16 步：广州 AUSF 将 RES* 与广州 UDM 生成的 XRES* 进行比对。如相等，则广州 AUSF 站在归属地网络角度认为对 UE 鉴权成功，并将鉴权成功的结果通知广州 UDM。

第 17 步：广州 AUSF 给北京 AMF 返回 200 OK 响应，并携带参数鉴权结果取值为 AUTHENTICATION_SUCCESS，表示鉴权成功。响应消息中还同时返回了用户的 SUPI。

第18步和第19步：北京AMF查询北京NRF完成归属地UDM的选择。北京AMF调用NRF的nnrf-disc服务，对应的HTTP消息是GET：/nnrf-disc/v1/nf-instances，并提供service-name=nudm-sdm、target-nf-type=UDM、requester-nf-type=AMF、requester-nf-instance=amf01.51xuetongxin.com、SUPI等参数，其中SUPI是选择UDM的关键参数。北京NRF根据SUPI查询到广州UDM的信息后返给北京AMF。

第20步和第21步：北京AMF在广州UDM中完成UE和服务的AMF的注册登记（类似4G的S6a接口的位置更新流程）。AMF首先调用UDM的nudm-uecm服务，对应的HTTP消息是PUT：/nudm-uecm/v1/SUPI/registrations/amf-3gpp-access，并提供amfInstanceID=AMF的实例标识、deregCallbackUri=AMF提供的回调地址（用于接收UDM后续的通知消息）、登记在UDM中AMF的guami信息、AMF是否支持IMS的imsVoPS能力信息。广州UDM返回204响应表示登记成功。

第22步：广州UDM给广州AMF发去注册通知，该消息的主要目的是通知广州AMF用户已经在北京AMF登记，因此广州AMF无须再维护UE上下文。广州AMF因此可以删除UE上下文并释放资源。如果UE以后回到广州，则广州AMF再重新到广州UDM登记。

第23步和第24步：北京AMF从广州UDM获取接入管理相关的签约数据am-data。北京AMF调用广州UDM的nudm-sdm服务，对应的HTTP消息是GET：/nudm-sdm/v1/SUPI/am-data，该消息中将提供UE的SUPI（第17步中由AUSF提供），并且告诉广州UDM需要获取的签约数据类型是am-data。UDM返回包含am-data数据的200 OK响应。接入管理相关签约数据的主要参数包括RAT接入限制、区域接入限制、签约的UE-AMBR、签约的周期性更新计时器等。

第25步和第26步：北京AMF从广州UDM获取SMF选择相关的签约数据smf-select-data（用于PDU会话建立流程中的SMF的选择）。北京AMF调用广州UDM的nudm-sdm服务，对应的HTTP消息是GET：/nudm-sdm/v1/SUPI/smf-select-data。UDM返回包含SMF选择相关签约数据的200 OK响应。SMF选择相关签约数据的主要参数包括签约的切片及切片所关联的DNN及缺省DNN等。

注意：am-data和smf-select-data在本例中是分开取的，规范中允许合并获取。也就是只需一对HTTP请求/响应就可以获得am-data和smf-select-data，从而提升效率和节省开销。

第27步和第28步：北京AMF订阅am-data的签约数据变更事件。订阅完成后，当用户的am-data签约数据变化时，广州UDM将主动通知北京AMF，并主动发送变更后的签约数据。对应的HTTP消息是POST：/nudm-sdm/v1/SUPI/sdm-subscriptions，主要参数有 monitoredResourceUris=am-data(表示订阅的是 am-data)、callbackUri=AMF 提供的回调地址(用于接收签约数据变更的通知消息)。UDM 创建好订阅关系,记录在本地的数据库中,并在第 28 步给 AMF 返回 201 Created 响应。

第 29 步和第 30 步:北京 AMF 订阅 smf-select-data 的签约数据变更事件。对应的 HTTP 消息是 POST:/nudm-sdm/v1/SUPI/sdm-subscriptions,主要参数有 monitoredResourceUris:smf-select-data(表示订阅的是 smf-select-data)和 callbackUri。

第 31 步和第 32 步:北京 AMF 查 NRF 选择归属地 PCF 的过程。第 31 步的请求消息中包含了 service-name=npcf-am-policy-control、target-nf-type=PCF、用户的 SUPI 等参数,其中 SUPI 是选择 PCF 的关键参数。NRF 根据 SUPI 查询到 PCF 注册信息,并在第 32 步返回 200 OK 响应。响应消息中包含了广州 PCF 的地址信息和服务能力信息。

注意:在本例中提供 am-policy 的 PCF 位于归属地,商用网络以运营商部署为准。

第 33 步和第 34 步:北京 AMF 请求广州 PCF 提供 am-policy,即接入管理策略。am-policy 和 am-data 类似,也用于接入管理。其主要区别是 am-data 为在 UDM 中开户的静态签约数据,而 am-policy 则是 PCF 根据网络实时状态(例如人物、时间、地点的不同)所提供的动态授权接入管理策略。两者如果有冲突,则需以 PCF 提供的 am-policy 为准来执行。

第 33 步的消息是 HTTP 消息 POST:/npcf-am-policy-control/v1/policies,并提供了 SUPI、用户位置信息、无线网络类型等参数供 PCF 参考。PCF 通过 SUPI 查找到关联的 am-policy,在第 34 步返回 201 Created 响应,并包含了区域限制信息等接入管理策略参数。

注意:站在 PCF 角度看是建立接入管理策略关联(AM Policy Association),需要执行的是创建的动作,而不是查找。因此用的是 POST 方法(写操作),而不是 GET 方法(读操作),而且该策略是根据条件动态生成的,而非静态获取,因此用 POST 方法更合适。

第 35 步:由于在此前的步骤中 UE 的鉴权和接入管理授权均已完成,北京 AMF 给 UE 返回注册接收消息,该消息中包括分配给 UE 的 5G-GUTI、允许的 S-NSSAI、T3512、为 UE 分配的注册区域(包含 1 到多个 TA)等参数。注册接收消息被封装在 N2 消息初始上下文建立请求(Initial Context Setup Request)中发给 gNB。该 N2 消息的含义是请求 gNB 也创建 UE 的初始上下文,gNB 提取出 NAS 消息通过空口发给 UE。

第 36 步:gNB 创建 UE 初始上下文成功,给 AMF 返回初始上下文建立响应(Initial Context Setup Response)消息。

第 37 步:UE 收到注册接收后,将 5G-GUTI、T3512 保存起来,并且给北京 AMF 发送注册完成消息,该消息用于对收到的 5G-GUTI 进行确认。gNB 收到后封装在 N2 消息上行 NAS 传送(Uplink NAS Transport)中发给北京 AMF。

3. 典型消息实战举例

（1）注册请求消息举例如图 3-7 所示。

```
NG Application Protocol
    NGAP-PDU: initiatingMessage (0)
        initiatingMessage
            procedureCode: id-InitialUEMessage (15)
            criticality: ignore (1)
            value
                InitialUEMessage
                    protocolIEs: 4 items
                        Item 0: id-RAN-UE-NGAP-ID
                        Item 1: id-NAS-PDU
                            ProtocolIE-Field
                                id: id-NAS-PDU (38)
                                criticality: reject (0)
                                value
                                    NAS-PDU: aaabbbccc111222333
                                    Non-Access-Stratum 5GS (NAS)PDU
                                        Plain NAS 5GS Message
                                            Extended protocol discriminator: 5G mobility management messages (126)
                                            0000 .... = Spare Half Octet: 0
                                            .... 0000 = Security header type: Plain NAS message, not security protected (0)
                                            Message type: Registration request (0x41)
                                            5GS registration type
                                            NAS key set identifier
                                            5GS mobile identity
                                            UE security capability
                        Item 2: id-UserLocationInformation
                        Item 3: id-RRCEstablishmentCause
```

图 3-7　注册请求消息举例

从图 3-7 可以看出，注册请求消息被封装在 N2 消息 InitialUEMessage 中，该消息包含了 4 个 item，其中 NAS-PDU 是 UE 始发，经 gNB 透传给 AMF。剩下的 3 个 item 是由 gNB 添加的。分别是 Item0：RAN 侧的 UE-NGAP-ID 用于 N2 接口的 UE 临时标识。Item2 是 ULI，即 UE 当前的位置信息，展开后是 NR-CGI 和 TAI 两个子参数。Item3 是 RRC 建立原因，本例中的取值是 mo-signaling。

（2）AUSF 给 AMF 返回的 5G-AKA 鉴权向量如图 3-8 所示。

```
JavaScript Object Notation: application/json
    Object
        Member Key: 5gAuthData
            Object
                Member Key: rand
                    String value: DB9A16C2C922E6A2C6A59BDCA7772696
                    Key: rand
                Member Key: autn
                    String value: 40A4AEFB106A9FBB851714A5ABBA14F0
                    Key: autn
                Member Key: hxresStar
                    String value: ce7f0c4d126396d1140a2b4d39da964f
                    Key: hxresStar
            Key: 5gAuthData
```

图 3-8　5G-AKA 鉴权向量参数举例

可以看到，AUSF 给 AMF 返回的 5G-AKA 鉴权向量有 rand、autn、hxres*。

（3）NAS 消息：鉴权请求和鉴权响应如图 3-9 所示。

```
Non-Access-Stratum 5GS (NAS)PDU
 ∨ Plain NAS 5GS Message
     Extended protocol discriminator: 5G mobility management messages (126)
     0000 .... = Spare Half Octet: 0
     .... 0000 = Security header type: Plain NAS message, not security protected (0)
     Message type: Authentication request (0x56)
     0000 .... = Spare Half Octet: 0
   > NAS key set identifier - ngKSI
   > ABBA
   > Authentication Parameter RAND - 5G authentication challenge
   > Authentication Parameter AUTN (UMTS and EPS authentication challenge) - 5G authentication challenge
Non-Access-Stratum 5GS (NAS)PDU
    Plain NAS 5GS Message
        Extended protocol discriminator: 5G mobility management messages (126)
        0000 .... = Spare Half Octet: 0
        .... 0000 = Security header type: Plain NAS message, not security protected (0)
        Message type: Authentication response (0x57)
        Authentication response parameter
            Element ID: 0x2d
            Length: 16
            RES: 7d91821134cfe4c2b42ee9f984054b02
```

图 3-9　鉴权请求和鉴权响应消息举例

可以看到,AMF 发给 UE 的鉴权请求中携带了 RAND、AUTN,而在 UE 返回的鉴权响应中携带了 UE 侧的计算结果 RES。对应信令流程图 3-4 的第 12 步和第 13 步。

3.1.2　移动性注册更新流程

1. 概述

当 UE 移动到初始注册流程中 AMF 分配的注册区以外时,UE 应发起移动性注册更新(以下简称为 MRU)流程。

在商用网络中,注册区的分配通常是动态的,即分配给不同 UE 的注册区可能不同,例如 AMF 可根据学习到的 UE 移动轨迹规律进行分配,如图 3-10 所示。

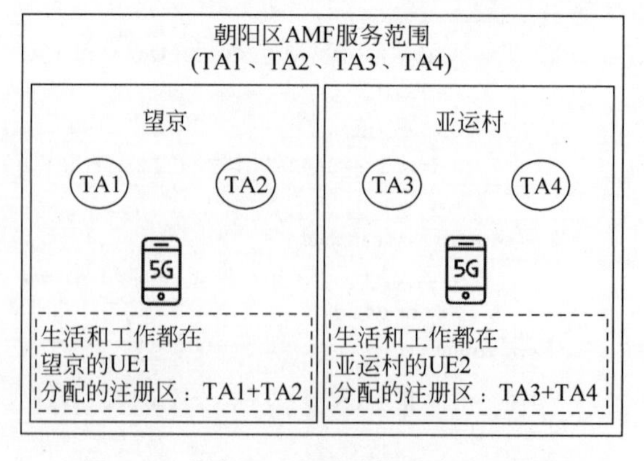

图 3-10　根据 UE 的移动轨迹分配注册区

图3-10假设负责为朝阳区用户提供服务的AMF(简称朝阳AMF)的服务范围是TA1到TA4。下辖的望京区域包括TA1和TA2,亚运村区域包括TA3和TA4。本例中还有两个签约了5G的UE,其中UE1生活和工作都在望京,除了周末跨区和朋友聚餐,平时很少出望京,而UE2生活和工作都在亚运村。朝阳AMF会学习两个UE的移动轨迹,建立移动模型(也就是规范里说的Mobility Pattern),给UE1分配的注册区包含TA1和TA2。给UE2分配的注册区则包含TA3和TA4。朝阳AMF不会把自己服务的4个TA都分配给两个UE作为注册区,因为这样做可能导致寻呼范围过大,加重空口负荷。

2. 信令流程实战

MRU有两种细分场景,即AMF不变和AMF改变的场景。当UE移动到一个新的TA而不能被当前AMF服务时,AMF需要发生重选和改变。当AMF发生改变时,信令流程图中会出现新AMF和老AMF两个AMF。还是以图3-10所示的场景举例说明。

如果UE1移动到TA3或TA4(亚运村片区,但还是朝阳区AMF服务范围),则需要发起MRU流程,同时服务的AMF不发生改变。

如果UE1移动到属于海淀区的TA5,由于TA5不属于朝阳AMF的服务范围,则UE需要发起MRU流程,同时服务的AMF发生改变。

如果UE1在望京的TA1和TA2之间移动,则无须发起MRU流程。

本节以相对复杂的AMF发生变化的MRU场景进行介绍。

场景和网络拓扑假设包括以下4种。

(1) 海淀区AMF的服务范围是海淀区的TA1、TA2、TA3。

(2) 朝阳区AMF的服务范围是朝阳区的TA4、TA5、TA6。

(3) UE已经在海淀区完成了注册,海淀AMF给UE下发的注册区是TA1/TA2/TA3。

(4) UE现在坐公交车从海淀区移动到了朝阳区的TA4,但UE并没有上网,即UE当前处于空闲态,如图3-11所示。

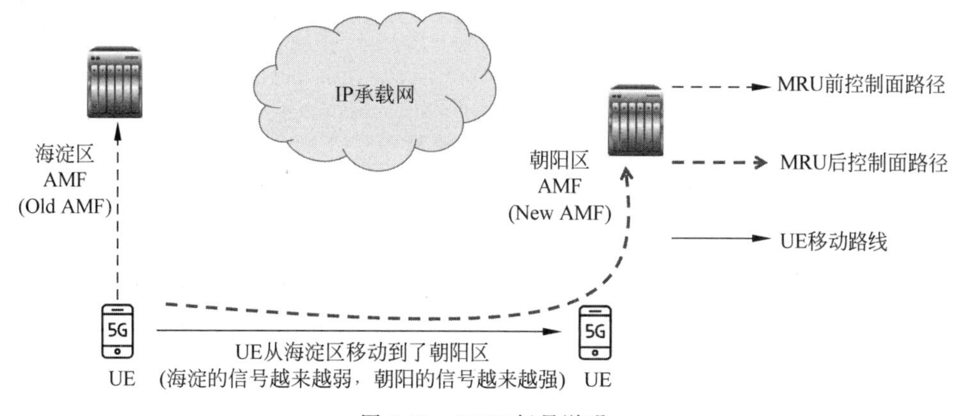

图3-11　MRU场景说明

步骤较多，如图 3-12～图 3-15 所示。由于 MRU 信令流程与初始注册流程的大部分步骤相同，因此重点关注标记有五角星的部分，也就是有差异或者变化的步骤。

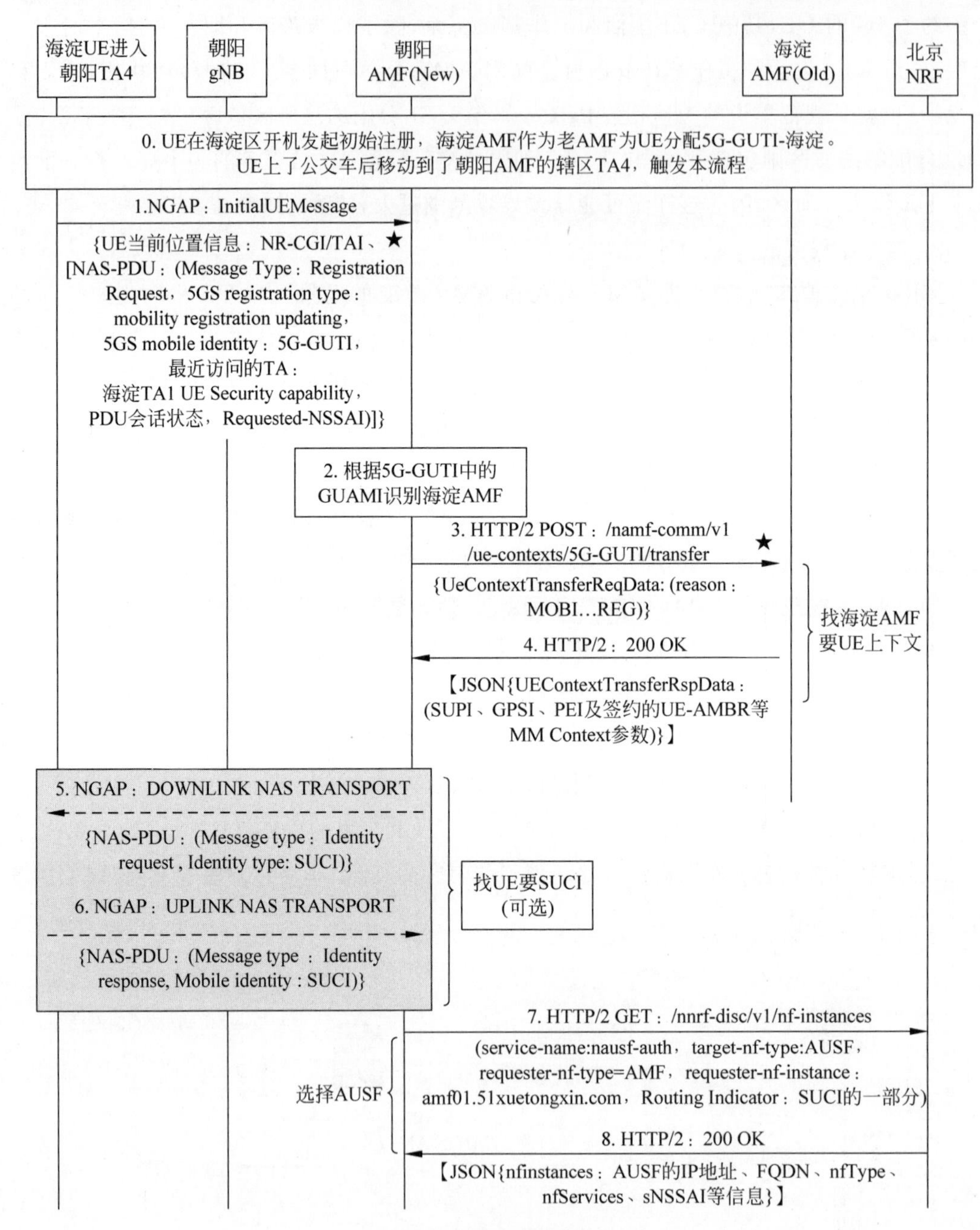

图 3-12　MRU 流程实战(1)

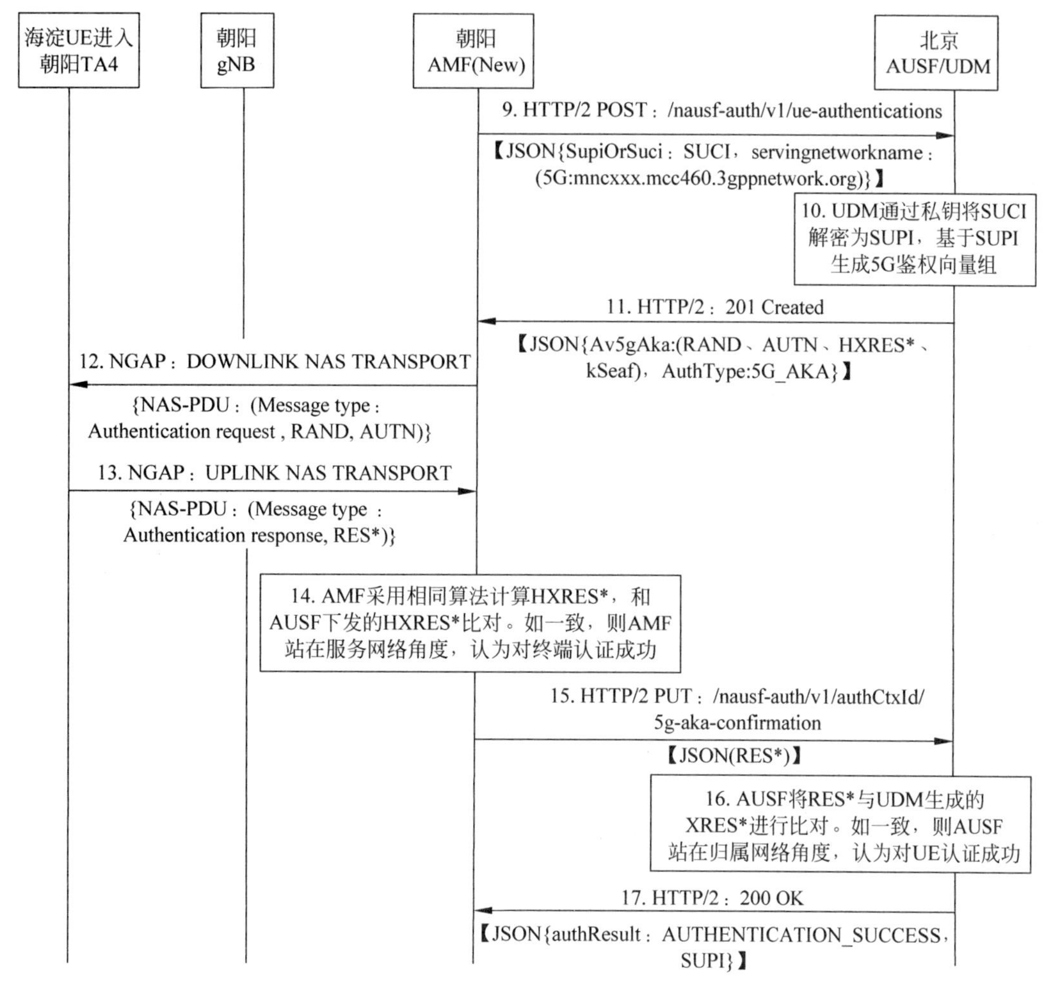

图3-13 MRU流程实战(2)

第0步：UE首先在海淀区开机发起了初始注册，并且海淀AMF作为老AMF为UE已经分配了老的5G-GUTI。UE此时上了跨区公交车移动到了朝阳区新AMF服务的TA4，触发了本流程。

第1步：UE进入朝阳区TA4的覆盖范围，通过空口广播消息得知当前位置处于TA4，但UE发现TA4不在此前分配的注册区(TA1/TA2/TA3)里，从而触发MRU流程。对应的NAS消息是注册请求(Registration Request)。从消息名称看，和初始注册流程是同一个NAS消息，但从以下参数可以看出这是一个MRU类型的注册请求消息。

(1) 5GS Registration Type：Mobility Registration Updating。

(2) Last Visiting TAI：UE最后一次访问的TA，本例取值为海淀TA1。

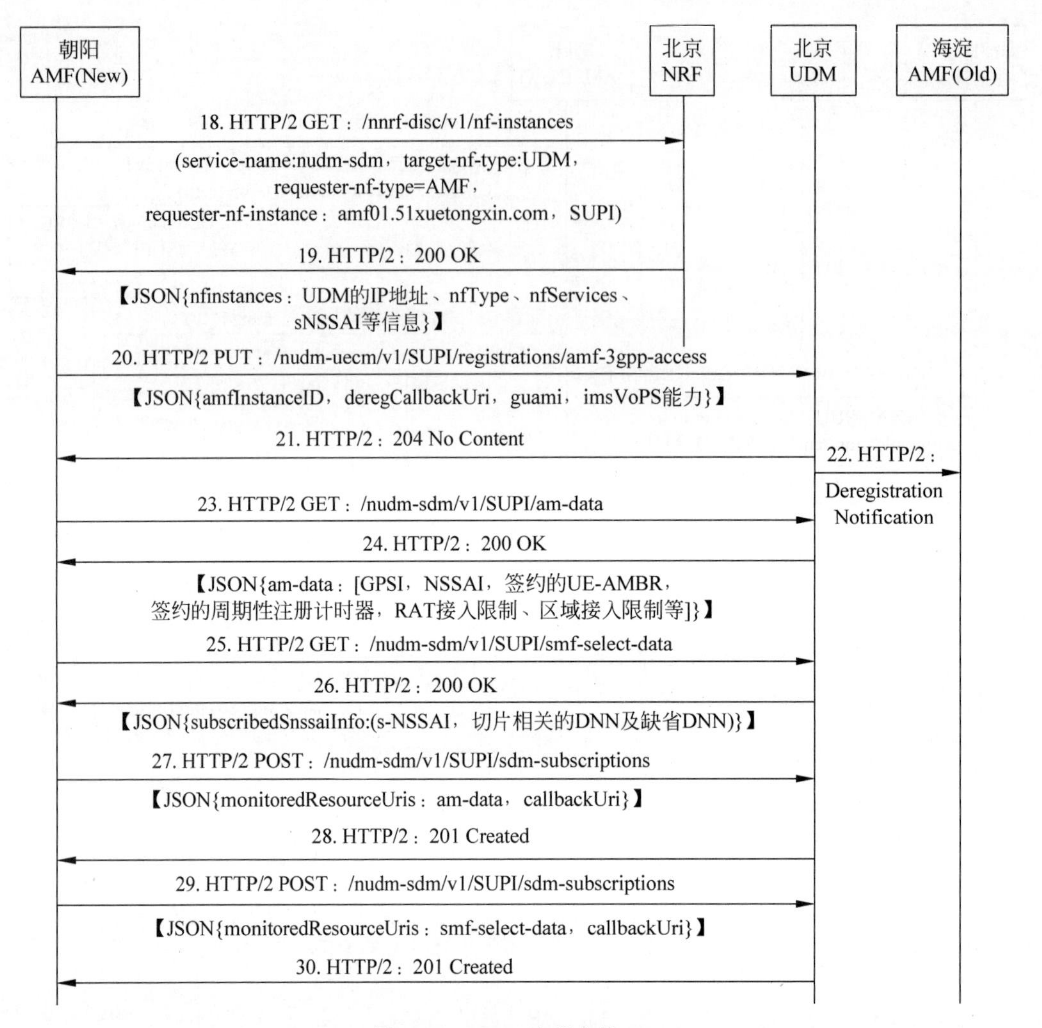

图 3-14　MRU 流程实战(3)

第 2 步：朝阳新 AMF 提取出注册请求中的老 5G-GUTI，然后提取出里面的 GUAMI，识别出这是海淀老 AMF 的标识。

第 3 步：朝阳新 AMF 调用海淀老 AMF 的 Namf_Communication_UEContextTransfer 服务操作，请求海淀老 AMF 返回 UE 的上下文。

第 4 步：海淀老 AMF 根据 UE 的 5G-GUTI 找到对应的 UE 上下文，给朝阳新 AMF 返回 200 OK 响应，响应消息中包含 UE 的上下文。

第 5 步和第 6 步，有条件触发。如果海淀老 AMF 没有返回 UE 上下文，则朝阳新 AMF 无法获取 UE 的 SUPI，因此朝阳新 AMF 将发起身份请求流程，要求 UE 提供 SUCI。如果第 4 步已经获得了 UE 上下文，则跳过这两步。

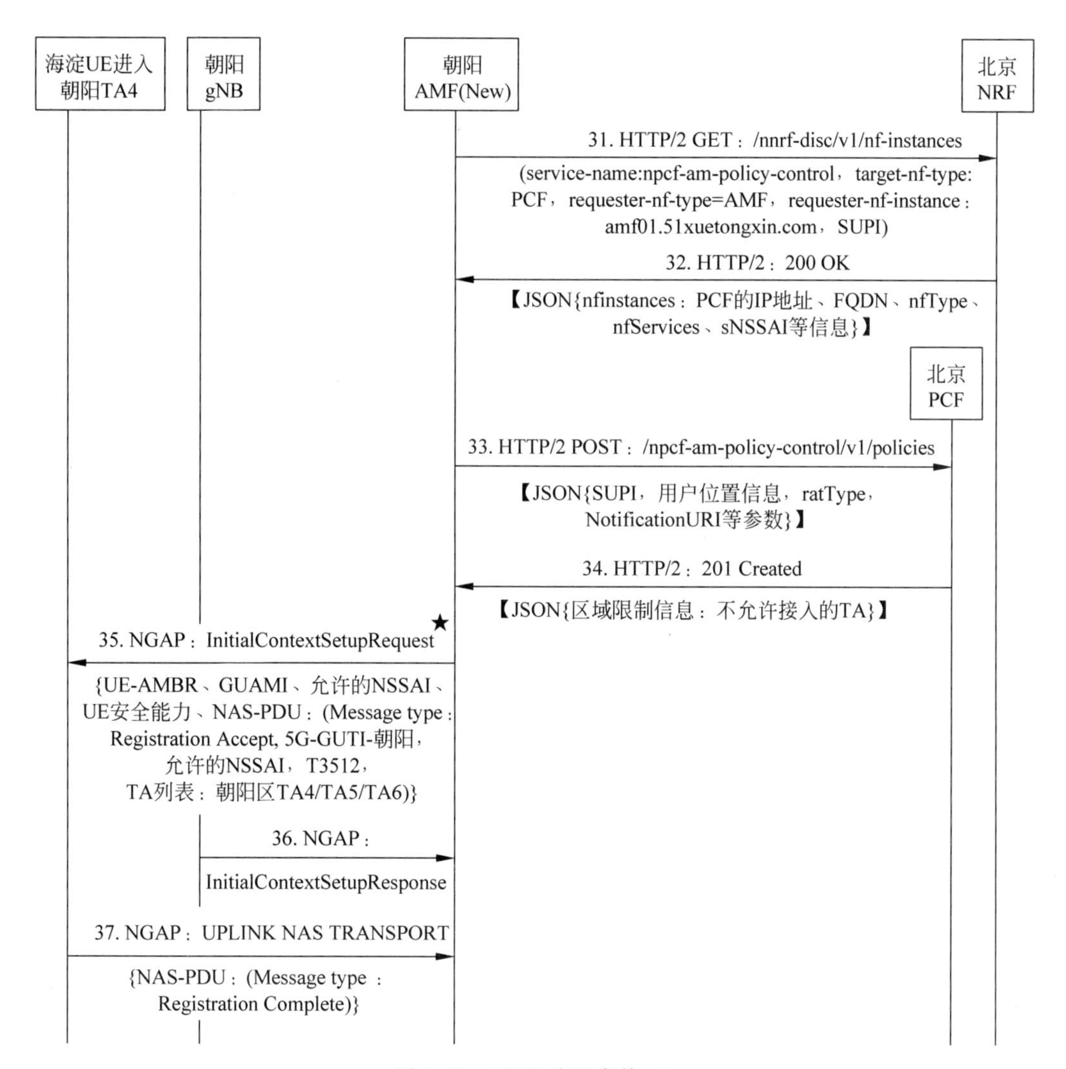

图 3-15　MRU 流程实战(4)

第 7 步：开始启动鉴权流程。朝阳新 AMF 调用 NRF 的 Nnrf-disc 服务发起 AUSF 选择。

第 8 步：NRF 返回 200 OK 响应，包括 AUSF 的详细信息。在实际商用网络中，AUSF/UDM 通常按大区/省份/直辖市为单位集中部署，因此本例中的 AUSF/UDM 为北京 AUSF/UDM，为所有北京市用户提供鉴权管理和签约数据管理等服务。

图 3-13 中的第 9～17 步与 3.1.1 节初始注册流程中的第 9～17 步基本相同，不再赘述。

图 3-14 中的第 18～30 步与 3.1.1 节初始注册流程中的第 18～30 步基本相同，不再

赘述。

图3-15中的第31～37步与3.1.1节初始注册流程的第31～37步进行比较，只有第35步稍有差异，其余步骤基本相同，不再赘述。

图3-15中的第35步：朝阳新AMF给UE返回NAS消息注册接收（Registration Accept），并为UE重新分配注册区。根据场景假设，朝阳AMF的服务范围包括TA4、TA5和TA6，因此本例中分配给UE的注册区为TA4/TA5/TA6。后续朝阳新AMF可学习UE的移动轨迹进行注册区优化，如果UE总是驻留在TA4，则可以将分配给UE的注册区调整为仅包含TA4。除此以外也会重新分配一个新5G-GUTI，在当前注册区内有效。

3.1.3 带AMF重选的5GC初始注册流程

1. 规范中带AMF重选的初始注册流程

本节介绍的是23.502规范中4.2.2.2.3节定义的信令流程，翻译为带AMF重选的注册流程。该流程本质上也是注册流程，但因为初始AMF（Initial AMF）没有被正确选择，无法为UE所属的切片服务，因此需要重选并将注册请求转发给正确的目标AMF，以完成后续的注册流程。本流程最终将帮助UE在目标AMF和属于自己的5G切片网络上完成注册。

规范中的原版流程图来自23.502规范中4.2.2.2.3-1 Registration with AMF re-allocation procedure，如图3-16所示。

对比初始注册流程可以发现，带AMF重选的注册和初始注册流程的主要区别是步骤4a/4b和步骤7a/7b，这些步骤和服务切片的AMF重选有关。

(1) 4a/4b步的作用是当初始AMF选择不正确时（第1步中由gNB首次选择的AMF称为初始AMF），初始AMF需要查询NSSF得到正确的目标AMF。

(2) 7a/7b步的作用是初始AMF需要将NAS消息通过间接或者直接方式发给目标AMF。

当目标AMF收到注册请求消息后，需要完成后续的初始注册流程，包括鉴权、在UDM中的注册登记和签约数据获取、为UE分配注册区和5G-GUTI等后续步骤，这些步骤和标准的初始注册流程完全相同，因此，本流程图的重点是AMF的重选及如何重路由NAS消息到目标AMF。

2. 常见问答

问题3-1：为什么gNB可能会选错初始AMF？

答案3-1：因为只有UE在空口和NAS消息中提供了请求接入的切片信息，gNB才可以根据UE请求的切片标识完成AMF的选择。如果UE没有提供或提供了错误的请求切

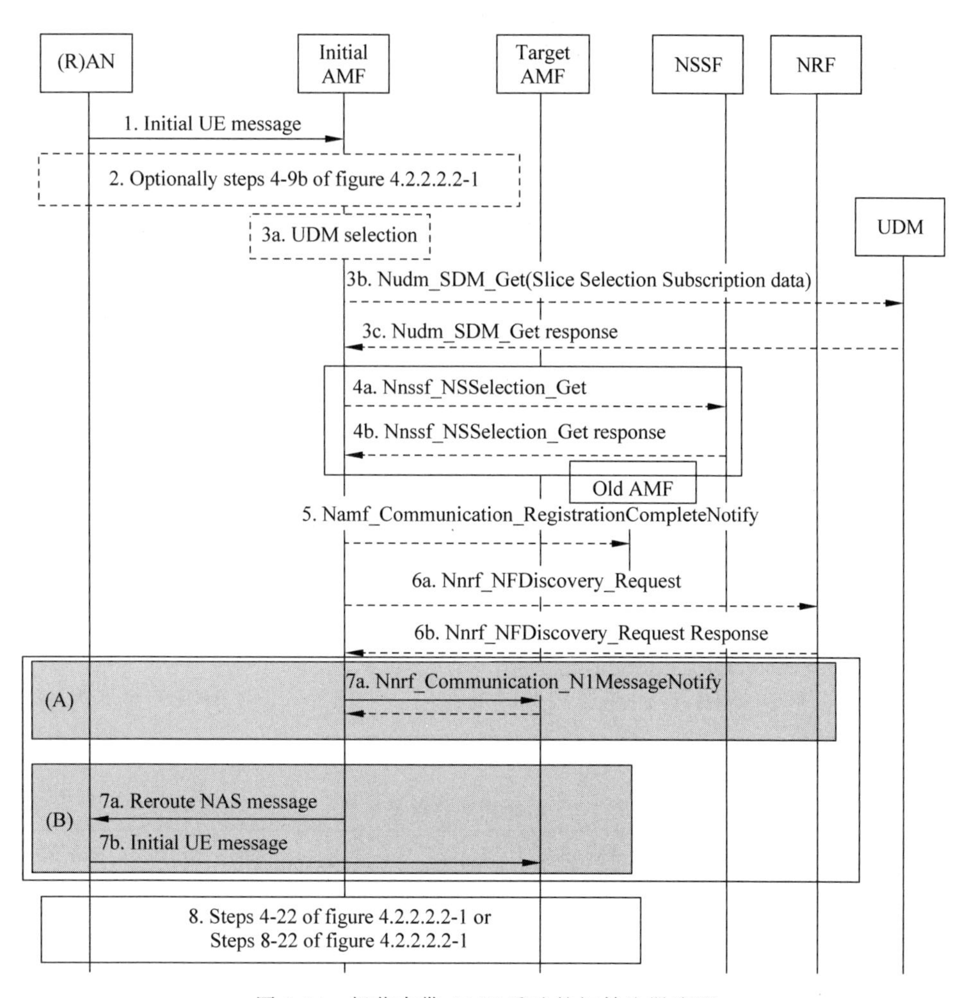

图 3-16 规范中带 AMF 重选的初始注册流程

片标识,则 gNB 只能结合本地配置或选择一个缺省的 AMF 为 UE 服务,这增加了选错目标 AMF 的概率。例如 UE 期望接入签约的行业专网切片,而 gNB 侧配置的缺省 AMF 是为 eMBB 切片服务的,而在 5G 网络商用初期,多数终端不支持在空口和 NAS 消息中提供请求的切片信息。

问题 3-2:gNB 根据什么原则和顺序选择为 UE 提供服务的 AMF?

答案 3-2:gNB 首先检查是否从空口信令中得到 GUAMI 信息,如果有,则根据配置找到关联的 AMF 并转发 NAS 消息。这种场景意味着 UE 此前曾经完成过注册流程并已经选择了正确的 AMF,只要 UE 不离开注册区,gNB 总是为 UE 选择相同的 AMF 来服务;如果没有得到 GUAMI 信息,则 gNB 将检查 UE 是否提供请求的切片信息,如果有切片信息,则结合本地配置选择关联的 AMF 并转发 NAS 消息。如果上述信息都没有,则 gNB 选择本地配置的缺省 AMF。

问题 3-3：如果初始 AMF 选错了，初始 AMF 应该怎么做？

答案 3-3：初始 AMF 如果发现自己选错了，即初始 AMF 发现自己所支持的切片、UE 请求的切片、从 UDM 中获取的用户签约的切片三者之间没有交集，则初始 AMF 需要查询 NSSF 来为 UE 选择正确的目标 AMF，并将 UE 发上来的完整注册请求原封不动地转给目标 AMF 处理，这个过程也被称为 NAS Reroute（NAS 消息的重路由）。

问题 3-4：初始 AMF 怎么把注册请求转发给目标 AMF？

答案 3-4：有两种方式，直接转发和间接转发方式。直接转发是指初始 AMF 直接将注册请求消息转发给目标 AMF。间接转发则是指初始 AMF 将注册请求消息发给 gNB 并提供目标 AMF 的标识，再由 gNB 转发给目标 AMF 处理。从信令角度看直接转发更优，但如果不支持直接转发的网络环境，则只能使用间接转发。

3. 信令流程实战

场景假设 5G 终端为一辆智能汽车并配有一张 5G USIM 卡，该终端签约了两个切片，包括自动驾驶业务相关的车联网（Vehicle-to-Everything，V2X）切片 S-NSSAI3 和用于上网业务的 eMBB 切片 S-NSSAI1，而网络侧此时配置了 3 个切片，其中 AMF1 负责为 eMBB 业务的切片提供服务，AMF3 则负责为 V2X 切片提供服务，见表 3-1。

表 3-1　网络侧切片配置举例

终端类型举例	切片类型	切片标识	对应的 App 举例	服务的 AMF	关联的 DNN
5G 手机	eMBB	S-NSSAI1	手机里的所有 App	AMF1	internet
共享单车	mMTC	S-NSSAI2	单车里的所有 App	AMF2	share-bike
智能汽车	eMBB	S-NSSAI1	车载影音娱乐 App	AMF1	internet
	V2X	S-NSSAI3	自动驾驶 App	AMF3	tesla

该 5G 智能汽车是第 1 次使用 5G 业务，在注册请求中未指明请求的切片标识。由于带 AMF 重选的注册流程与初始注册流程的大多数步骤相同，因此重点关注标记有五角星的部分，也就是有差异或者和 AMF 重选有关的步骤，如图 3-17 和图 3-18 所示。

第 1 步：UE 开机发起初始注册流程，但并未提供请求的切片标识，并且由于 UE 是第 1 次使用 5G 网络，因此也未提供 5G-GUTI 和 GUAMI。

第 2 步：gNB 需要选择初始 AMF 为 UE 提供服务。由于 RRC 消息中没有 GUAMI 及请求的切片标识，因此 gNB 只能选择本地配置的缺省 AMF 来服务 UE。在本例中，gNB 选中的初始 AMF 是为 eMBB 切片服务的。

第 3 步：gNB 给初始 AMF 转发注册请求，封装在 NGAP 消息 InitialUEMessage 中。

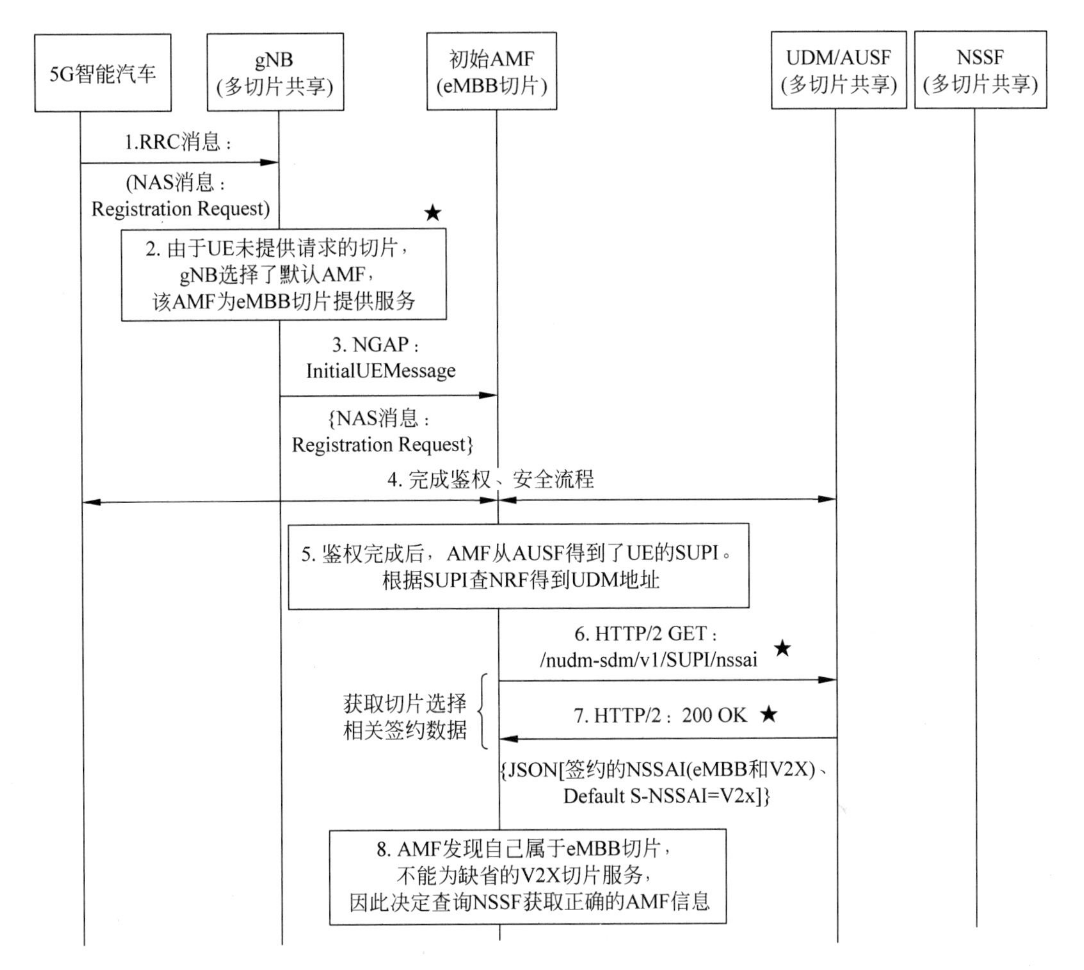

图 3-17　带 AMF 重选的初始注册流程实战(1)

第 4 步：初始 AMF 完成标准初始注册流程中的鉴权和安全流程等步骤，包括 AUSF 的选择、对 UE 的鉴权、加密/完整性保护等安全功能。

第 5 步：鉴权完成后 AMF 从 AUSF 得到了 UE 的 SUPI，AMF 根据 SUPI 查询 NRF 得到 UDM 的地址。

第 6 步：初始 AMF(eMBB 切片)调用 UDM 的 nudm-sdm 服务，请求获取 UE 的切片选择相关的签约数据。对应到 HTTP 消息是 GET:/nudm-sdm/v1/SUPI/nssai。

注意：GET 请求中的 nssai 表示切片选择相关的签约数据。本步骤要取的不是 am-data，am-data 是后面目标 AMF(V2X 切片)到 UDM 去取。初始 AMF 当前无法确定是否能为该切片服务，因此不能第 1 次就去 UDM 取 am-data。

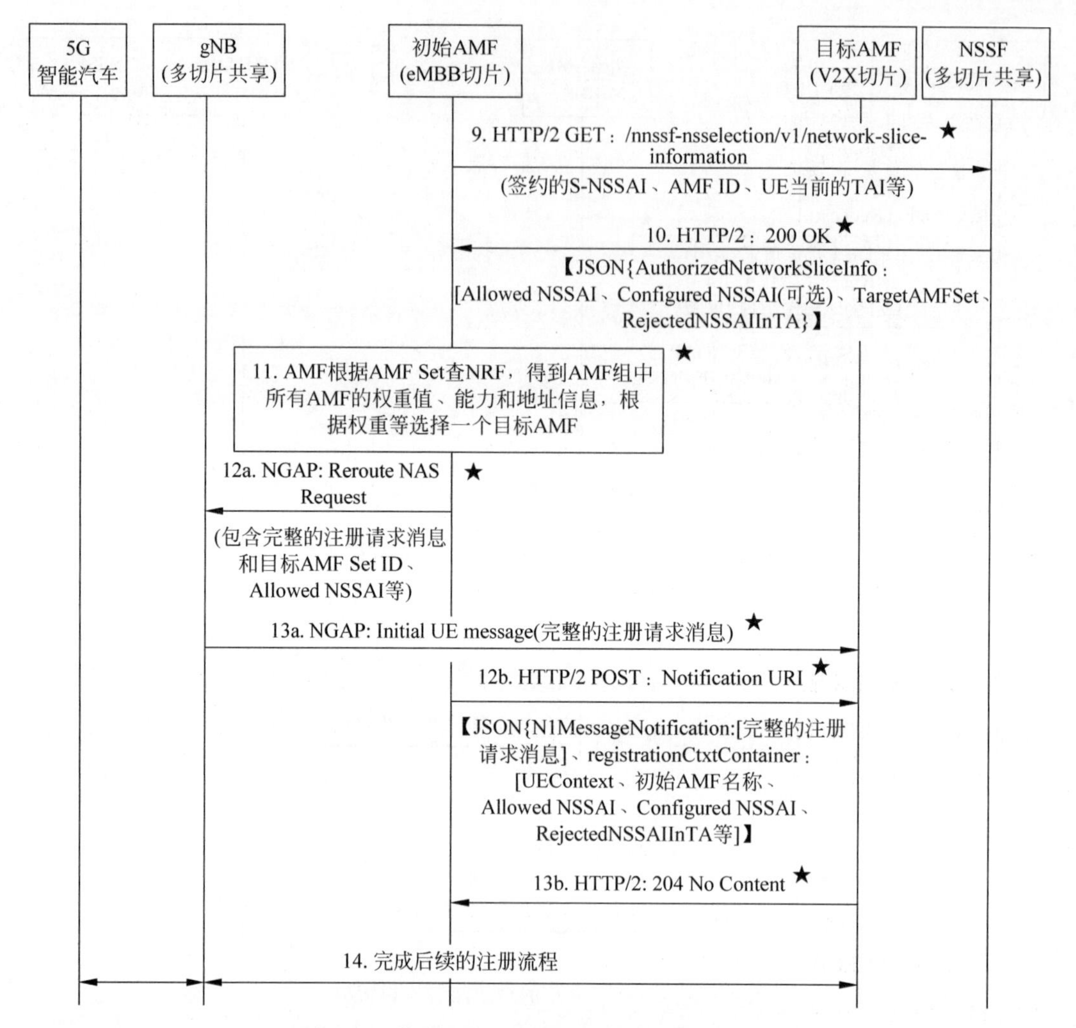

图 3-18　带 AMF 重选的初始注册流程实战(2)

第 7 步：UDM 返回 200 OK 包含了 UE 的切片选择相关的签约数据。主要参数包括 UE 签约切片标识(本例是 eMBB 和 V2X)、缺省切片标识(本例是 V2X)等。

第 8 步：初始 AMF 查询本地配置并和 UDM 返回的切片选择签约数据进行比对，发现自己不能为 V2X 切片提供服务，因此初始 AMF 需要向 NSSF 发起查询，以获取正确的 AMF 信息。

第 9 步：初始 AMF 调用 NSSF 的 nnssf-nsselection 服务发起切片查询，对应到 HTTP 消息为 HTTP/2 GET：/nnssf-nsselection/v1/network-slice-information，并且提供 UE 签约的 S-NSSAI、自己的 AMF 标识和 UE 当前的位置信息给 NSSF 作为参考。如果 UE 提供了请求的切片标识，也会提供给 NSSF。

第10步：NSSF返回200 OK响应，响应消息中包含了授权的切片信息。主要参数包括Allowed NSSAI(允许接入的切片标识)、Configured NSSAI(推送给UE的配置切片标识，可用于生成UE请求的切片)、TargetAMFSet(选择的目标AMF组)、RejectedNSSAIInTA(当前TA中不允许接入的切片标识)。NSSF返回的目标AMF组中的所有AMF都可以为V2X切片提供服务。

第11步：初始AMF根据目标AMF组查询NRF，得到AMF组中所有AMF的权重值、能力、优先级等，然后根据负荷分担等原则选择一个目标AMF。

接下来是NAS消息的直接转发和间接转发流程，二选一，其中间接转发对应第12a步和第13a步，直接转发对应第12b步和第13b步。

第12a步：如果初始AMF查看本地配置发现不支持直接转发，则将注册请求封装在N2消息Reroute NAS Request中发给gNB，请求gNB代为转发给目标AMF。该消息中包括UE产生的注册请求消息、目标AMF组标识及从NSSF获取的允许的切片标识等参数。

第13a步：gNB收到后需要根据目标AMF组完成目标AMF的选择，并将注册请求消息封装到N2消息InitialUEMessage中发给目标AMF。

第12b步：如果初始AMF查看本地配置发现支持直接转发，则将原始的注册请求消息及从NSSF获取的切片选择结果直接转发给目标AMF。初始AMF通过调用目标AMF的Namf_Communication_N1MessageNotify服务发起直接转发，主要参数有完整的注册请求消息、UE上下文、接入网类型、用户位置信息ULI、Allowed NSSAI、Configured NSSAI、TargetAMFSet、RejectedNSSAIInTA等。

第13b步：目标AMF收到初始AMF请求后返回204响应。

第14步：目标AMF继续完成后续的初始注册流程。最后目标AMF给UE发送注册接收消息，包含分配给UE的5G-GUTI，以及NSSF提供的Allowed NSSAI、Configured NSSAI、Rejected NSSAI等与切片选择相关的参数。UE收到后将这些参数进行保存，并根据这些要求决定后续的信令流程如何请求切片信息。例如在后续的5G初始注册流程中，UE只能请求在Allowed NSSAI中指明的切片，而不能请求在Rejected NSSAI中指明的切片，并且UE请求的标识必须包含在Configured NSSAI指明的切片列表中。

3.1.4 周期性注册更新流程

本节介绍23502的4.2.2.2.2 General Registration流程中的3种场景之一：周期性注册更新(Periodic Registration Update)流程。

1. 场景说明

结合一个场景来看周期性注册更新流程，如图3-19所示。

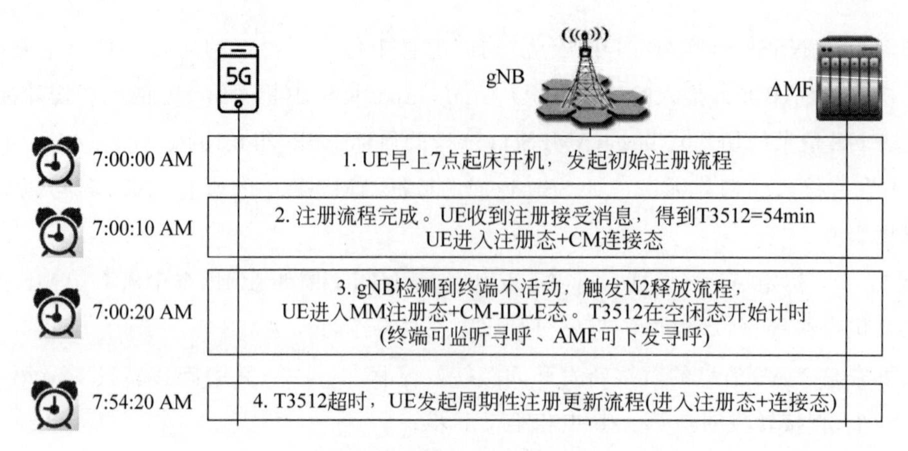

图 3-19　周期性注册更新场景

本场景中假设某5G用户早上7点整起床，开机触发初始注册流程。假设7点0分10秒完成初始注册流程，UE收到了AMF下发的包含T3512(默认值为54min)的注册接收消息。由于用户起床开机后没有时间上网，10s后(假设gNB侧的用户不活跃计时器是10s)也就是7点0分20秒，gNB检测到终端侧没有流量产生，触发N2释放流程，UE进入注册态和空闲态。T3512在进入空闲态后开始计时。在54min后T3512超时，UE发起了周期性注册更新流程，该流程完成后UE处于注册态和连接态。

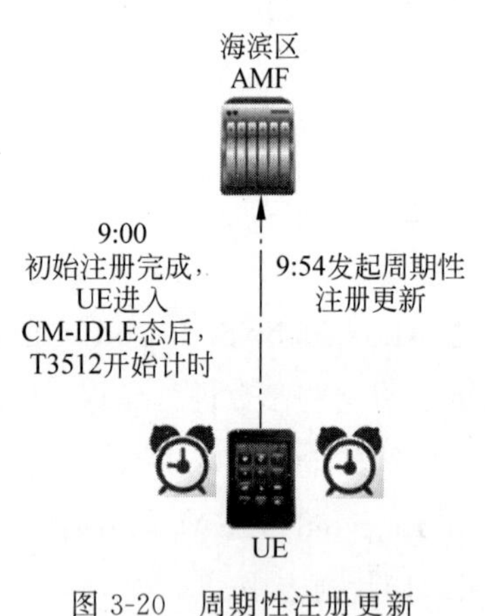

图 3-20　周期性注册更新流程的触发

周期性注册可以看成初始注册的简化版或者子集。再通过一个场景举例，来说明它和初始注册的不同。场景是UE在9点开机完成初始注册，并得到了AMF下发的T3512，默认值为54min。因为UE没有上网，所以很快进入空闲态，并且在9点54分时触发了周期性注册更新流程，如图3-20所示。

在本场景假设下，信令流程不一定需要AUSF、UDM、NRF、PCF参与，原因有以下几点。

(1) 鉴权在本场景不是必选的，在本场景下不一定会做鉴权(通常取决于AMF的配置)，所以AUSF可能不参与。

(2) 因为AMF没有变，所以不需要到UDM做注册登记和获取签约数据。

(3) 如果UE服务区没有变，则AMF可能无须到PCF重新获取接入管理管控策略。

(4) 因为AUSF/UDM/PCF可能不参与，所以也不需要到NRF去选择这些网元。

(5) 如果UE在这54min里没有离开注册区域，总是由同一个AMF为UE服务，则此场景下信令流程不涉及两个AMF。

2. 信令流程实战

来看一下这个更接近实际网络的周期性注册流程，如图 3-21 所示。很多步骤和初始注册相同，因此重点介绍打五角星的步骤，也就是差异化的部分。

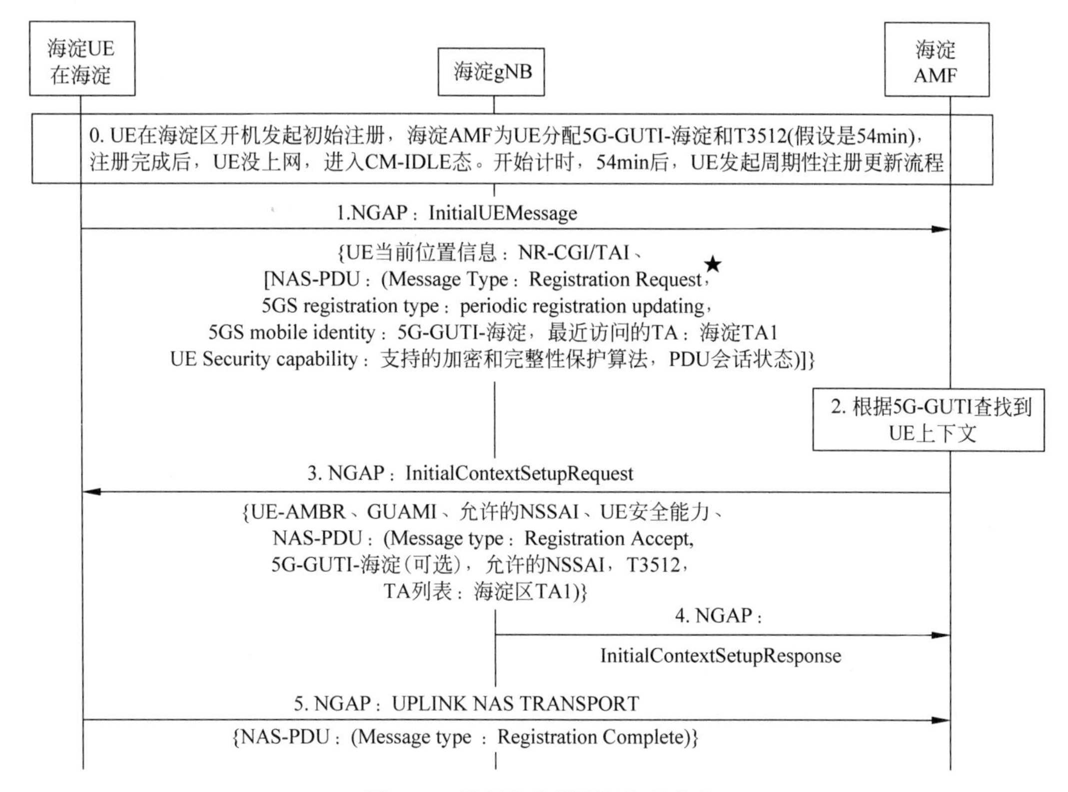

图 3-21　周期性注册更新流程实战

第 0 步：UE 在海淀区开机发起初始注册，海淀 AMF 为 UE 分配 5G-GUTI-海淀和 T3512(假设是 54min)及 UE 的注册区域是海淀的 TA1 和 5G-GUTI-海淀。UE 保存好 T3512、注册区、当前的 TA、5G-GUTI-海淀。注册完成后 UE 没有上网，很快进入空闲态，T3512 开始计时。

第 1 步：54min 后，UE 发起周期性注册更新流程。对应的 NAS 消息是 Registration Request。从消息名称看和初始注册流程中的注册请求消息是同一条消息，但 5GS registration type 参数的取值为 periodic registration updating，可以看出这是一个周期性注册更新消息。

第 2 步：海淀 AMF 根据 5G-GUTI-海淀提取出该用户的 UE 上下文。

第 3 步：海淀 AMF 给 UE 返回 NAS 消息注册接收。消息中可以为 UE 重新分配一个新的 5G-GUTI-海淀(也可以不分配，继续沿用老的 5G-GUTI)、注册区(如海淀的 TA1)，当然还有本书重点提到的T3512。该NAS消息通过N2接口初始上下文建立请求消息进行封装,这表明该消息将同时请求gNB建立UE的初始上下文。

第4步:gNB建立UE的初始上下文,给AMF返回初始上下文建立响应。

第5步:如果AMF在第4步下发了新的5G-GUTI,则UE需要返回注册完成进行确认。

3.1.5 UE发起的去注册流程

本节介绍的是23502的4.2.2.3.2 UE-initiated Deregistration流程,翻译为UE发起的去注册流程。

1. 相关的重要知识点

问题3-5:去注册流程的用途是什么?

答案3-5:去注册流程的用途在24501的5.5.2.1中提到过,从场景a到场景g共7种触发条件,其中由UE发起的有3种,由网络侧发起的4种。UE发起的去注册流程的用途有以下3点。

(1) 当UE注册登记在3GPP接入下时,UE去注册3GPP接入下的5GS业务。

(2) 当UE注册登记在非3GPP接入下时,UE去注册非3GPP接入下的5GS业务。

(3) 当UE同时注册在3GPP和非3GPP接入下时,UE可去注册两种接入下的5GS业务。

问题3-6:什么场景UE会发起去注册?

答案3-6:规范里明确提到的场景包括UE关机、飞行模式或者用户拔插USIM卡。这几种场景都应该声明去注册类型是switch off,即关机原因触发。规范原文是If the de-registration procedure is triggered due to USIM removal,the UE shall indicate "switch off" in the deregistration type IE。除此以外,部分终端可以通过将5G开关关闭(规范原文是if the de-registration procedure was performed due to disabling of 5GS services)触发去注册或者通过AT指令集的方式发起去注册,这种非关机场景下的去注册类型应该是Normal de-registration,即正常去注册。

问题3-7:如果去注册流程中UE侧存在活跃的PDU会话应怎么办?

答案3-7:UE需要在本地释放活跃的PDU会话。规范原文是If the de-registration procedure for 5GS services is performed,a local release of the PDU sessions,if any,for this particular UE is performed。文中的if any可以理解为有条件执行,即翻译为"如果有"。此外,PDU sessions用的是英文复数,代表不管有多少全部释放。例如很多5G用户会同时存在internet和ims这两个DNN的PDU会话,需要全部释放。

问题3-8：去注册请求消息中UE应该提供哪种UE标识？

答案3-8：如果UE存有5G-GUTI，则需要在去注册请求里提供5G-GUTI；如果没有，则需要提供SUCI。极端情况下如果SUCI也无法提供，则需要提供PEI。

问题3-9：去注册流程成功完成，UE和AMF分别需要做什么？

答案3-9：AMF侧需要通知SMF本地释放该UE的PDU会话，AMF进入5GMM-DEREGISTERED态，即去注册态。UE侧则需要根据去注册原因的不同采取不同的行动。如果去注册原因不是switch off，则UE侧需要继续检查是否是因为关闭5G服务引起的。如果是，则UE需要进入5GMM-NULL状态；如果不是，则UE需要进入去注册态。

问题3-10：去注册请求消息什么场景需要重发？有没有计时器控制？

答案3-10：如果是非关机场景，则UE发出去注册请求消息后应启动T3521计时器(默认值为15s)，并等待网络侧的去注册接收消息。如果T3521超时后仍然未收到AMF返回去注册接收消息，则UE应重发4次去注册请求消息。如果AMF仍不返回去注册接收消息，则当T3521第5次超时时，UE应放弃去注册流程，并且检查是否是因为关闭5G服务触发的，如果是，则UE进5GMM-NULL状态；如果不是，则进入去注册态。

问题3-11：去注册流程完成前，UE进入了新的TA应怎么办？

答案3-11：这种场景并不常见，但规范也考虑到了。这是流程冲突问题，关于去注册流程的冲突解决，在24501的5.5.2.2.6 Abnormal cases in the UE一节中提到过。当UE发起去注册流程但没未完成时，如果此时UE进入了一个新的TA并且这个TA不在UE本地保存的注册区里，则UE应放弃去注册流程。UE需要先发起一个移动性注册更新流程，待完成后再重新发起去注册流程。

2. 规范中的原版流程简介

规范中的原版流程图来自TS23.502 Figure 4.2.2.3.2-1 UE-initiated Deregistration，如图3-22所示。

主要步骤说明如下。

第1步：UE发送去注册请求，需要携带一个去注册类型参数表示是关机原因触发还是正常去注册。

第2～5步：AMF通知SMF释放相应的会话管理上下文，SMF则需要通知UPF释放N4会话及会话相关的N3隧道和用户面资源。

第5a步：SMF释放和PCF的策略关联。

第5b步和第5c步：SMF发起到UDM的签约数据去订阅和去注册。

第6步和第6a步：AMF释放到PCF的am-policy和ue-policy的关联。

第7步：AMF给UE返回去注册接收消息(非关机场景)。

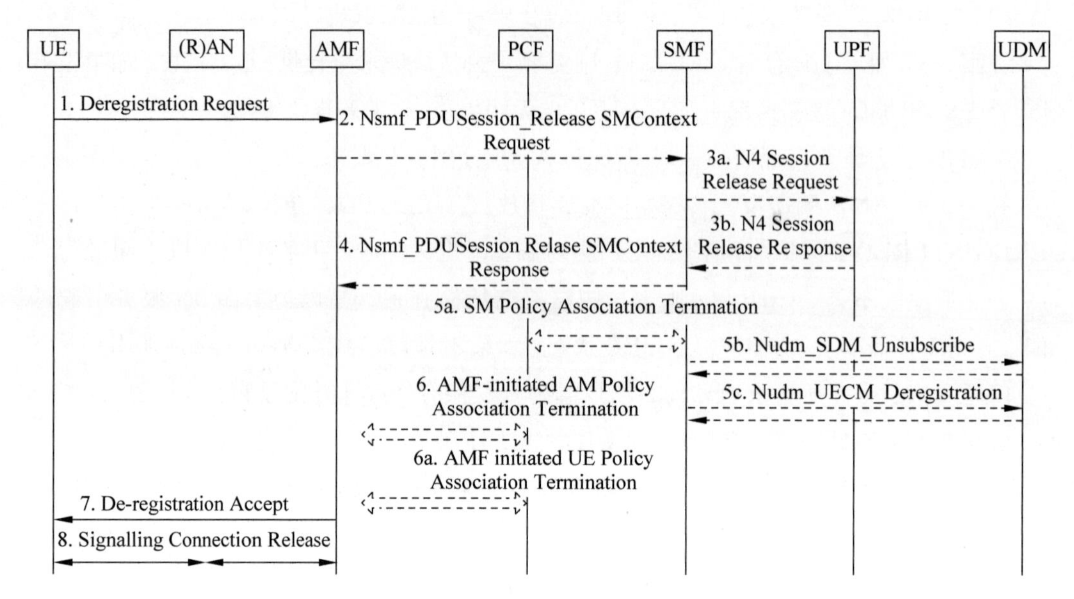

图 3-22　规范中的 UE 发起去注册流程

第 8 步：空口的信令连接释放。

下面结合场景来看 UE 发起的去注册流程。

3. 信令流程实战

场景假设说明：

（1）广州 UE 坐飞机到了北京，在北京落地后发起注册流程，并成功在北京 AMF 中完成注册。

（2）广州 UE 发起 PDU 会话建立流程，成功地建立了一个 PDU 会话并开始上网，此时 UE 为连接态。

（3）广州 UE 通过单击手机开关，关闭 5G 业务触发去注册流程。

本流程中 gNB、AMF、SMF 均在拜访地北京，PCF 和 UDM 位于归属地广州且与初始注册流程中选定的 PCF 和 UDM 相同。

基于这个场景假设来看一看具体的信令流程，如图 3-23 和图 3-24 所示。

第 1 步：UE 发送 NAS 消息去注册请求，主要参数有 5G-GUTI、去注册类型取值为 Normal de-registration。NAS 消息通过空口发给 gNB 后，gNB 检查发现 UE 上下文已存在，因此将 NAS 消息封装到 N2 消息 UL NAS Transport 中（而不是 InitialUEMessage），并且添加 UE 当前位置信息后发送给 AMF。由于本场景中空口信令消息提供了北京 AMF 的信息（GUAMI），所以 gNB 直接将 NAS 消息发给北京 AMF。

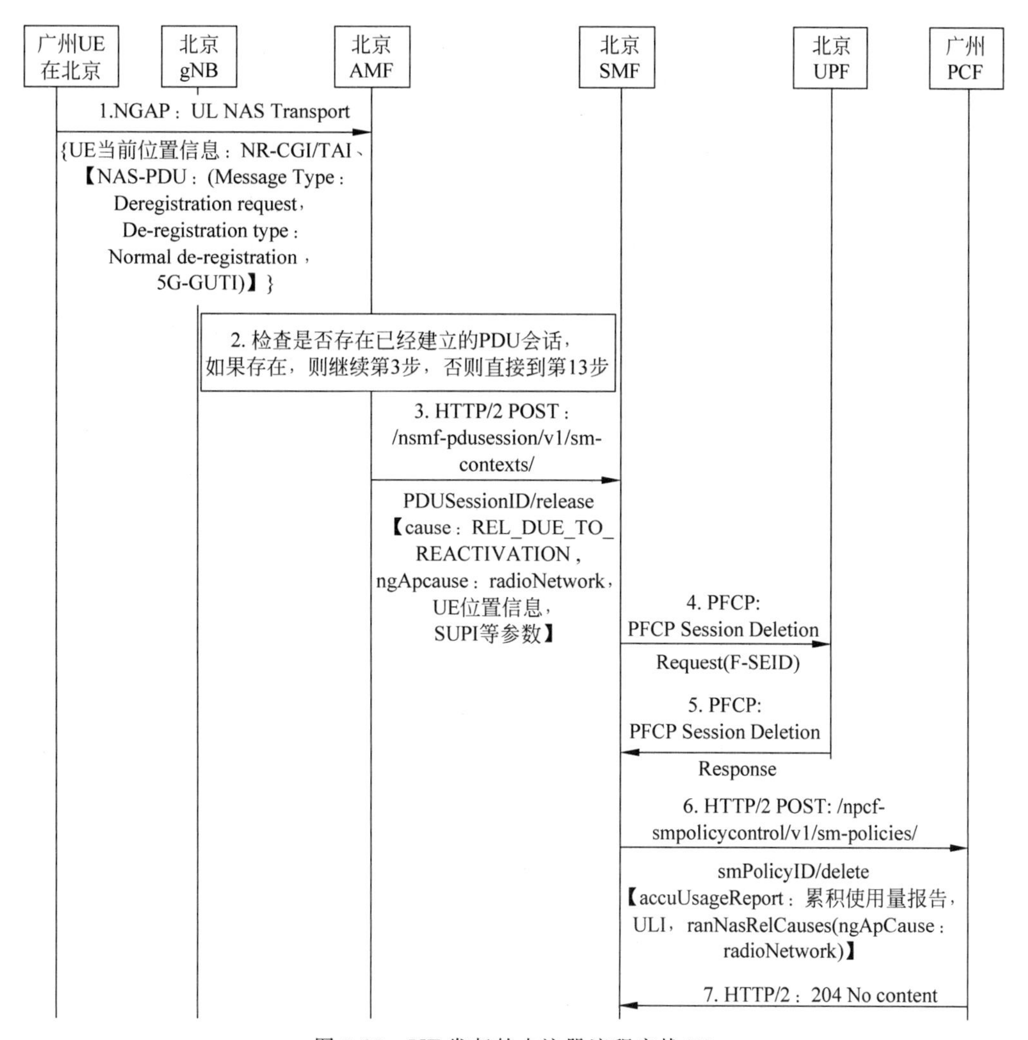

图 3-23　UE 发起的去注册流程实战(1)

第 2 步：北京 AMF 收到 NAS 消息后，检查该 UE 是否存在活跃的 PDU 会话。如果有，则通知 SMF 把它释放；如果没有，则直接跳到第 13 步。在本例中，UE 有活跃的 PDU 会话，所以进入第 3 步。

第 3 步：北京 AMF 查询 UE 上下文得到 SMF 地址，调用 SMF 的服务 nsmf-pdusession 请求 SMF 释放 PDU 会话，对应到 HTTP 消息是 POST：/nsmf-pdusession/v1/sm-contexts/PDUSessionID/release，并且提供 UE 位置信息、SUPI 及释放的 cause 参数取值 REL_DUE_TO_REACTIVATION、N2 接口的 cause 参数取值 radioNetwork 等信息(本步骤的 cause 值只是举例，仅供参考，具体以厂家产品实现为准)。

第 4 步：北京 SMF 收到信息后，要求 UPF 释放 N4 会话和用户面的资源。对应到 PCFP 的消息是 PFCP Session Deletion Request，并且包含需要释放的会话标识 F-SEID。

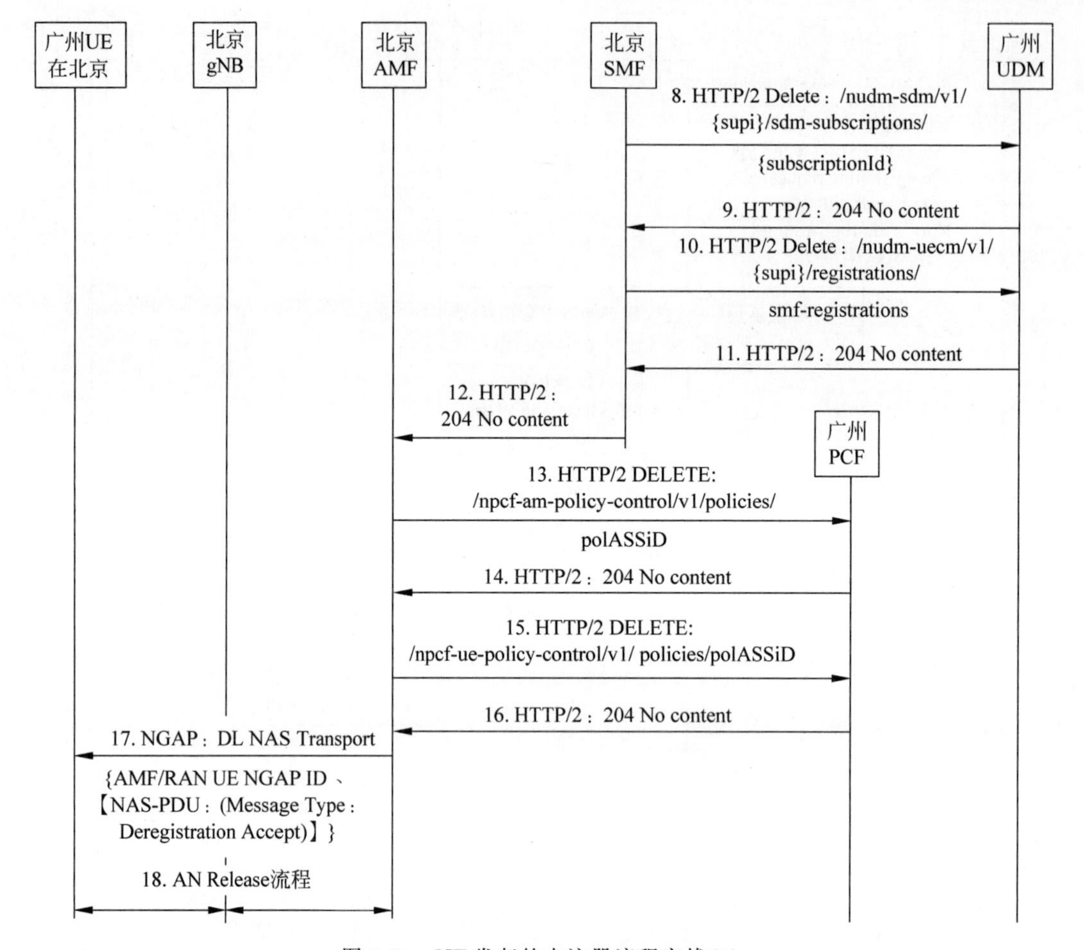

图 3-24　UE 发起的去注册流程实战(2)

第 5 步：北京 UPF 释放完成后，给北京 SMF 返回 PFCP Session Deletion Response。

第 6 步：北京 SMF 调用广州 PCF 的 npcf-smpolicycontrol 服务请求 PCF 释放 N7 接口会话，对应到 HTTP 消息是 POST：/npcf-smpolicycontrol/v1/sm-policies/smPolicyID/delete，并且提供累计使用量报告(accUsageReport 参数，可用于 PCF 侧的超量限速等策略评估)，用户位置信息、ngapCause 参数取值 radioNetwork。

第 7 步：PCF 释放完成后，返回 204 No content 响应。

第 8 步：北京 SMF 调用广州 UDM 的 nudm-sdm 服务发起对 sm-data 签约数据的去订阅，消息为 HTTP/2 Delete：/nudm-sdm/v1/{supi}/sdm-subscriptions/{subscriptionId}，消息中提供了订阅标识及 SUPI，广州 UDM 可据此找到订阅关系。

第 9 步：广州 UDM 找到订阅关系，解除订阅关系并给北京 SMF 返回 204 响应。

第 10 步：北京 SMF 调用广州 UDM 的 nudm-uecm 服务，请求在广州 UDM 中完成去注册登记。消息是 HTTP/2 Delete:/nudm-uecm/v1/{supi}/registrations/smf-registrations。

第 11 步：广州 UDM 删除北京 SMF 的注册登记信息，给北京 SMF 返回 204 响应。

第 12 步：北京 SMF 删除 SM 上下文后，给北京 AMF 返回 204 响应，作为对第 3 步的响应。

第 13 步：北京 AMF 调用广州 PCF 的 npcf-am-policy-control 服务，请求 PCF 释放接入管理策略关联。消息为 HTTP/2 DELETE:/npcf-am-policy-control/v1/policies/polASSiD。

第 14 步：广州 PCF 根据北京 AMF 提供的关联标识找到关联关系，释放相关的接入管理策略关联，并给北京 AMF 返回 204 响应。

第 15 步：北京 AMF 调用 PCF 的 npcf-ue-policy-control 服务，请求 PCF 释放 UE 策略关联。消息为 HTTP/2 DELETE:/npcf-ue-policy-control/v1/policies/polASSiD。

第 16 步：PCF 根据 AMF 提供的关联标识找到关联关系，释放相关的 UE 策略关联，给广州 AMF 返回 204 响应。

第 17 步：AMF 给 UE 返回 NAS 消息去注册接收，AMF 侧进入去注册态。NAS 消息被封装在 N2 消息 DL NAS Transport 中发送给 gNB。gNB 提取出 NAS 消息通过空口透传给 UE。

第 18 步：AN(接入网络)释放相关流程，将空口等相关资源释放。

3.1.6　网络侧发起的去注册流程

本节介绍的是 23502 的 4.2.2.3.3 Network-initiated Deregistration 流程，翻译为网络侧发起的去注册流程。

1. 相关的重要知识点

问题 3-12：什么场景网络侧会发起去注册？

答案 3-12：这个问题需要先弄清楚网络侧有哪些网元可以触发去注册。可以触发去注册的网元主要包括 AMF 发起和 UDM 触发的去注册流程，场景包括以下 3 种。

(1) AMF 侧的隐式去注册计时器超时触发。

(2) AMF 侧的显式去注册，即 AMF 主动发起的去注册流程，AMF 可以出于操作维护等目的触发去注册流程，例如 AMF 上通过命令行删除已注册的用户、为了维护升级需要将用户迁移到 AMF 池组中其他 AMF 等场景所触发的去注册。

(3) UDM 侧因用户取消 5G 签约或者由运营商决定的原因(如用户欠费)所触发的去注册。

问题 3-13：去注册请求消息什么场景需要重发？有没有计时器控制？

答案 3-13：AMF 发出去注册请求的同时应启动 T3522 计时器(默认值为 24s)，并需要等待 UE 的去注册接收消息。如果 T3522 超时且 UE 没有返回去注册接收消息，则 AMF 应重发 4 次去注册请求。如果 UE 还是没有回复，则当 T3521 第 5 次超时时，AMF 应放弃去注册流程并直接进入去注册态。

2. 规范中的原版流程简介

规范中的原版流程图来自 23.502 规范中 4.2.2.3.3-1 Network-initiated Deregistration，如图 3-25 所示。

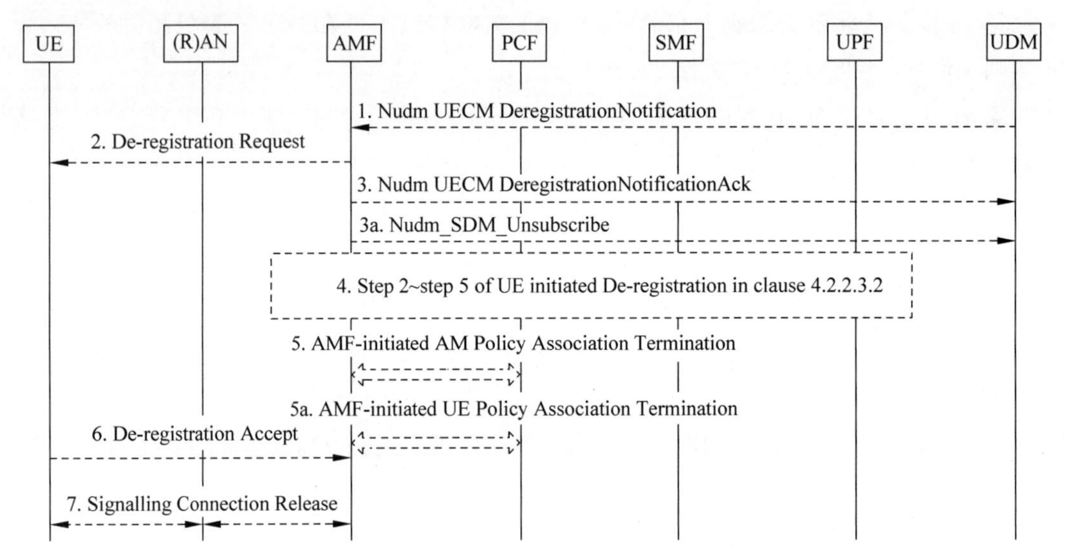

图 3-25　规范中网络侧发起的去注册流程

主要步骤说明如下。

第 1 步：(UDM 触发场景)UDM 给 AMF 发送去注册通知。

第 2 步：AMF 根据 UDM 的要求或者自行发起去注册流程(AMF 触发场景)。AMF 给 UE 发送 NAS 消息去注册请求。

第 3 步：如果是由 UDM 触发的，则 AMF 需要给 UDM 返回响应。

第 3a 步：AMF 向 UDM 发起 am-data 签约数据的去订阅。

第 4 步：和 UE 发起的去注册流程的第 2～5 步完全一致，可参考 3.1.5 节。

第 5 步和第 5a 步：AMF 释放到 PCF 的 am-policy 和 ue-policy 的策略关联。

第 6 步：UE 给 AMF 返回去注册接收。

第 7 步：空口的信令连接释放流程。

3. 信令流程实战

下面结合场景来看一个具体的网络侧发起的去注册流程。在该流程图中包含了 3 个不同的场景，如图 3-26 所示。这 3 种场景如下。

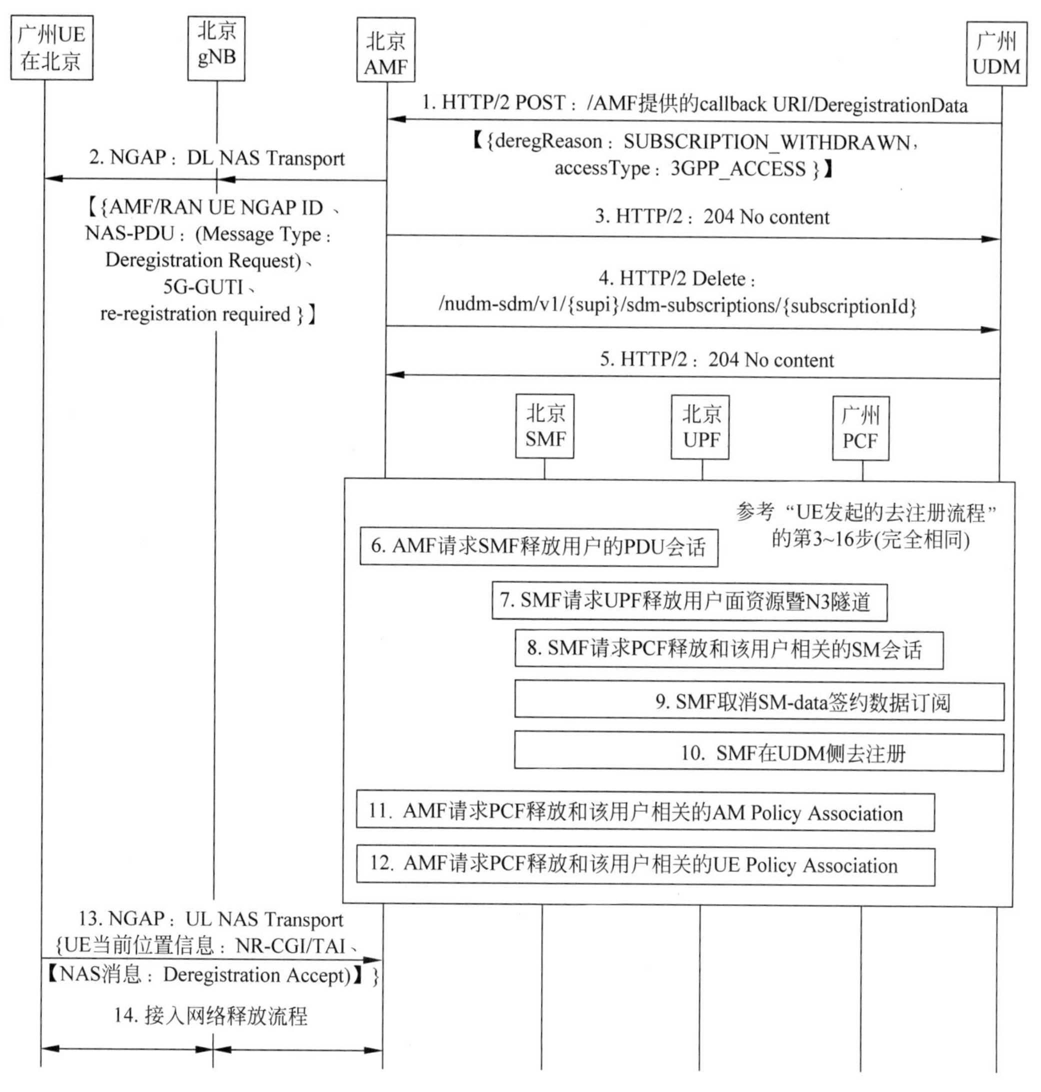

图3-26　网络侧发起的去注册流程实战

(1) UDM侧删除用户的5G签约数据触发(该场景为完整的第1～14步)。

(2) AMF侧隐式去注册计时器超时触发(该场景没有第1步、第2步、第3步和第13步)。

(3) AMF上执行踢用户操作触发(该场景没有第1步)。

第1步：UDM给AMF发送去注册通知，消息是HTTP/2 POST:/AMF提供的callback URI/DeregistrationData。主要参数有deregReason，取值为SUBSCRIPTION_WITHDRAWN，表明去注册的原因是签约数据的收回(5G签约取消)，以及accessType参

数,取值为3GPP_ACCESS,表示是3GPP接入。

第2步:AMF给UE发NAS消息去注册请求,主要参数有5G-GUTI、re-registration required(可选参数,表示要求UE重新发起注册流程)。

第3步:AMF给UDM返回204响应。

第4步和第5步:AMF向UDM发起am-data签约数据的去订阅。

第6~12步:和3.1.5节介绍的"UE发起的去注册流程"中的第3~16步完全相同。

第13步:UE给AMF返回NAS消息去注册接收。UE和AMF侧都进入去注册态。gNB从RRC消息提取出NAS消息将其封装到N2消息UL NAS Transport中发送给AMF。

第14步:AN(接入网络)释放相关流程,将空口等相关资源释放。

3.2 会话管理流程

3.2.1 PDU会话建立流程

本节介绍的是23502的4.3.2 PDU Session Establishment流程,翻译为PDU会话建立流程,并分为非国际漫游和国际漫游场景。本节介绍的是较为常见的非国际漫游场景下的PDU会话建立流程,与4G中的PDN连接建立流程较为相似。

1. 相关的重要知识点

问题3-14:本流程相关的规范主要有哪些?

答案3-14:本流程涉及的主要规范包括23502(5G端到端信令流程)、23501(5GC网络架构与网元功能)、24501(5GC NAS消息)、29244(PFCP消息和流程)、38413(NGAP消息与流程)、29502(SMF服务)、29518(AMF服务)、29510(NRF服务)、29512(PCF的SM policy control服务)、29503(UDM服务等)。如果加上空口,则还有38331(RRC消息与流程)。

问题3-15:PDU会话建立由谁发起?

答案3-15:规范规定,PDU会话建立流程只能由UE发起,不能由网络侧发起。

注意:发起的英文原文是initiated。还有一个类似的词"触发",原文是triggered。举个例子,银行规定大额转账必须本人发起(initiated),也就是不能别人拿着你的身份证和存折代为转账,但本人可能是因为买房等原因而转账,本质上是开发商触发(trigger)了这次转账。如果没有购买房屋,这个转账根本就不会发起。23502的4.3.2.1节明确约定了PDU会话对应的4种场景,其中3种是由UE发起的,1种是由网络侧触发的。包括UE直接请求建立、从非3GPP切换到3GPP后发起PDU会话建立、从4G切换到5G发起的PDU会话建立及网络侧通过发送Device trigger message引导UE中的App发起PDU会话建立流程。

问题3-16:PDU会话建立流程的目的或用途是什么?

答案3-16:主要是为了使用5G网络中的业务,包括上网和打电话等。只有建立PDU会话,UE才会被分配对应DNN的UE IP,这样才能访问该DNN中的业务。但从规范角度来回答,23502的4.3.2.2.1明确提到了PDU会话建立流程的作用,包括建立1个新的PDU会话、当没有N26接口时从4G切换到5G时将4G的PDN连接迁移到5G的PDU会话、在非3GPP和3GPP的PDU会话做切换及建立一个用于紧急服务的PDU会话等不同场景的作用。

问题3-17:PDU会话建立流程中的各网元在实际网络中都是哪里的?

答案3-17:为了更好地理解这个问题,以一个较为复杂的省间漫游场景来说明。首先,gNB、AMF、NRF一定是在拜访地,AUSF/UDM一定是在回归属地。这些是没有任何争议的。

但SMF/UPF、PCF是在拜访地还是归属地,3GPP并没有强制要求,需要看运营商的要求。为了保证用户体验,SMF/UPF通常延续4G组网经验,依然在拜访地,并且现在运营商已经取消了省间漫游费用,省间结算的需求下降,为使用拜访地SMF/UPF进一步创造了条件。如果是MEC场景,则SMF/UPF还会下沉到用户侧。

PCF按照服务的业务类型又分成提供语音业务PCF和数据业务PCF。语音业务PCF通常位于拜访地,因为语音专载策略全国较为一致,无须回归属地获取,而数据业务PCF则通常要回归属地,这是因为各省数据业务发展有差异,某些特色套餐包也可能是某省特有,同时需要识别本省的VIP用户做差异化QoS策略,这些都导致数据业务PCF需要回归属地。

2. 规范中的PDU会话建立流程

规范中的流程原图来自23502的4.3.2.2.1-1 UE-requested PDU Session Establishment for non-roaming and roaming with local breakout,翻译为非国际漫游,或者国际漫游但是采用拜访地本地分流的PDU会话建立场景,如图3-27所示。

主要步骤说明如下。

第1步:UE发送PDU会话建立请求,主要参数包括请求的DNN、PDU会话类型等,由于这个NAS消息属于会话管理类,因此会被封装到Payload-Container参数中,由AMF透传给SMF处理。

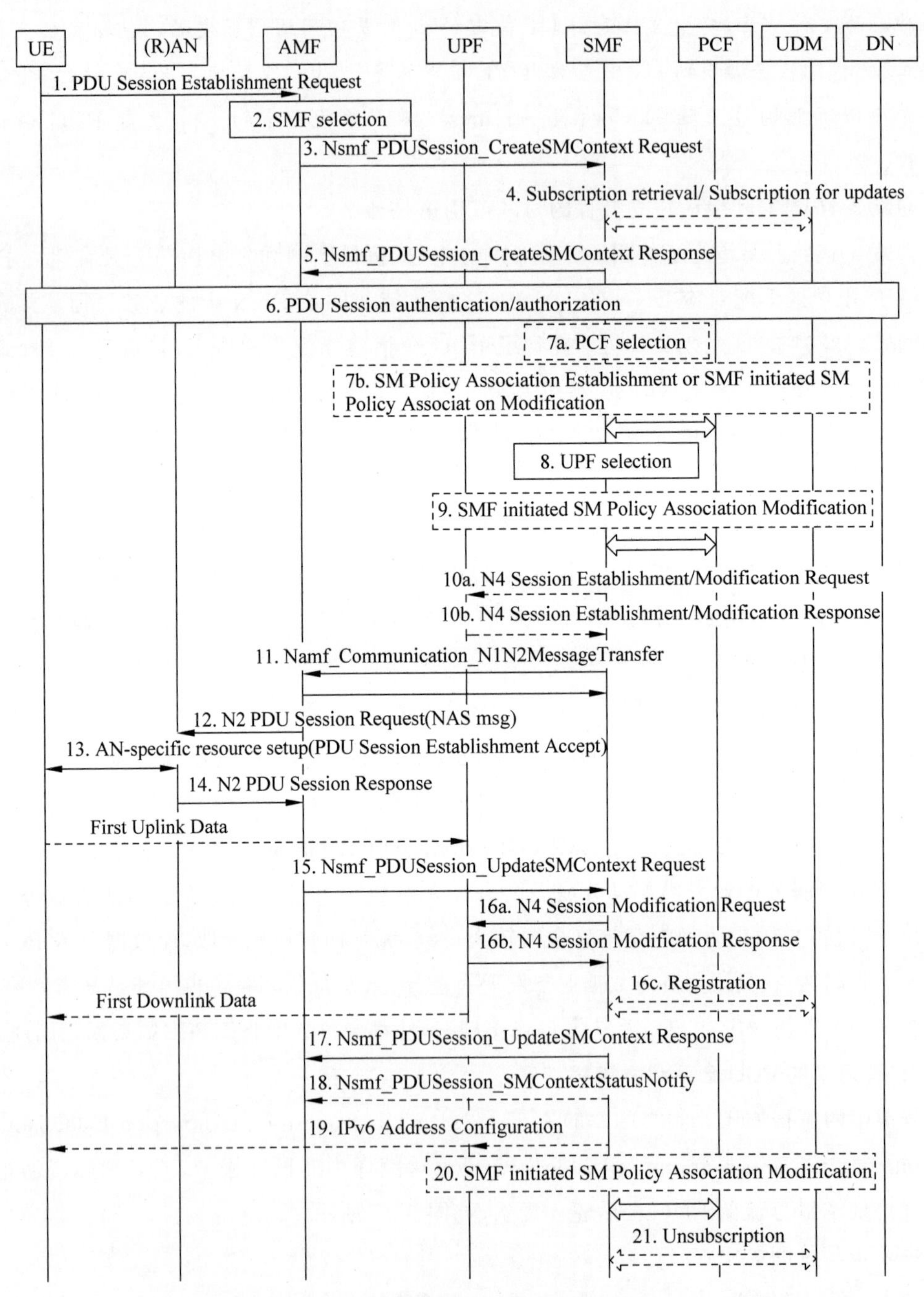

图 3-27 规范中的 PDU 会话建立流程

第2步：AMF收到请求后，根据注册流程中UDM下发的SMF选择签约数据并结合UE请求的DNN和切片信息，查询NRF得到SMF的地址信息，完成SMF的选择。

第3步：AMF调用SMF的Nsmf_PDUSession_CreateSMContext服务操作，将NAS-SM消息透传给SMF处理。

第4步：SMF调用UDM的服务，从UDM获取sm-data，即会话管理签约数据，并且向UDM订阅sm-data签约数据的变更事件。

第5步：SMF给AMF返回Nsmf_PDUSession_CreateSMContext Response，并分配SM上下文标识(SM Context ID)。如果SMF发现UE没有签约这个DNN，则会拒绝PDU会话建立并且返回一个合适的错误原因值。

第6步：可选的二次鉴权/授权流程，通常是针对行业用户的，结合AAA服务器来做。

第7a步：SMF查询NRF完成PCF的选择。

第7b步：SMF建立到PCF的会话管理策略关联，并获取会话管理策略，用于对该PDU会话的QoS进行管控。

第8步：SMF可根据DNN、UE的位置等信息选择一个UPF。

第9步：如果满足了PCF下发的策略控制请求触发条件(Policy Control Request Trigger)，则SMF发起SM策略关联修改流程请求对会话管理策略进行修改。

第10a/10b步：SMF和UPF建立N4会话，并下发N4相关规则(PDR、FAR等)。在第10b步的响应消息中，UPF会分配N3接口用户面地址和TEID，用于上行数据的传送。

第11步：SMF调用AMF的Namf_Communication_N1N2MessageTransfer服务，请求AMF透传N2消息(主要参数包括UPF侧N3接口地址和TEID、从PCF获得的QoS参数等)给gNB，并经gNB透传NAS消息，PDU会话建立接收消息给UE。

第12步：AMF给gNB发送N2消息，包含了透传给gNB的N2消息和透传给UE的NAS消息PDU会话建立接收。

第13步：gNB将NAS消息通过空口发送给UE，并且开始建立关联的DRB。

第14步：gNB建立DRB资源，并分配gNB侧N3接口地址和TEID后，给AMF返回N2响应消息。

本步骤完成后，上行方向用户面已经通了，上行转发路径是UE→gNB→UPF。

第15步：由于SMF侧的SM上下文已经创建，所以这里AMF调用SMF的Nsmf_PDUSession_UpdateSMContext Request服务操作，并且提供之前SMF分配的SM上下文标识，请求SMF更新SM上下文，主要目的是把gNB侧的N3接口地址发送给SMF。

第16a/16b步：SMF修改N4会话，将gNB的N3接口地址信息发送给UPF。

第16c步：SMF和AMF一样，也需要在UDM中做注册登记。

第 17 步：SMF 给 AMF 返回(第 15 步的)响应。

第 18 步：如果 SMF 侧 PDU 会话建立不成功，则 SMF 调用 Nsmf_PDUSession_SMContextStatusNotify (Release)服务通知 AMF。

第 19 步：如果涉及 IPv6 的地址分配，则可能有本步骤。由 SMF 给 UE(经 UPF)发送 IPv6 的路由通告消息(Router Advertisement，RA)，用于 IPv6 前缀的分配。

第 20 步：和 Ethernet PDU 会话场景有关，适用于 5G 专网等场景。

第 21 步：如果 PDU 会话建立失败，则 SMF 应向 UDM 发起 sm-data 签约数据的去订阅。

3. 信令流程实战

场景假设说明如下。

(1) 广州 UE 坐飞机到了北京，在北京落地后发起注册流程，并成功在北京 AMF 中完成注册。

(2) 注册流程成功完成后，UE 按照运营商 5G 终端规范的要求触发 PDU 会话建立流程(假设第 1 个建立的 PDU 会话 dnn=internet)。

该流程中主要包括拜访地北京 5G 网络接入、北京 AMF 完成会话管理消息透传、北京 SMF 完成会话管理控制、北京 NRF 完成网元选择、北京数据中心 UPF 完成将用户数据报文转发到北京数据网络出口，并由归属地广州 UDM 下发 UE 会话管理相关的签约数据、广州 PCF 下发 UE 会话管理控制策略等步骤。

下面结合场景来看具体的 PDU 会话建立流程，如图 3-28～图 3-31 所示。

第 1 步：广州 UE 发送 NAS 消息 PDU 会话建立请求，被封装在 Payload-Container 参数中，由 AMF 透传给 SMF 处理。北京 gNB 从空口收到后封装在 N2 消息 Uplink NAS Transport 中，并添加 UE 当前的位置信息后发送给北京 AMF。主要参数包括以下几个。

(1) PDU Session ID：UE 产生的 PDU 会话标识，通常 0～4 预留，从 5 开始取值。

(2) Request type：取值为 initial request。表示这是一个初始 PDU 会话建立请求，而不是因为 UE 位置移动切换而来的 PDU 会话。

(3) DNN：取值为 internet。代表 UE 请求的 DNN。

(4) Payload-Container：负载容器，用于存放对 AMF 透明的数据。本例存放的是 NAS-SM 消息 PDU 会话建立请求和相关的参数。关联参数有 Payload container type，取值为 N1 SM information，用于告知 AMF 负载容器类型是与会话管理相关的信息。

(5) S-NSSAI：UE 请求的切片标识，本例 SST 取值为 1，表示 eMBB。

(6) PDU session type：PDU 会话类型，取值为 IPv4。在商用网络中的可能取值是 IPv4v6 双栈。

(7) SSC Mode：UE 请求的 SSC 模式，本例取值为 1。

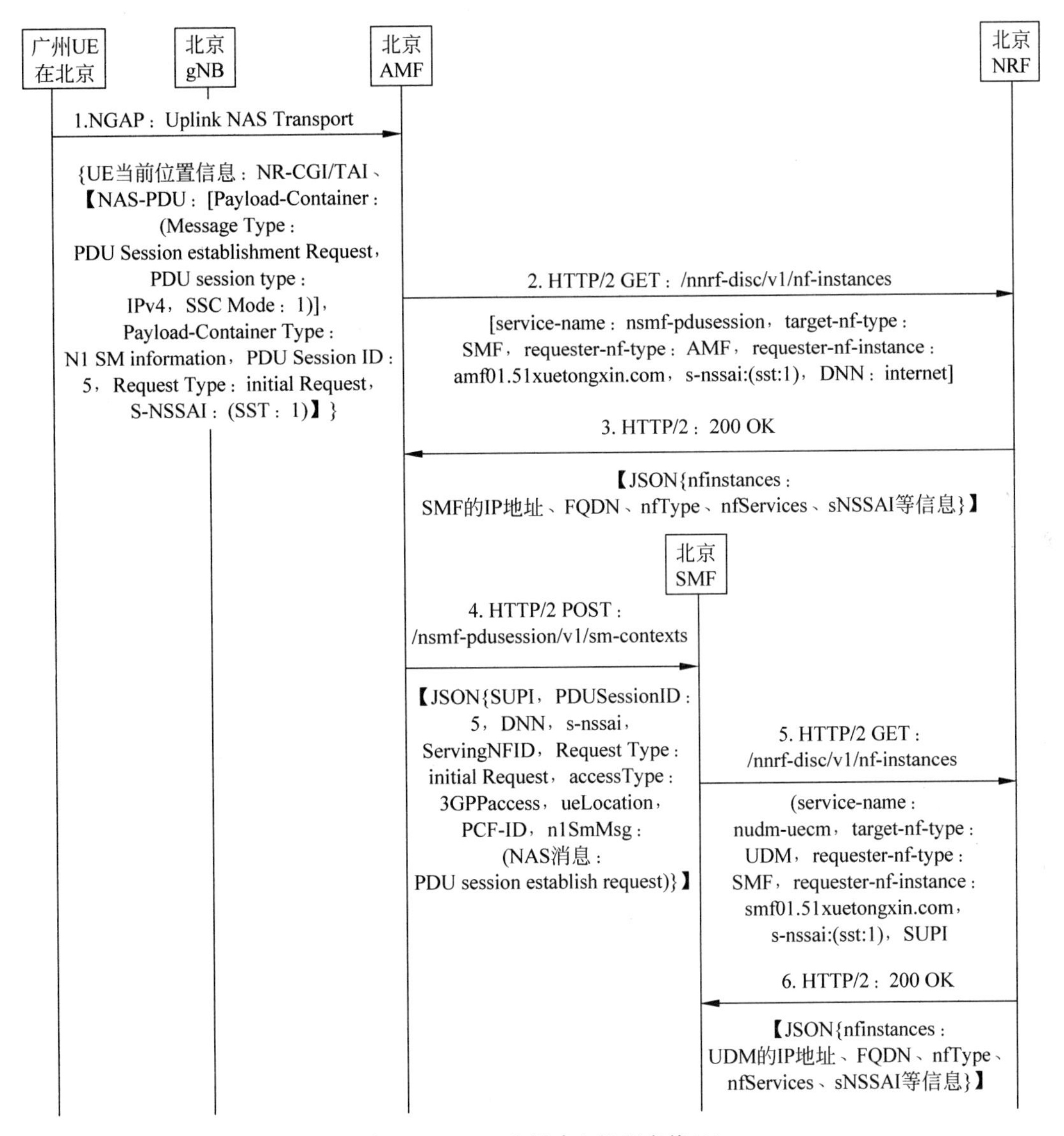

图 3-28　PDU 会话建立流程实战(1)

第 2 步：北京 AMF 调用北京 NRF 的 nnrf-disc 服务发起 SMF 的选择。SMF 的选择原则是 S-NSSAI 和 DNN。消息是 HTTP/2 GET：/nnrf-disc/v1/nf-instances。

主要参数如下。

(1) service-name：请求的服务名称，取值为 nsmf-pdusession，表示期望选择的 SMF 能支持该服务。

(2) target-nf-type：请求的目标网元类型，取值为 SMF。

(3) requester-nf-type：请求网元类型，取值为 AMF。

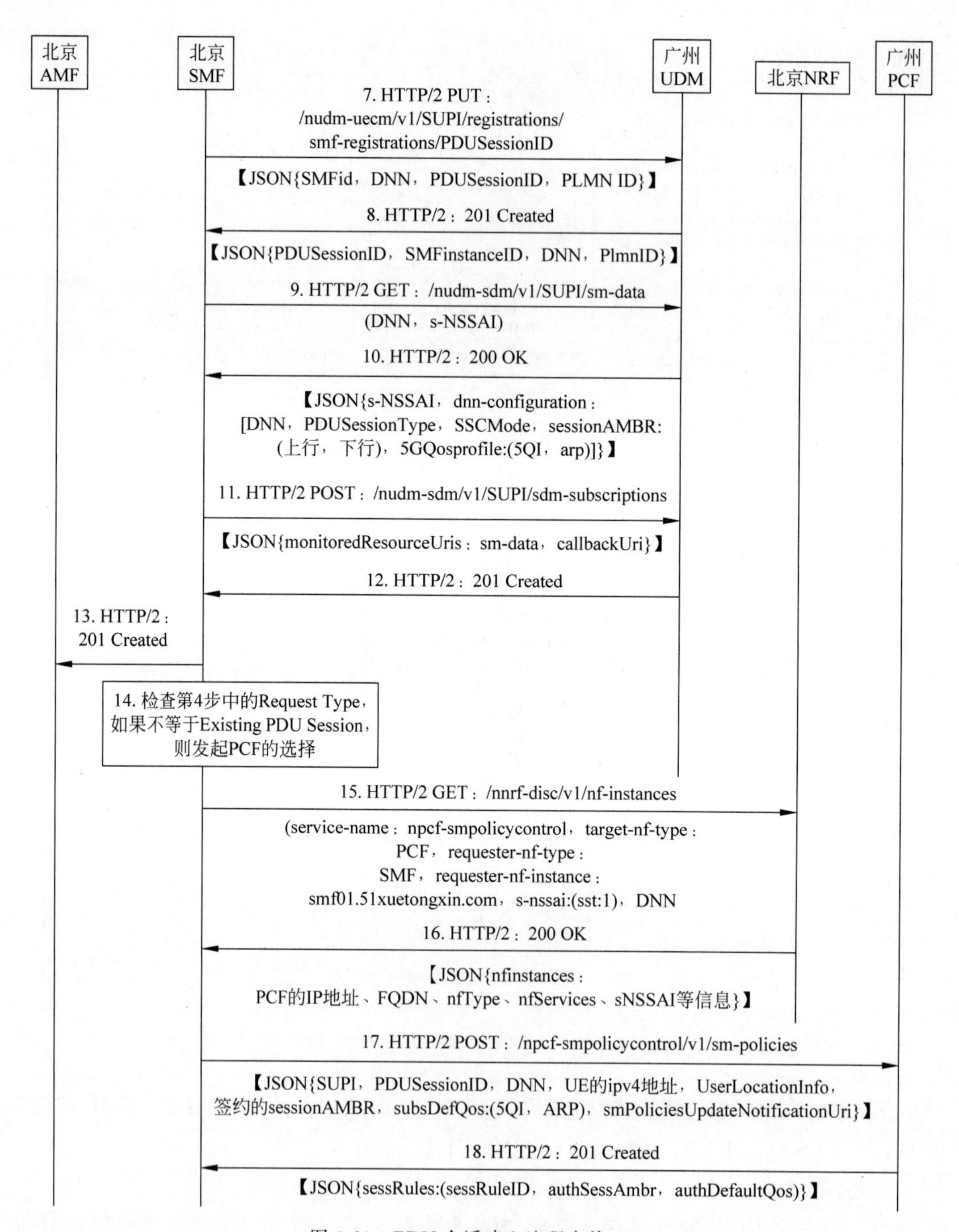

图 3-29 PDU 会话建立流程实战(2)

(4) requester-nf-instance：请求网元的实例名称，FQDN 格式。取值为 amf01.51xuetongxin.com。

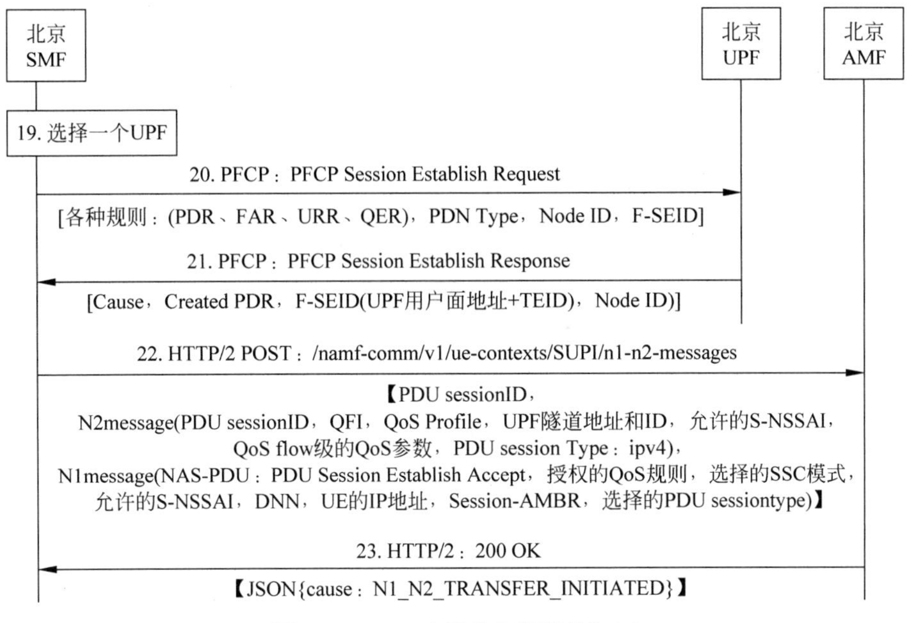

图3-30　PDU会话建立流程实战(3)

(5) s-nssai：表示请求的SMF网元需要支持的切片标识。包括SST和SD，本例取值SST=1，本例没有可选的SD参数。

(6) DNN：表示请求的SMF需要支持的DNN，取值为internet。

第3步：北京NRF完成SMF的选择并返回200 OK响应，包括拜访地北京SMF的详细信息。

第4步：北京AMF调用北京SMF的Nsmf_PDUSession_CreateSMContext服务操作，将NAS-SM消息透传给SMF处理。消息头是HTTP/2 POST：/nsmf-pdusession/v1/sm-contexts，Body部分则包含了UE原始的NAS消息PDU会话建立请求、UE位置信息、接入类型、SUPI、AMF在注册流程中选择的PCF标识等参数。

第5步：北京SMF调用北京NRF的Nnrf-disc服务发起归属地广州UDM的选择。UDM的选择原则是根据SUPI来选。

第6步：北京NRF返回200 OK响应，包括归属地广州UDM的详细信息。

第7步和第8步：北京SMF在广州UDM中完成注册登记，即登记UE标识和服务SMF的关联关系(因为5G中移动性管理和会话管理的分离，注册流程中AMF也需要在UDM中完成注册登记)。北京SMF调用UDM的nudm-uecm服务，消息是HTTP/2 PUT：/nudm-uecm/v1/SUPI/registrations/smf-registrations/PDUSessionID，并提供SMF标识、DNN、PDU会话标识、PLMN标识等。将SMF的标识与关联的UE信息(SUPI、对

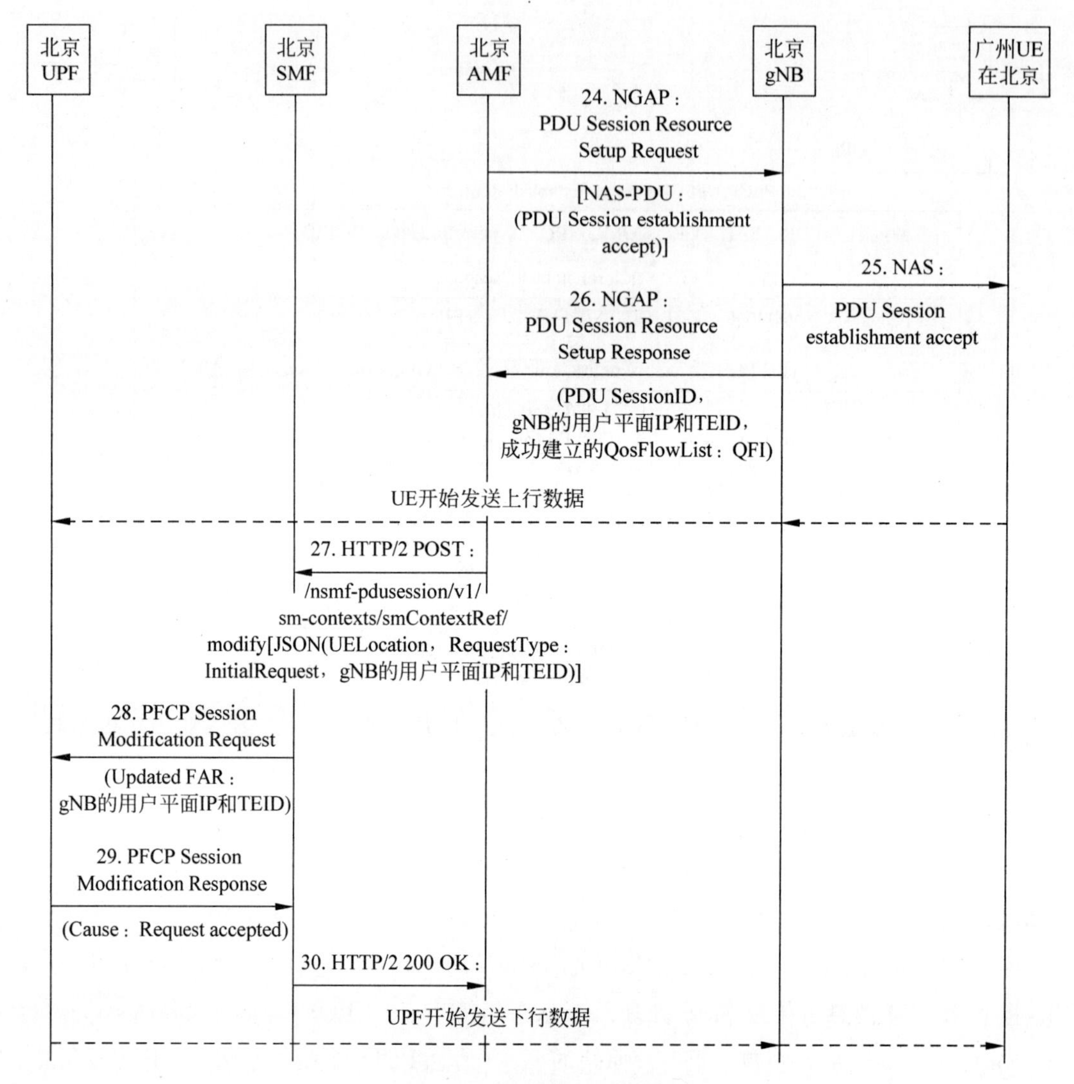

图 3-31 PDU 会话建立流程实战(4)

应的 PDU 会话 ID 和 DNN 等)都登记在 UDM 中。广州 UDM 返回 201 Created 表示登记成功。

第 9 步和第 10 步：北京 SMF 从广州 UDM 获取 sm-data，即会话管理相关的签约数据。SMF 调用 UDM 的 Nudm-sdm 服务，消息是 HTTP/2 GET：/nudm-sdm/v1/SUPI/sm-data，并提供 DNN、S-NSSAI 及用户的 SUPI 给 UDM 参考，UDM 返回 200 OK 响应并包含 UE 的 sm-data 签约数据。会话管理签约数据包括签约的 DNN、签约的 SSC 模式、签约的 PDU 会话类型、SessionAMBR 限制、DNN 所关联的缺省 5G QoS 等参数。

第 11 步和第 12 步：北京 SMF 向广州 UDM 订阅 sm-data 签约数据的变更事件，订阅成功后,如果UDM侧的sm-data发生变化,则UDM将立即通知北京SMF。订阅消息是HTTP/2 POST:/nudm-sdm/v1/SUPI/sdm-subscriptions。主要参数包括监控的资源URL、SMF接收通知的回调地址(callbackUri)。UDM创建好订阅关系后回复201 Created。

第13步:北京SMF给北京AMF返回201 Created。这是对第4步的响应,表示UE的SM上下文已经创建。

第14步:北京SMF需判断是否需要选择新的PCF,通过检查PDU会话建立请求中的request type是否等于Existing PDU Session,如果是,则复用与AMF相同的PCF。本例场景取值是initial request,所以SMF需要选择一个新的PCF。同时,SMF还需要检查第4步中AMF是否提供了自己所选择的PCF标识。站在规范角度看,SMF可以选择和AMF相同的PCF,也可以选择不相同的PCF。具体由运营商决定。

第15步和第16步:北京SMF调用北京NRF的nnrf-disc服务发起PCF的选择。PCF的主要选择原则可根据切片标识、DNN、用户的SUPI选择。北京NRF返回200 OK响应,包括归属地广州PCF的详细信息。

第17步:北京SMF请求归属地广州PCF提供sm-policy,即会话管理的管控策略。消息是HTTP/2 POST:/npcf-smpolicycontrol/v1/sm-policies。主要参数有SUPI、PDU会话标识、DNN、SMF为UE分配的IP地址、用户位置信息、签约的sessionAMBR、签约的缺省QoS、SMF接收策略变更通知的Uri(smPoliciesUpdateNotificationUri)等参数。

第18步:广州PCF返回201 Created并包含sm-policy。PCF授权的会话管理策略中的参数可以和签约的缺省QoS相同,也可以不同,即PCF提供的授权QoS参数要比签约QoS优先级更高,PCF可根据实时的用户位置信息、当前时间、用户等级等信息来动态决定所需的QoS。会话管理策略中的主要参数包括授权的session-AMBR(authSessAmbr参数)和授权的缺省QoS(authDefaultQos参数)。

第19步:北京SMF根据UE的当前位置信息、UE请求的DNN、UE签约的DNN等参数并结合本地配置选择一个北京UPF。

第20步:北京SMF向选中的北京UPF发起N4接口会话建立,并下发各种管控规则。对应的消息是PFCP Session Establish Request,主要参数包括PDR、FAR、URR、QER、PDU会话类型、SMF的节点标识、F-SEID等。

第21步:北京UPF根据SMF下发的各种规则完成对用户面报文的处理,并给SMF返回N4会话响应。消息是PFCP Session Establish Response,主要参数有UPF侧分配的N3接口地址和TEID,Created PDR(已经创建成功的包检测规则)、UPF侧的节点标识、原因值等。

第 22 步：北京 SMF 调用北京 AMF 的 namf-comm 服务，请求 AMF 透传 N1 消息 PDU 会话建立接收给 UE、透传 N2 消息 PDU 会话资源建立请求(PDU Session Resource Setup Request)给 gNB。对应的消息是 HTTP/2 POST:/namf-comm/v1/ue-contexts/SUPI/n1-n2-messages，其中 N2 消息主要参数包括 PDU 会话标识、QFI、UPF 侧 N3 接口隧道地址和 TEID、允许的 S-NSSAI、QoS 流级的 QoS 参数、PDU 会话类型等。N1 消息主要参数包括网络侧授权的 QoS 规则、为 UE 选择的 SSC 模式、DNN、分配给 UE 的 IP 地址、PDU 会话类型、Session-AMBR、缺省 QoS 规则、允许的 S-NSSAI 等参数。

第 23 步：北京 AMF 返回 200 OK 响应并携带原因值 N1_N2_TRANSFER_INITIATED，表示已经开始转发 N1 和 N2 消息。

第 24 步：北京 AMF 给北京 gNB 透传 N2 消息 PDU 会话资源建立请求，请求 gNB 分配 PDU 会话所需资源和创建关联的 QoS 流。N2 消息中还封装了发给 UE 的 NAS 消息 PDU 会话建立接收。

第 25 步：gNB 从 N2 消息中提取出 NAS 消息 PDU 会话建立接收并转发给 UE，并按照 SMF 的要求分配 PDU 会话和 QoS 流所需资源。

第 26 步：gNB 给 AMF 返回 N2 消息 PDU 会话资源建立响应，主要参数包括 gNB 侧成功建立的 QoS 流列表及 gNB 侧分配的 N3 接口地址和 TEID，该地址信息在后续的步骤中会传给 UPF，用于下行数据的发送。

第 26 步完成后，上行方向用户面通道已经打通。上行数据可以开始转发，转发路径是 UE→gNB→UPF→Internet。

第 27 步：北京 AMF 调用 SMF 的 Nsmf_PDUSession_UpdateSMContext Request 服务操作请求 SMF 更新 SM 上下文，将从 gNB 收到的 N2 消息透传给 SMF，对应的消息是 HTTP/2 POST:/nsmf-pdusession/v1/sm-contexts/smContextRef/modify。

第 28 步：北京 SMF 发起 N4 会话修改并更新 FAR，将 gNB 侧 N3 接口地址和 TEID 发送给 UPF。

第 29 步：北京 UPF 返回 N4 会话修改响应，并携带原因值参数 Request accepted。

第 30 步：北京 SMF 给北京 AMF 返回 200 OK 响应(对第 27 步的响应)，表示 SM 上下文已经更新完成。

第 30 步完成后，下行方向用户面通道也已经打通。下行数据可以开始转发，转发路径是 Internet→UPF→gNB→UE。

3.2.2 PDU 会话修改流程

本节介绍的是 23502 的 4.3.3 PDU Session Modification 流程，翻译为 PDU 会话修改

流程,并分为非国际漫游和国际漫游场景。本节介绍的是较为常见的非国际漫游场景下的PDU 会话修改流程。

1. 相关的重要知识点

问题 3-18：PDU 会话修改流程由谁发起？这个流程的用途是什么？

答案 3-18：PDU 会话修改流程可以由 UE 发起,也可以由网络侧发起,其中由 UE 发起的 PDU 会话修改用途有 a～h 共 8 种场景,较为常见的场景或用途是请求特定的 QoS 待遇及对业务数据流的差异化处理,规范原文是 to request specific QoS handling and segregation of service data flows。网络侧发起的主要场景或用途是用于修改已经建立的PDU 会话属性,例如建立新的 QoS 流或对已有的 QoS 流属性进行修改。

最典型的例子就是 VoNR 呼叫场景,网络侧发起的 PDU 会话修改流程,为 VoNR 音频或者视频业务建立专有 QoS 流,实现高清语音质量保障。

问题 3-19：网络侧发起的 PDU 会话修改流程,这里的网络侧都包括哪些网元？

答案 3-19：网络侧包括 PCF、UDM 和 SMF,它们都可以发起 PDU 会话修改流程,如图 3-32 所示。

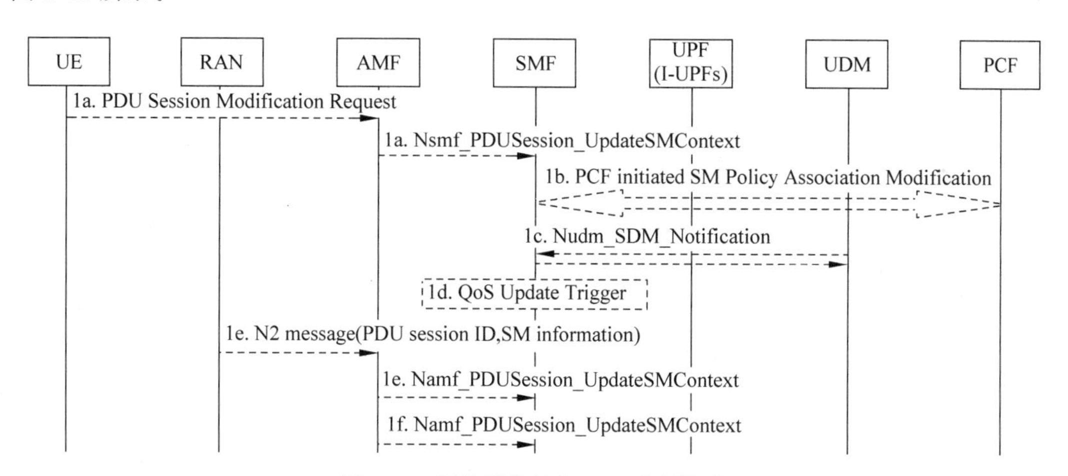

图 3-32　网络侧发起的 PDU 会话修改

(1) UE 发送 PDU 会话修改请求,请求修改 QoS。对应图 3-32 的 1a。

(2) PCF 下发更新的 QoS 策略(如超量限速策略)。对应图 3-32 的 1b。

(3) UDM 中签约 QoS 变更触发。对应图 3-32 的 1c。

(4) SMF 根据本地配置或收到 RAN 的指示决定修改会话。对应图 3-32 的 1d 和 1e。

(5) 增强覆盖(Enhanced Coverage)场景下,AMF 请求更新 NAS-SM 计时器发起本流程。对应图 3-32 的 1f。

问题 3-20：PDU 会话修改流程中的各网元都是哪里的？

答案 3-20：PDU 会话建立流程完成之后，如果用户位置不发生移动，则服务的网元通常是锚定的，因此 PDU 会话修改流程中的网元和 PDU 会话建立流程中的网元一致，即 gNB、AMF、NRF 位于拜访地，UDM、数据业务 PCF 位于归属地。

2. 规范中的原版流程简介

规范中的流程原图来自 4.3.3.2.1-1 UE or network requested PDU Session Modification (for non-roaming and roaming with local breakout)，翻译为非国际漫游，或者国际漫游但采用拜访地本地分流场景的 PDU 会话修改流程，如图 3-33 所示。

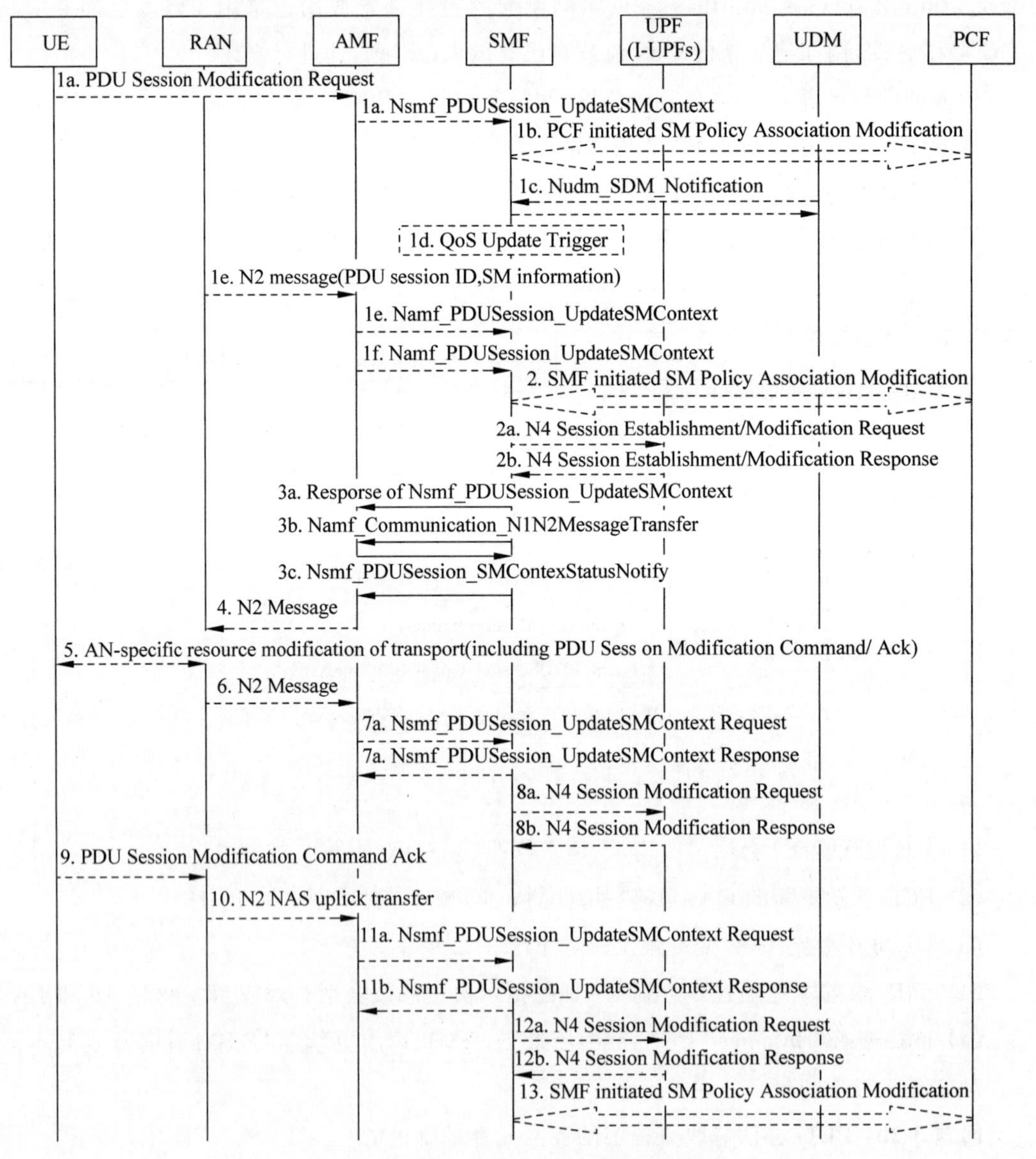

图 3-33 规范中的 PDU 会话修改流程

第1步：描述不同的触发场景，包括1a～1f共6种场景，分别由UE、PCF、UDM、SMF、AMF、gNB发起或触发。

第2步：SMF向PCF报告PDU会话状态（如UE位置信息），请求PCF更新sm-policy。

第2a步和第2b步：（可选，R16新特性）仅针对有冗余保护的PDU会话场景触发，SMF发起N4会话的修改，用于指示UPF激活PDU会话冗余保护或者执行包的复制等操作。

第3a步：如果是UE发起的，则SMF需发送响应Nsmf_PDUSession_UpdateSMContext Response，该响应包含NAS消息PDU会话修改命令，用于通知UE进行PDU会话的修改，并下发相关的QoS参数，如Session-AMBR、5QI等。

第3b步：如果是由SMF发起的，则SMF调用Namf_Communication_N1N2MessageTransfer服务操作，请求AMF透传NAS消息PDU会话修改命令给UE。

第3c步：如果是SMF需要为AMF提供核心网辅助的RAN调优参数（CN assisted RAN parameters tuning），则SMF调用Nsmf_PDUSession_SMContextStatusNotify服务操作。

第4步：AMF透传NAS消息给UE，并同时请求gNB对PDU会话资源进行修改。

第5步：gNB通过空口的RRC重配置流程对PDU会话空口资源进行重新分配和调整。

第6步：gNB完成修改后发送N2响应给AMF，表示PDU会话资源修改完成。

第7步：AMF调用SMF的Nsmf_PDUSession_UpdateSMContext服务操作，将从gNB收到的N2响应透传给SMF，SMF返回200 OK响应。

第8步（8a和8b）：SMF可能需要发起N4会话的修改，例如对新增加的QoS流进行开门操作，即允许UPF转发新建立的QoS流的流量。

第9步：UE返回NAS消息PDU会话修改完成，表示UE侧的PDU会话已经修改完成。

第10步：gNB将NAS-SM消息透传给AMF。

第11步：AMF调用SMF的Nsmf_PDUSession_UpdateSMContext服务操作，将从gNB收到的NAS-SM消息透传给SMF。SMF返回200 OK响应。

第12步（12a和12b）：SMF可能需要发起N4会话的修改，例如针对Ethernet的PDU会话类型时，SMF通知UPF增加或移除Ethernet Packet Filter Set和转发规则。

第13步：如果此前的步骤PCF下发了新的PCC规则，则SMF需要通知PCF新的PCC规则是否得到了执行或者无法执行（例如空口资源不足等原因）。

3. 信令流程实战（UE发起）

本节网络拓扑与3.2.1节的PDU会话建立流程相同。场景假设说明如下。

（1）UE已经建立了一个PDU会话，网络侧分配了默认的QoS参数5QI=9。

（2）此时UE单击了某个特定App，触发了PDU会话修改流程，请求网络侧对QoS进行调整，将5QI提升为8。

接下来结合场景来看具体的 PDU 会话修改流程，如图 3-34 和图 3-35 所示。

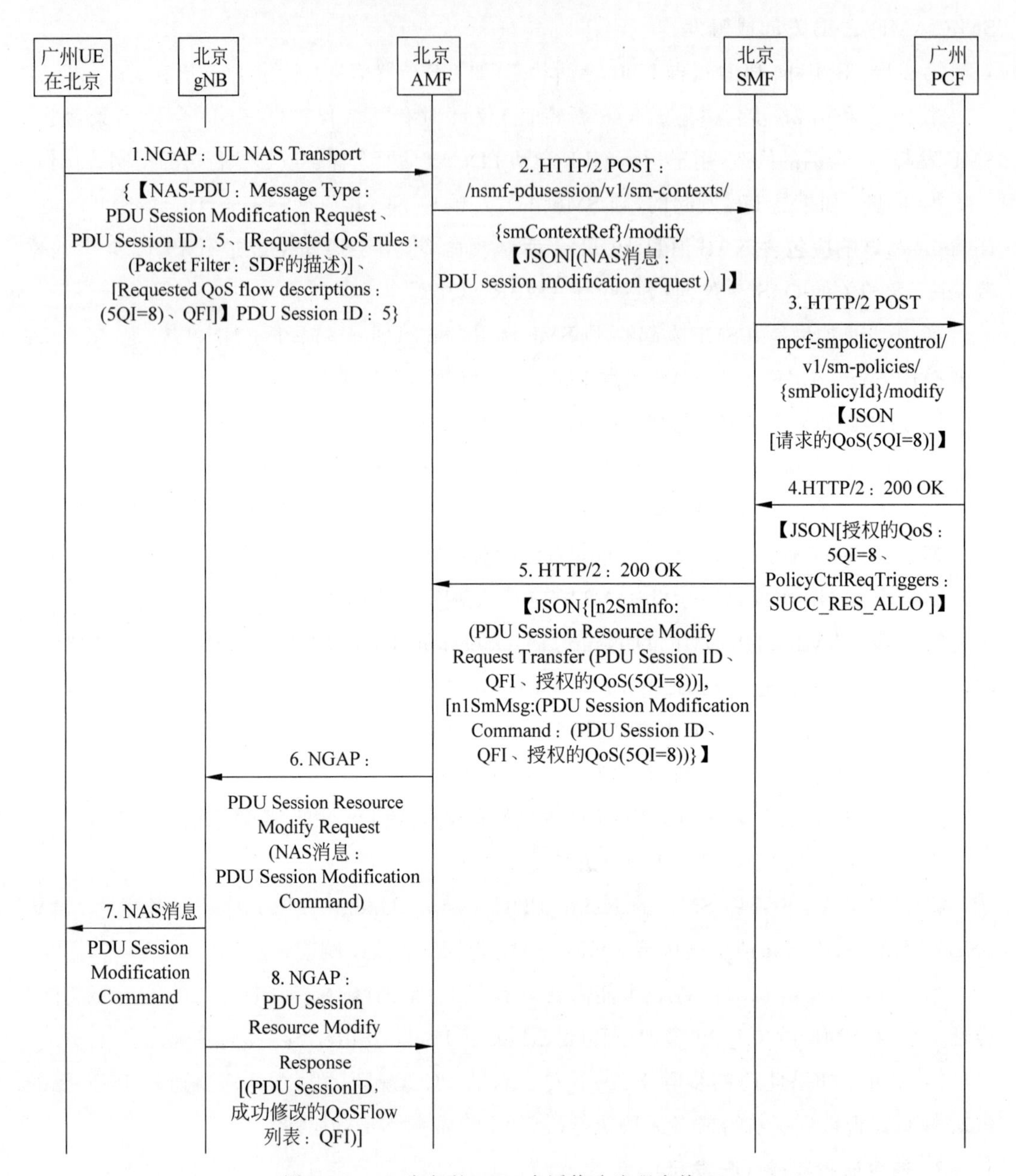

图 3-34　UE 发起的 PDU 会话修改流程实战(1)

第 1 步：广州 UE 发送 NAS 消息 PDU 会话修改请求，被封装在 N1 SM container 参数中，由 AMF 透传给 SMF 处理，主要参数如下。

(1) PDU Session ID：PDU 会话标识。报文中会看到两个 PDU 会话标识，其中 NAS-PDU

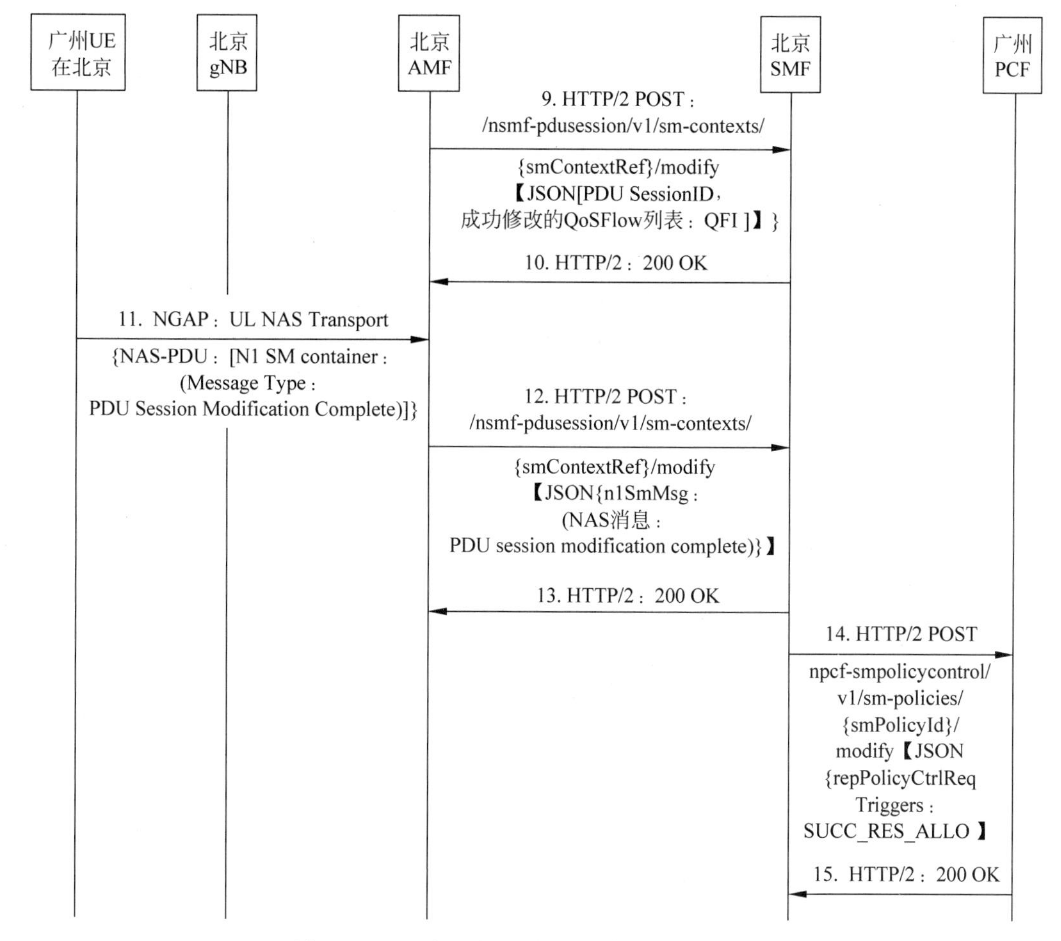

图 3-35 UE 发起的 PDU 会话修改流程实战(2)

中的 PDU 会话标识是透传发给 SMF 的，NAS-PDU 外面的 PDU 会话标识是发送给 AMF 的。这样 AMF 无须解封装 NAS 消息，也能和 PDU 会话进行关联，从而找到对应的 SMF。

(2) 请求的 QoS 规则对该 App 产生的业务数据流的描述信息。

(3) 请求的 QoS 流的描述：对 QoS 流的描述信息，本例的主要参数是 5QI＝8。

gNB 从空口收到后，将 NAS 消息封装到 N2 消息 Uplink NAS Transport 中，并且加上 N2 参数用户当前位置信息后，发送给北京 AMF。

第 2 步：北京 AMF 调用 SMF 的 Nsmf_PDUSession_UpdateSMContext Request 服务操作，请求 SMF 更新 SM 上下文，把 NAS-SM 消息透传给 SMF 处理。

注意：这里是 update 操作，因为 SM 上下文在 PDU 会话建立流程中已经创建了。由于 AMF 已经登记过 SMF 的地址，所以本步骤 AMF 无须向 NRF 查询 SMF 的地址，并且必须保证 PDU 会话修改和建立流程中的 SMF 是同一个。

第3步：北京SMF无权决定QoS待遇是否可以提升，需请求PCF完成授权。北京SMF调用广州PCF的npcf-smpolicycontrol服务操作请求授权，消息是HTTP/2 POST npcf-smpolicycontrol/v1/sm-policies/{smPolicyId}/modify，主要参数包括请求的QoS参数，即5QI=8。

第4步：广州PCF授权通过，允许UE将某App的流量的QoS待遇提升到5QI=8。广州PCF返回200 OK响应，主要参数包括授权的QoS(5QI=8)、PolicyCtrlReqTriggers(策略控制触发器)参数取值为SUCC_RES_ALLO(表示当SMF成功完成资源分配后，需要给PCF发送报告。PCF可根据报告来决定是否做后续策略的调整)。

第5步：北京SMF给北京AMF返回200 OK响应，请求AMF分别给gNB透传N2消息PDU会话资源修改请求，以及给UE透传NAS消息PDU会话修改命令。N1和N2消息中均包含了授权的QoS、QFI、PDU会话标识等参数。

第6步：北京AMF给gNB透传N2消息PDU会话资源修改请求，要求gNB对PDU会话的资源进行修改，将5QI调整为8。同时将NAS消息也封装在N2消息中。

第7步：gNB从N2消息中提取出NAS消息，将NAS消息PDU会话修改命令通过空口发送给UE。

第8步：当gNB完成PDU会话资源修改后需要给AMF返回N2消息PDU会话资源修改响应。主要参数包括PDU会话标识和成功修改的QoS流列表等参数。

第9步：北京AMF调用SMF的Nsmf_PDUSession_UpdateSMContext Request服务操作请求SMF更新SM上下文，用于通知SMF该PDU会话的资源修改已经成功完成。对应的消息是HTTP/2 POST:/nsmf-pdusession/v1/sm-contexts/{smContextRef}/modify，主要参数有PDU会话标识、成功修改的QoS流列表等。

第10步：北京SMF返回200 OK响应。

第11步：UE侧回复NAS消息PDU会话修改完成给AMF，表明UE已完成对本次PDU会话资源修改的确认，并保存好了网络侧下发的参数。

第12步：北京AMF再次调用SMF的Nsmf_PDUSession_UpdateSMContext Request服务操作，将NAS消息透传给SMF。

第13步：北京SMF返回200 OK响应。

第14步：UE和gNB都已经进行了确认，表示PDU会话资源修改已经全部完成。根据PCF的要求，SMF需要向PCF报告完成状态。北京SMF调用PCF的npcf-smpolicycontrol服务操作向PCF进行报告，并指明报告的原因是成功完成资源分配(repPolicyCtrlReqTriggers参数取值为SUCC_RES_ALLO)。

第15步：广州PCF返回200 OK响应。

4. 信令流程实战(网络侧发起)

场景假设说明:

(1) UE 已经建立了 PDU 会话并且正在上网。

(2) UE 使用的累计流量超出网络侧所配置的门限值触发了网络侧的限速,网络侧将 MBR 限制为 10Mb/s,因此本场景可以理解为是由 PCF 发起的,如图 3-36 和图 3-37 所示。

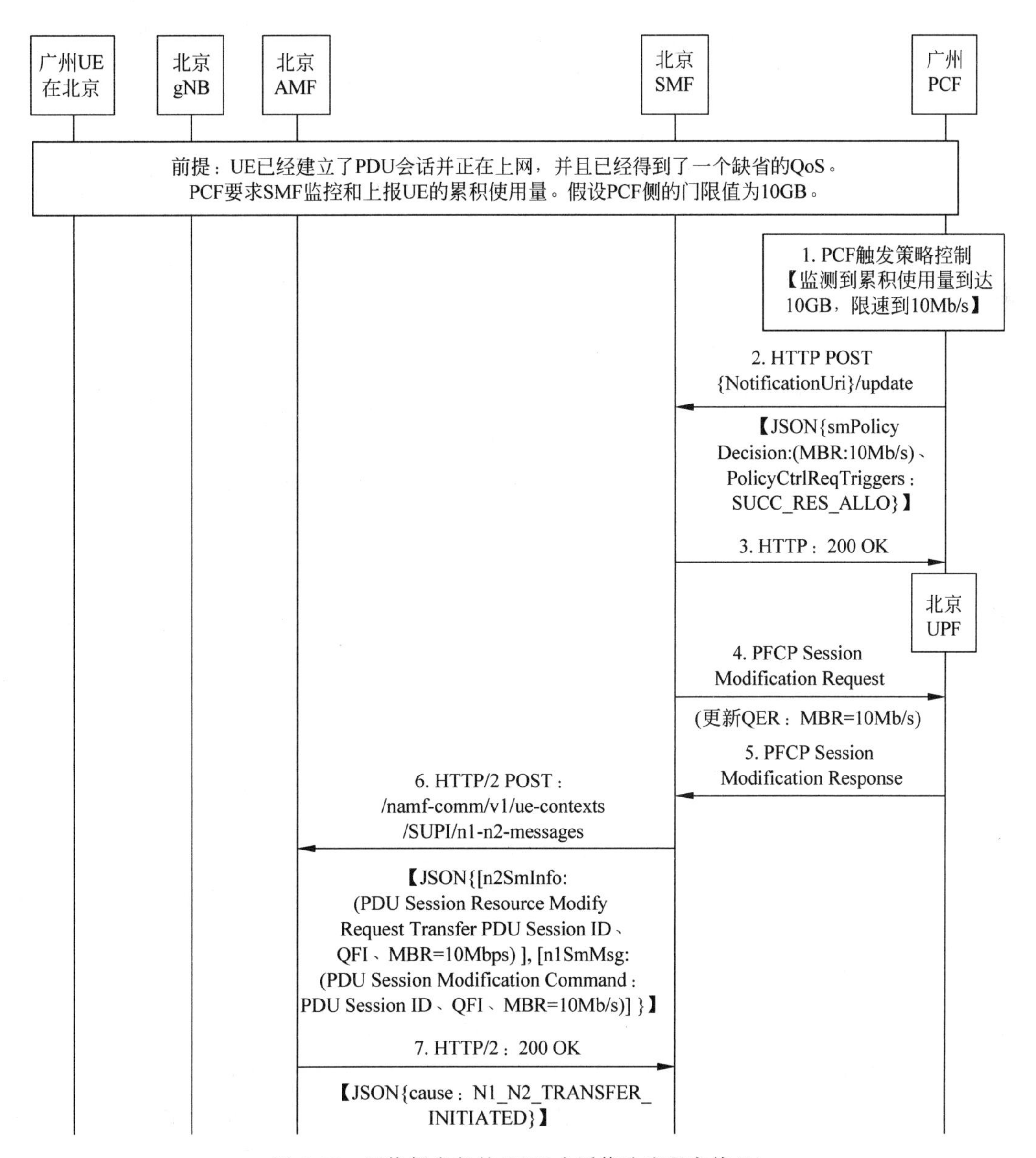

图 3-36　网络侧发起的 PDU 会话修改流程实战(1)

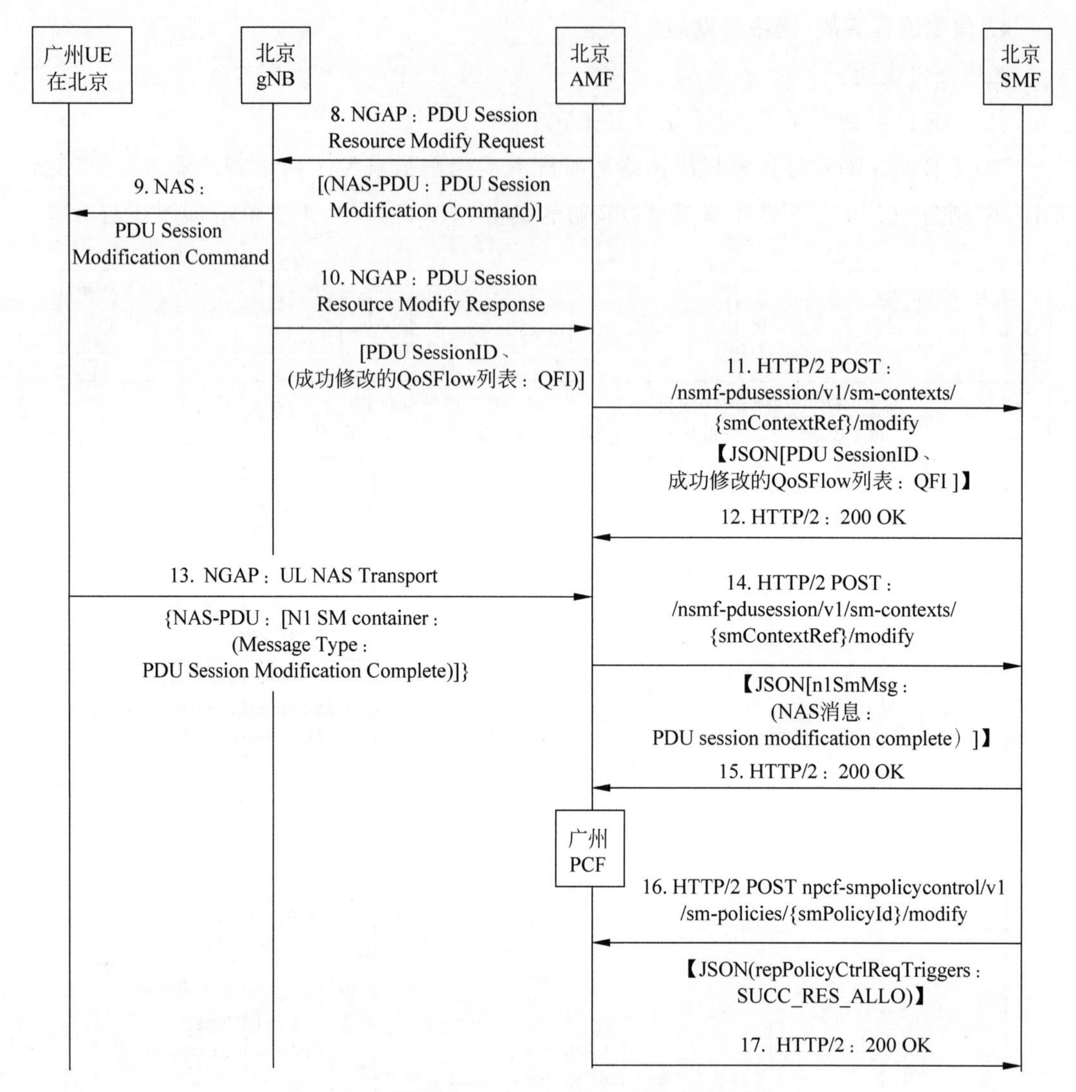

图 3-37　网络侧发起的 PDU 会话修改流程实战(2)

第 1 步：广州 PCF 根据 SMF 提供的累积使用量报告，监测到 UE 的累积使用量已经达到配置的门限值 10GB，触发限速。广州 PCF 要求将速率限制为 10Mb/s。

第 2 步：广州 PCF 给北京 SMF 发送通知，下发更新的会话管理策略。对应的消息是 HTTP POST {NotificationUri}/update，主要参数包括 MBR 为 10Mb/s，其中，SMF 用于接收通知的 NotificationUri 是由 SMF 在 PDU 会话建立流程中分配的。

第 3 步：北京 SMF 返回 200 OK 响应。

第 4 步：北京 SMF 向北京 UPF 发起 N4 会话修改更新 QER，将 MBR 修改为 10Mb/s。

第5步：北京UPF更新完成，返回N4会话修改响应。

第6步：北京SMF调用北京AMF的namf-comm服务，请求AMF透传N1和N2消息，对应的消息是HTTP/2 POST：/namf-comm/v1/ue-contexts/SUPI/n1-n2-messages，JSON参数部分主要包括需要透传给gNB的N2消息PDU会话资源修改请求和需要透传给UE的NAS消息PDU会话修改命令。N1和N2消息中均包含了PDU会话标识、QFI和需要更新的MBR参数。

第7步：北京AMF返回200 OK响应，并携带原因值N1_N2_TRANSFER_INITIATED，表示已经发起N1和N2消息的透传。

第8步：北京AMF给gNB透传N2消息PDU会话资源修改请求，要求gNB对PDU会话资源进行修改，即将MBR调整为10Mb/s。同时将NAS消息PDU会话修改命令也封装在N2消息中。

第9步：gNB从N2消息中提取出NAS消息，将NAS消息通过空口发给UE。

第10步：当gNB完成PDU会话资源修改后需要给AMF返回N2消息PDU会话资源修改响应。主要参数包括PDU会话标识、成功修改的QoS流列表等。

第11步：北京AMF调用SMF的Nsmf_PDUSession_UpdateSMContext Request服务操作，请求SMF更新SM上下文，用于通知SMF该PDU会话的资源修改已经成功完成。对应的消息是HTTP/2 POST：/nsmf-pdusession/v1/sm-contexts/{smContextRef}/modify，主要参数有PDU会话标识、成功修改的QoS流列表等。

第12步：北京SMF返回200 OK响应。

第13步：UE侧也回复了NAS消息PDU会话修改完成给AMF，表示UE已完成对本次PDU会话资源修改的确认，并保存好了网络侧下发的参数。

第14步：北京AMF再次调用SMF的Nsmf_PDUSession_UpdateSMContext Request服务操作，将NAS消息透传给SMF。

第15步：北京SMF返回200 OK响应。

第16步：UE和gNB都已经进行了确认，表示PDU会话资源修改已经全部完成。根据PCF的要求，SMF需要向PCF报告完成状态。北京SMF调用PCF的npcf-smpolicycontrol服务操作向PCF进行报告，并指明报告的原因是成功完成资源分配（repPolicyCtrlReqTriggers参数取值为SUCC_RES_ALLO）。

第17步：广州PCF返回200 OK响应。

3.2.3　PDU会话释放流程

本节介绍的是23502的4.3.4 PDU Session Release流程，翻译为PDU会话释放流程，并分为非国际漫游和国际漫游场景。本节介绍的是较为常见的非国际漫游场景下的PDU会话释放流程。

1. 相关的重要知识点

问题 3-21：PDU会话释放流程的主要作用是什么？

答案 3-21：23502明确提到PDU会话释放流程的主要作用是释放PDU会话的相关资源。这些资源包括分配给UE的IP地址、UPF侧用户面资源、接入侧的用户面资源(如DRB等)。释放后相应的资源将被回收并可分配给其他的UE。

问题 3-22：PDU会话释放流程可以由谁发起？有哪些主要触发场景？

答案 3-22：PDU会话释放流程可以由UE发起，也可以由网络侧发起，其中网络侧发起主要是指可以由AMF、SMF、PCF来发起。例如SMF检测到UE已经离开了LADN服务区域从而触发了PDU会话的释放。

UE发起PDU会话释放则可以通过AT指令集实现，或取决于终端厂家是否有开关来触发。由于商用网络大多数为运营商定制手机，因此需要遵循运营商5G终端规范。针对定制终端来讲，如果UE已经建立了internet和ims两个DNN的PDU会话，即使用户此时将手机中的"高清通话"开关关闭，也会发起ims DNN的PDU会话释放。

问题 3-23：PDU会话释放流程中的各网元都是哪里的？

答案 3-23：PDU会话建立流程完成之后，如果用户位置不发生移动，则服务的网元通常是锚定的，因此PDU会话释放流程中的网元和PDU会话建立流程中的网元一致，即gNB、AMF、NRF位于拜访地，UDM、数据业务PCF位于归属地。

2. 规范中的原版流程简介

规范中流程原图来自4.3.4.2.1-1 UE or network requested PDU Session Release (for non-roaming and roaming with local breakout)，翻译为非国际漫游，或者国际漫游但采用拜访地本地分流场景的PDU会话释放流程，如图3-38所示。

第1步：描述不同的触发场景，包括1a～1f共6种场景。6种场景不会同时发生，同一时刻只能六选一。不同的场景决定了后续的步骤不同，其中UE发起的场景是1a，UE发送NAS消息PDU会话释放请求给AMF。AMF则需要将NAS消息透传给SMF处理。1b～1f为网络侧触发的场景。

第2a步和第2b步：SMF发起N4会话释放流程，要求UPF释放用户面资源。

第3步：如果是由PCF或SMF发起的本流程且SMF从AMF收到UE不可达的通知(例如，周期性注册更新失败、MICO模式省电状态等)，则第4～10步跳过，直接到第11步；而如果是由1a/1b/1d或1e触发的，则SMF发送NAS消息PDU会话释放命令，包含PDU会话标识参数和原因值，原因值可以触发PDU会话重建。例如SSC模式变更场景。

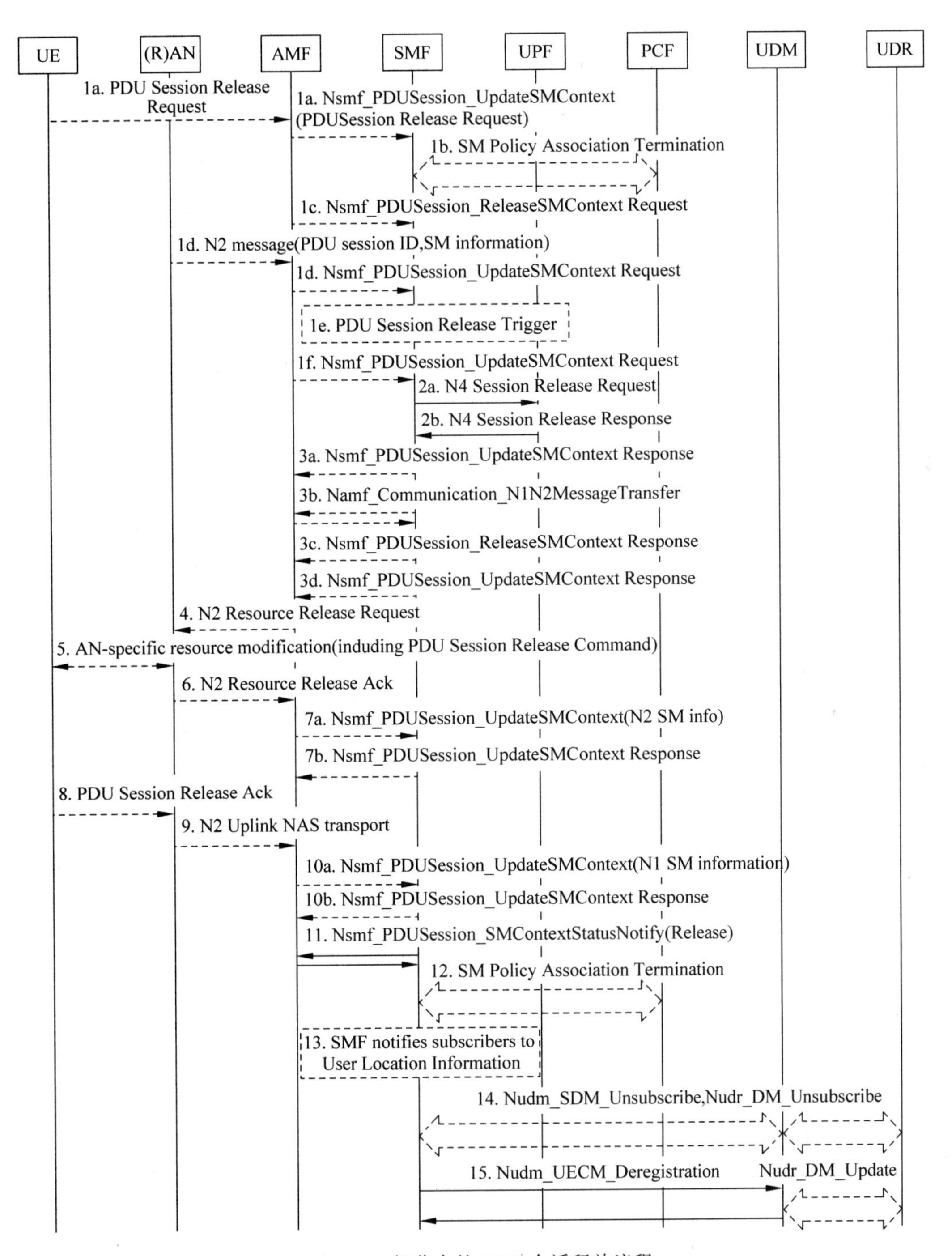

图 3-38　规范中的 PDU 会话释放流程

如果PDU会话用户面连接是激活的，则SMF给AMF发的消息应包含N2接口会话管理资源释放请求；如果用户面连接没有激活，则无须发送。

第3a步：如果是1a和1d场景，则SMF给AMF回响应Nsmf_PDUSession_UpdateSMContext response，包括N2消息会话管理资源释放请求和NAS消息PDU会话释放命令。

第3b步：如果是由SMF或PCF发起的，则SMF调用Namf_Communication_N1N2MessageTransfer服务操作，透传NAS消息PDU会话释放命令，并携带skip indicator（跳过指示）参数，该参数用于通知AMF；如果UE是在CM-IDLE态，则AMF可以跳过NAS消息的发送（SSC模式2变更PSA场景除外），AMF需返回Namf_Communication_N1N2MessageTransfer Response响应消息，并携带参数N1 SM Message Not Transferred（未传送的NAS消息）给SMF。同时跳过第4～10步。

第3c步：如果是1c场景，则SMF从AMF收到了Nsmf_PDUSession_ReleaseSMContext Request后，SMF回复Nsmf_PDUSession_ReleaseSMContext Response。

第3d步：如果是1f场景，则SMF从AMF收到Nsmf_PDUSession_UpdateSMContext Request后，SMF需回复Nsmf_PDUSession_UpdateSMContext Response并可包含NAS消息PDU会话释放命令来释放UE侧的PDU会话。

第4步：如果UE在CM-IDLE态且没有收到N1 SM delivery can be skipped指示，则AMF发起"网络侧请求的Service Request流程"，包括NAS消息PDU Session Release Command和需要释放的PDU会话ID和原因值给UE，同时跳过第6步和第7步。

如果第3步从SMF收到的消息不包含N2 SM Resource Release请求，则AMF把NAS消息传给UE，同时跳过第6步和第7步。

第5步：gNB从AMF收到了请求释放PDU会话资源的N2消息后，发起接入侧的信令来释放空口相关的资源。同时把NAS消息封装到RRC中透传给UE。

第6步：gNB释放资源完成后，给AMF返回N2 SM Resource Release Ack。

第7a步：AMF调用Nsmf_PDUSession_UpdateSMContext服务操作，把从gNB收到的N2消息透传给SMF。

第7b步：SMF该AMF返回Nsmf_PDUSession_UpdateSMContext Response。

第8步：UE释放完PDU会话后，发送NAS消息PDU会话释放确认，用于确认PDU会话已经成功释放。

第9步：gNB把NAS消息封装在N2消息中透传给AMF。

第10a步：AMF再次调用Nsmf_PDUSession_UpdateSMContext服务操作，将NAS消息透传给SMF。

第10b步：SMF该AMF返回Nsmf_PDUSession_UpdateSMContext响应。

（第8～10步可以发生在第6步和第7步之前。）

第11步：如果前面执行了3a、3b或3d步骤，则SMF有必要等待针对第3步的N1和N2消息的响应。

第12步：SMF发起SM Policy Association Termination流程，释放和PCF的关联。

第13步：SMF检查订阅关系，如果有某个网元订阅了关于PDU会话变化信息，则SMF要通知该网元。

第14步：如果这是UE的最后一个和DNN/S-NSSAI关联的PDU会话，则SMF要向UDM发起sm-data签约数据的去订阅请求，去订阅请求消息需要提供SUPI、DNN、S-NSSAI及去订阅的签约数据类型。

第15步：SMF调用Nudm_UECM_Deregistration服务向UDM发起去注册请求，并提供DNN和PDU会话标识。UDM移除SMF标识、DNN、PDU会话标识的关联。如果部署了UDR网元，则UDM还需要通知UDR进行更新。

3. 信令流程实战（UE发起）

本节网络拓扑与3.2.1节PDU会话建立流程一致。下面结合该场景来看具体的PDU会话释放流程，如图3-39～图3-41所示。

第1步：广州UE发送NAS消息PDU会话释放请求，被封装在N1 SM container参数中，由AMF透传给SMF处理，主要参数如下。

PDU Session ID：PDU会话标识。报文中会看到两个PDU会话标识，其中NAS-PDU中的PDU会话标识是透传给SMF的，NAS-PDU外面的PDU会话标识是发送给AMF的。这样，AMF无须解封装NAS消息也能和PDU会话进行关联，并找到对应的SMF。

gNB从空口收到后将NAS消息封装到N2消息Uplink NAS Transport中，并且加上N2参数用户当前位置信息后，发送给北京AMF。

第2步：北京AMF调用SMF的Nsmf_PDUSession_UpdateSMContext Request服务操作，请求SMF更新SM上下文，目的是把UE的NAS-SM消息透传给SMF处理。

第3步：北京SMF发起N4会话释放，消息是PFCP Session Deletion Request。

第4步：北京UPF收到后释放相关用户面资源，回复PFCP Session Deletion Response。

第5步：北京SMF给北京AMF返回200 OK响应，携带了需透传给UE的NAS消息PDU会话释放命令和需透传给gNB的N2消息PDU会话资源释放命令及相关的PDU会话标识，用于分别请求gNB和UE释放PDU会话资源和会话管理上下文。

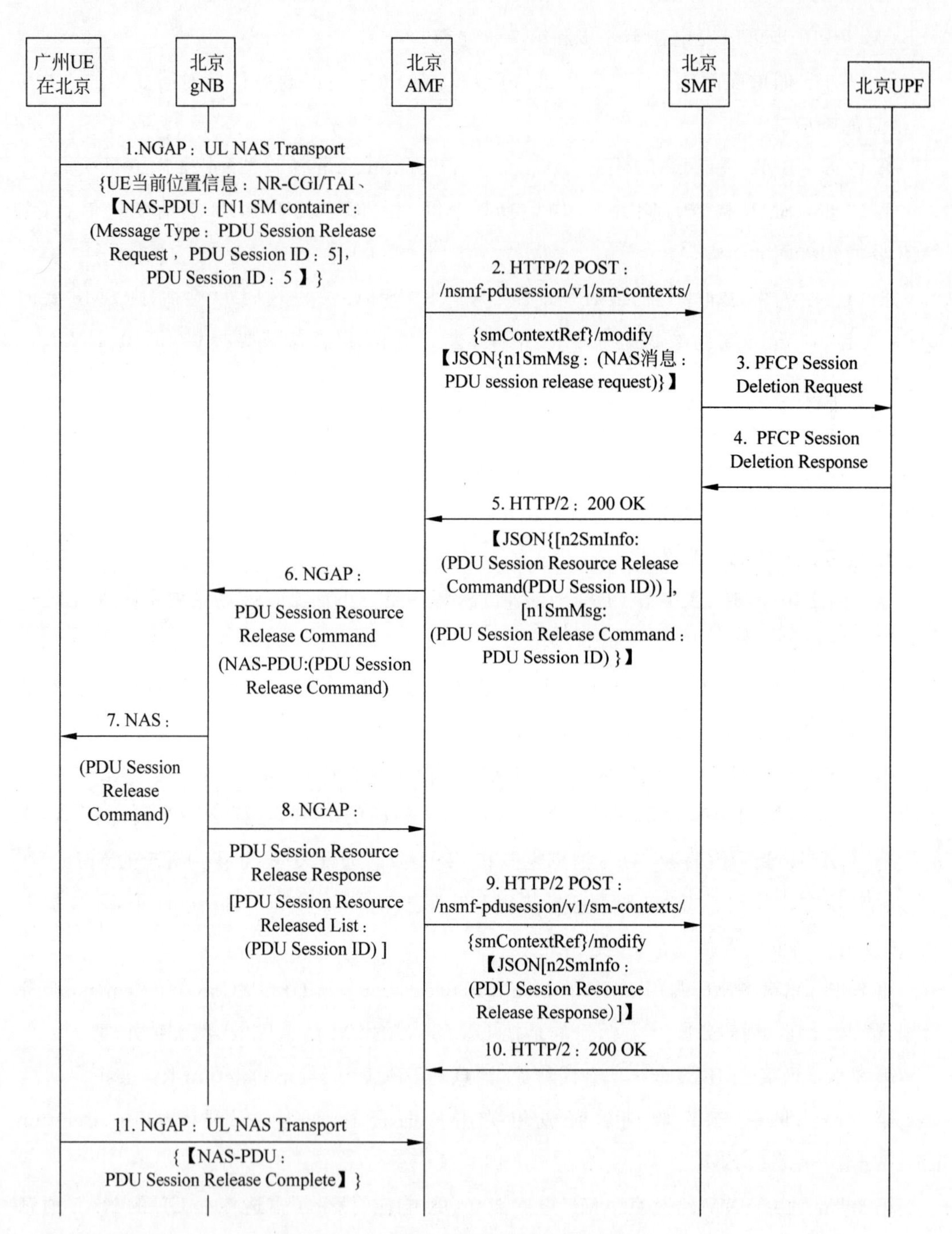

图 3-39　UE 发起 PDU 会话释放流程实战(1)

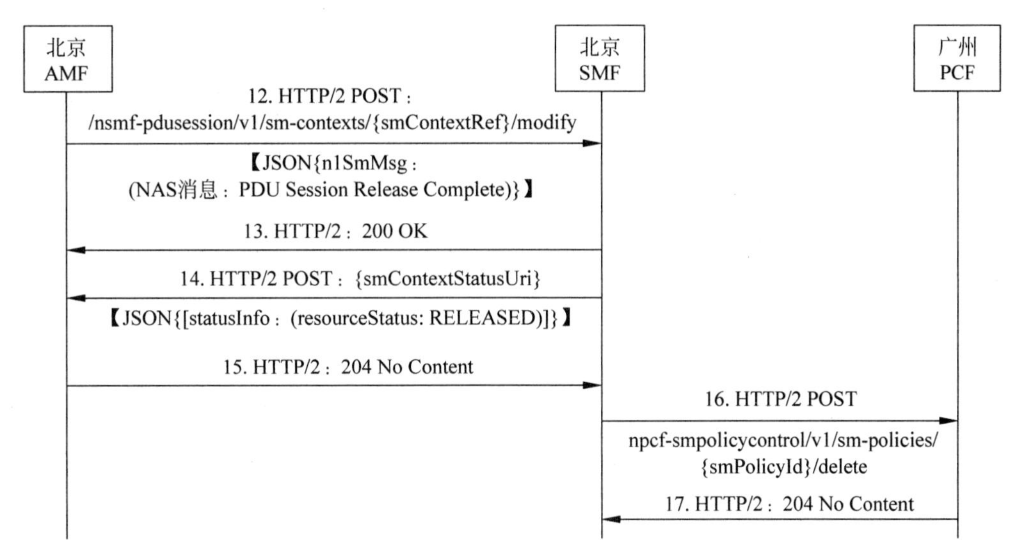

图 3-40　UE 发起 PDU 会话释放流程实战(2)

第 6 步：北京 AMF 给 gNB 透传 N2 消息 PDU 会话资源释放命令，要求 gNB 释放 PDU 会话及相关资源。同时将 NAS 消息 PDU 会话释放命令也封装在 N2 消息中。

第 7 步：gNB 从 N2 消息中提取出 NAS 消息，通过空口发给 UE。同时 gNB 释放和 PDU 会话相关的空口侧资源。

第 8 步：当 gNB 释放完成后需要给 AMF 返回 N2 消息 PDU 会话资源释放响应，主要参数包括成功释放的 PDU 会话标识。

第 9 步：北京 AMF 调用 SMF 的 Nsmf_PDUSession_UpdateSMContext Request 服务操作，将 NAS 消息透传给 SMF，并通知 SMF 该 PDU 会话及相关资源已经成功释放。消息是 HTTP/2 POST：/nsmf-pdusession/v1/sm-contexts/{smContextRef}/modify。

第 10 步：北京 SMF 给北京 AMF 返回 200 OK 响应。

第 11 步：UE 侧回复 NAS 消息 PDU 会话释放完成给 AMF，表明 UE 已释放 PDU 会话和相关上下文，例如分配给 UE 的 IP 地址在 UE 侧就被释放了。

第 12 步：北京 AMF 再次调用 SMF 的 Nsmf_PDUSession_UpdateSMContext Request 服务操作，将 NAS 消息透传给 SMF，通知 SMF 该 PDU 会话在 UE 侧已完成释放。

第 13 步：北京 SMF 给北京 AMF 返回 200 OK 响应。

第 14 步：由于 AMF 没有会话管理功能，因此当 SMF 释放完 PDU 会话后还需要通知 AMF，该 UE 的 PDU 会话已经释放。AMF 会解除 PDU 会话与 DNN、SMF 标识的关联关系。对应的消息是 HTTP/2 POST：smContextStatusUri，主要参数有 statusInfo 用于指明

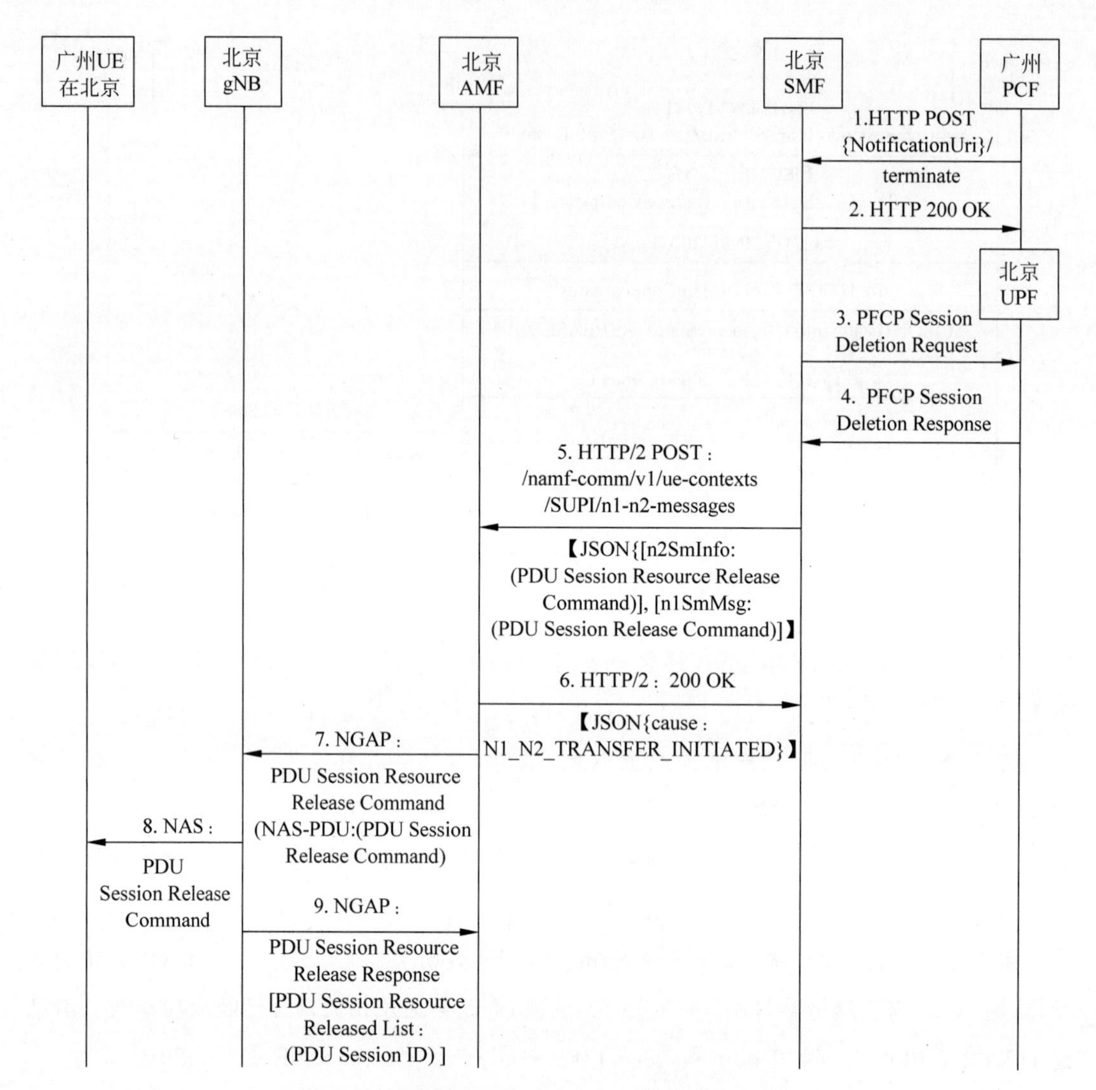

图 3-41　网络侧发起的 PDU 会话释放流程实战(1)

PDU 会话的当前状态信息，其子参数 resourceStatus 的取值为 RELEASED，表明 PDU 会话状态为已释放，其中 smContextStatusUri 是接收通知的回调地址，由 AMF 在 PDU 会话建立流程中提供给 SMF。

第 15 步：北京 AMF 给北京 SMF 返回 200 OK，并解除 PDU 会话和 SMF 的关联关系。

第 16 步：北京 SMF 调用广州 PCF 的服务，请求释放与 PCF 的策略关联。

第 17 步：广州 PCF 释放与北京 SMF 的策略关联，并返回 204 响应。

4. 信令流程实战(网络侧发起)

场景假设:某运营商为了保护用户权益,设置了每月累积使用量为50GB。当超出该值时,PCF将触发PDU会话释放流程并暂停5G业务。用户可通过短信或App联系运营商恢复,或者等次月1日自动恢复。网络侧发起的PDU会话释放流程实战如图3-41和图3-42所示。

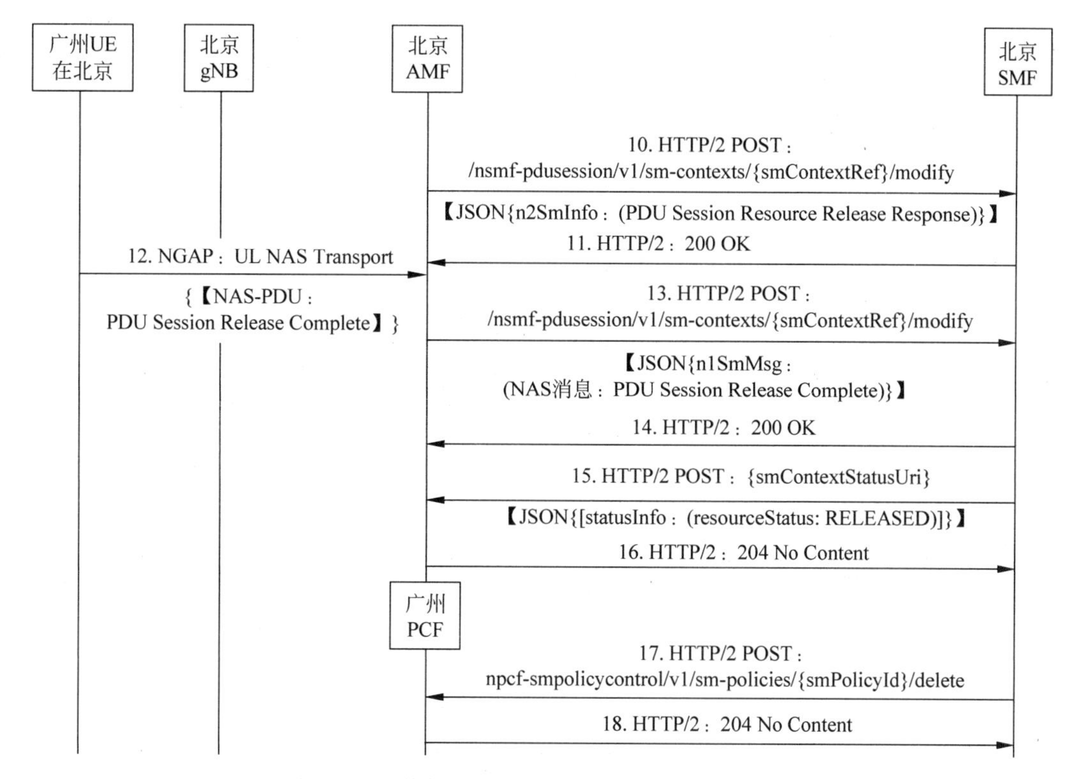

图3-42 网络侧发起的PDU会话释放流程实战(2)

第1步:广州PCF根据SMF提供的累积使用量报告,监测到UE本月累积使用量已经达到配置的门限值50GB,触发了本流程。广州PCF发送Npcf_SMPolicyControl_UpdateNotify通知SMF,要求释放PDU会话。消息是HTTP/2 POST {NotificationUri}/terminate,其中SMF用于接收通知的NotificationUri是由SMF在PDU会话建立流程中分配的。

第2步:北京SMF给广州PCF返回200 OK响应。

第3步和第4步:北京SMF发起N4会话释放流程,要求UPF释放PDU会话相关的N3接口用户面资源。

第5步:北京SMF调用北京AMF的namf-comm服务,请求AMF透传N1和N2消息，消息是 HTTP/2 POST：/namf-comm/v1/ue-contexts/SUPI/n1-n2-messages。JSON 参数部分主要包括需要透传的 N2 消息 PDU 会话资源释放命令和需要透传的 NAS 消息 PDU 会话释放命令及需要释放的 PDU 会话标识。

第 6 步：北京 AMF 给北京 SMF 返回 200 OK 响应，并携带原因值 N1_N2_TRANSFER_INITIATED。表示已经开始透传 N1 和 N2 消息。

第 7 步：北京 AMF 给 gNB 透传 N2 消息 PDU 会话资源释放命令，要求 gNB 释放 PDU 会话相关资源，同时将 NAS 消息 PDU 会话释放命令也封装在 N2 消息中。

第 8 步：gNB 从 N2 消息中提取出 NAS 消息，将 NAS 消息通过空口发给 UE。同时，gNB 侧释放和 PDU 会话相关的空口资源。

第 9 步：gNB 释放完 PDU 会话相关资源后，需要给 AMF 返回 N2 消息 PDU 会话资源释放响应，主要参数包括成功释放资源的 PDU 会话标识。

第 10 步：北京 AMF 调用 SMF 的 Nsmf_PDUSession_UpdateSMContext Request 服务操作，请求 SMF 更新 SM 上下文，用于通知 SMF 该 PDU 会话的资源已经释放。消息是 HTTP/2 POST：/nsmf-pdusession/v1/sm-contexts/{smContextRef}/modify，主要参数有成功释放的 PDU 会话标识及透传给 SMF 的 N2 消息 PDU 会话资源释放响应。

第 11 步：北京 SMF 给北京 AMF 返回 200 OK 响应。

第 12 步：UE 侧也回复了 NAS 消息 PDU 会话释放完成给 AMF，表明 UE 侧也已经释放了 PDU 会话。

第 13 步：北京 AMF 再次调用 SMF 的 Nsmf_PDUSession_UpdateSMContext Request 服务操作，将 NAS 消息透传给 SMF。

第 14 步：北京 SMF 给北京 AMF 返回 200 OK 响应。

第 15 步：由于 AMF 没有会话管理功能，因此 SMF 释放完 PDU 会话后还需要通知 AMF，该 UE 的 PDU 会话已经释放，AMF 会解除 PDU 会话与 DNN、SMF 标识的关联关系。消息是 HTTP/2 POST：smContextStatusUri，主要参数 statusInfo 用于指明 PDU 会话的当前状态，其子参数 resourceStatus 的取值为 RELEASED，表明 PDU 会话状态为已释放。

第 16 步：北京 AMF 返回 200 OK 响应并解除 PDU 会话和 SMF 的关联关系。

第 17 步：经过前面的步骤，如果北京 SMF 感知到 UE 侧、gNB 侧、AMF 侧已完成释放，则调用 Npcf_SMPolicyControl_Delete 服务操作，请求广州 PCF 解除该 PDU 会话的策略关联。

第 18 步：广州 PCF 解除该 PDU 会话的策略关联，并返回 204 响应。

3.3 连接管理流程

3.3.1 AN释放流程

本节介绍的是23502的4.2.6 AN Release流程，翻译为接入网络释放流程。日常交流中也称为N2释放流程。

1. 相关的重要知识点

问题3-24：AN释放流程的主要作用是什么？

答案3-24：AN释放流程用于释放N2接口的信令连接、N3接口用户面资源、空口的RRC连接和资源，最终目的是节省空口与核心网侧的宝贵带宽资源。流程完成后，UE将进入空闲态。AN释放流程和4G中的S1释放流程在流程上较为相似。

问题3-25：AN释放流程可以由谁发起？

答案3-25：AN释放流程可以由gNB或AMF发起。

问题3-26：AN释放流程触发的原因或场景有哪些？

答案3-26：最常见的场景是用户不活跃(User Inactivity)，即当UE建立完PDU会话后并没有流量产生，导致gNB侧的UE不活跃计时器超时，触发了本流程。流程结束后UE从连接态切换到空闲态。除此之外还包括以下场景。

(1) RAN发起的场景：操作维护触发(例如通过命令发起)、无线链路失败、不知名原因的失败、系统间重定向、UE导致的信令连接释放、移动性限制、从UE收到了释放辅助性信息等。

(2) AMF发起的场景：其他未指明的错误、UE去注册等。

2. 规范中的原版流程简介

规范中的流程原图来自23502 Figure 4.2.6-1 AN Release procedure，如图3-43所示。

主要步骤及说明如下。

第1步(含1a和1b)：gNB检测释放条件是否满足(如无线链路失败等)，如果满足，则发起RAN侧的UE上下文释放。gNB给AMF发送N2消息UE上下文释放请求，主要参数包括原因值、当前活跃的N3用户面的PDU会话标识。原因值的可能取值有AN Link Failure、O&M intervention、unspecified failure等。

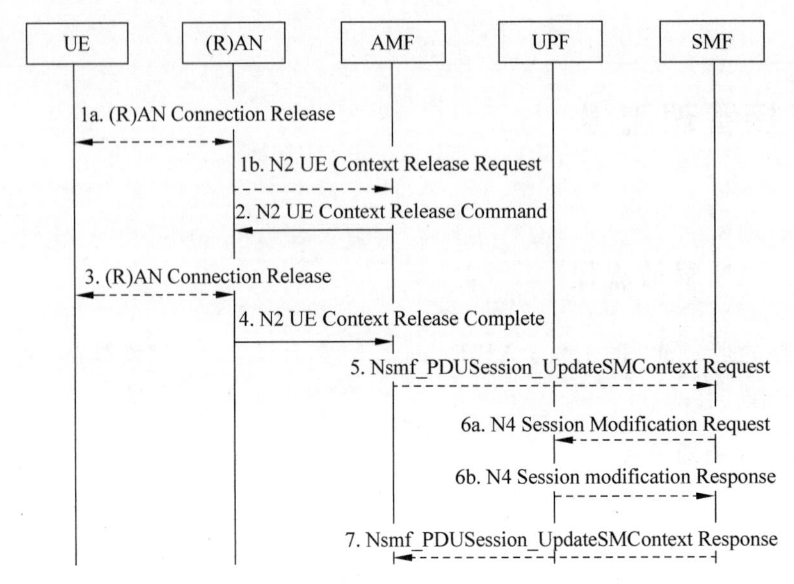

图 3-43　规范中的 AN 释放流程

第 2 步：如果 AMF 收到了 N2 消息 UE 上下文释放请求或者 AMF 自己决定要发起 AN 释放流程，则 AMF 给 gNB 发送 N2 消息 UE 上下文释放命令，并携带原因值参数。

第 3 步：（有条件触发）如果空口的连接还没有完全释放，则 gNB 请求 UE 释放接入网络的连接，确认 UE 的连接释放完成后，gNB 将删除 UE 上下文。或者如果 N2 消息 UE 上下文释放命令中原因值参数已经指明 UE 本地释放了 RRC 连接，则 gNB 本地释放 RRC 连接。

第 4 步：gNB 释放完成后给 AMF 返回 N2 消息 UE 上下文释放完成。

第 5 步：根据 gNB 提供的 PDU 会话标识，AMF 调用 SMF 的 Nsmf_PDUSession_UpdateSMContext 服务操作，请求将相关 PDU 会话的 N3 用户面连接释放。主要参数包括 PDU 会话标识、原因值、操作类型（Operation Type）等，其中 Operation Type 的取值设置为 UP deactivate，表明希望释放 PDU 会话的用户面资源。

第 6 步：SMF 发起 N4 会话修改流程，要求 UPF 释放该 PDU 会话的 N3 用户面资源。N4 会话修改请求消息中包含了需要释放的 N3 接口用户面隧道信息。

注意：这里不是 N4 会话删除流程。因为 PDU 会话并没有释放，只是关联的用户面资源释放了，所以 PDU 会话所关联的 N4 会话也没有释放，而只是对 N4 会话进行了修改。

第 7 步：SMF 给 AMF 返回确认，通知 N3 用户面资源已经释放。

3. 信令流程实战（UE 发起）

场景 1：因用户不活跃触发的正常释放。

某 UE 开机完成注册和 PDU 会话建立流程，但并没有开始上网也就没有流量产生，10s 之后 gNB 侧的 UE 不活动计时器超时，触发了本流程释放空口连接和用户面资源。

本场景为一种正常释放，不需要当成故障来处理。在 4G 中，eNB 也有类似的计时器，参考 4G 经验该计时器通常取值为 10s。具体流程如图 3-44 所示。

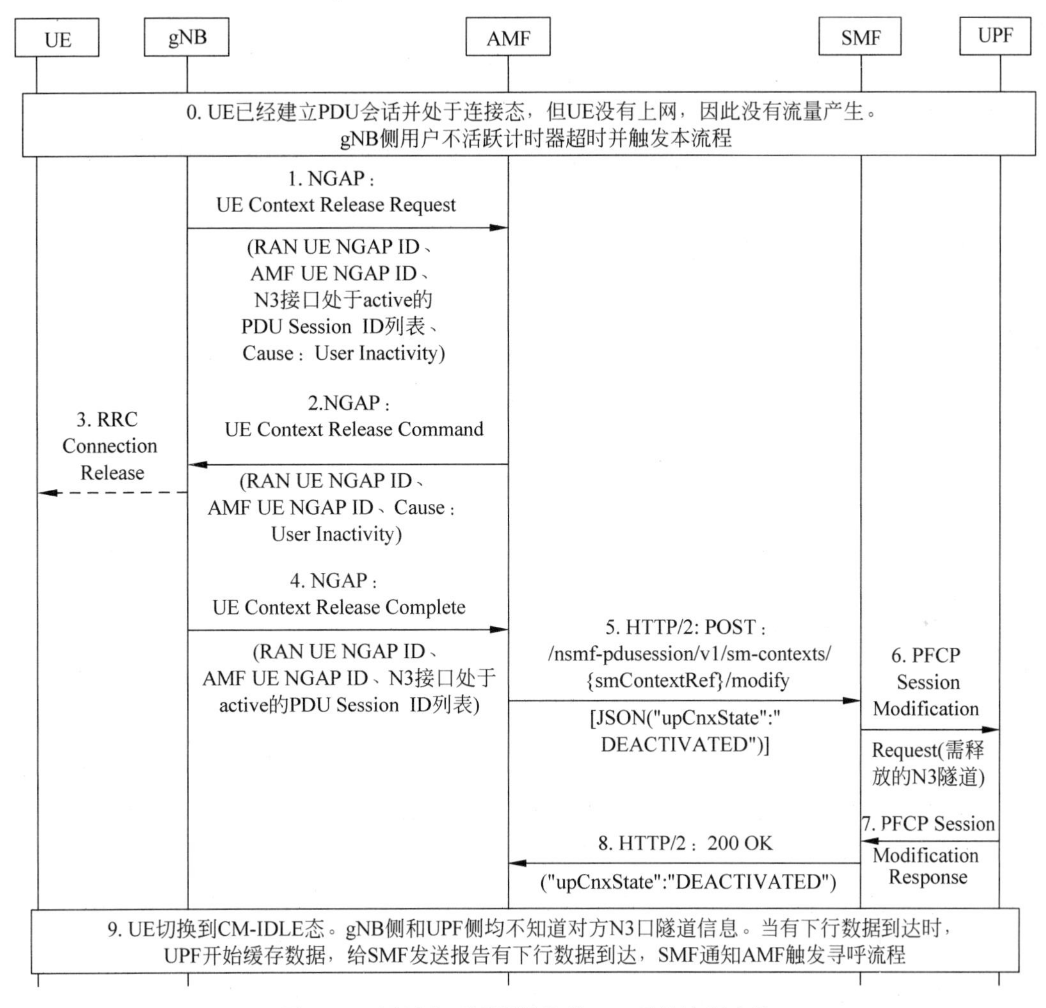

图 3-44　因用户不活跃触发的 AN 释放流程实战

第 0 步：UE 已经建立 PDU 会话并处于连接态，但 UE 侧没有流量产生，gNB 侧用户不活跃计时器超时并触发本流程。

第 1 步：gNB 给 AMF 发送 N2 消息 UE 上下文释放请求，主要参数有 N3 接口处于活跃态的 PDU 会话标识列表、原因值参数取值为 User Inactivity，表示该流程的触发原因是 UE 不活跃。

第 2 步：AMF 给 gNB 发送 N2 消息 UE 上下文释放命令，要求 gNB 释放接入侧的连接和资源。

第 3 步：gNB 释放该 UE 的 RRC 连接。

第 4 步：gNB 侧释放完成后，gNB 给 AMF 返回 N2 消息 UE 上下文释放完成进行确认。

第 5 步：AMF 根据 UE 的 N2 接口临时标识找到关联的 UE 上下文，从上下文中提取出关联的 SMF 地址信息，调用 SMF 的 Nsmf_PDUSession_UpdateSMContext 服务操作，请求 SMF 释放该 UE 的 PDU 会话的 N3 用户面连接和资源。对应的消息是 HTTP/2 POST：/nsmf-pdusession/v1/sm-contexts/{smContextRef}/modify，主要参数 upCnxState 的取值是 DEACTIVATED，表明需要释放该 PDU 会话的 N3 接口用户面资源。关于 upCnxState 有 4 种取值，包括激活（Activated）、去激活（Deactivated）、激活中（Activating）和挂起（Suspended）。关于去激活取值的规范原文说明是 No N3 tunnel is established between the 5G-AN and UPF。

第 6 步：SMF 给 UPF 发送 N4 消息 PFCP Session Modification Request，主要参数包含需要释放的 N3 隧道的 PDU 会话标识列表，以及可选的 BAR 用于指示 UPF 是否需要缓存下行数据。

第 7 步：UPF 释放该 PDU 会话的 N3 隧道和资源，给 SMF 返回确认消息 PFCP Session Modification Response。

第 8 步：SMF 给 AMF 返回 200 OK 响应（对第 5 步的确认），主要参数 upCnxState 的取值也是 DEACTIVATED，表明 N3 隧道已经释放。

第 9 步：UE 将切换到空闲态。UPF 侧不感知 gNB 的存在，当有下行数据到达时，UPF 可以结合本地配置或者 SMF 下发的 BAR 开始缓存下行数据，并给 SMF 发送报告有下行数据到达，SMF 通知 AMF 触发寻呼流程。

场景 2：因空口丢失 UE 连接触发的异常释放（Radio Connection With UE Lost）。

某 UE 开机完成注册和 PDU 会话建立流程，但处于地下等覆盖不好的区域，gNB 检测到无线网络质量异常并判定丢失了与 UE 的连接，触发本流程。具体流程如图 3-45 所示。

场景 2 和场景 1 虽然场景不同，但核心网侧的大部分步骤类似或者完全相同。主要的区别是第 1 步和第 2 步。在场景 2 中 N2 接口消息的原因值为 Radio Connection With UE Lost，表明因丢失和 UE 的空口连接而触发的 AN 释放流程。其他步骤大体相同，不再赘述。

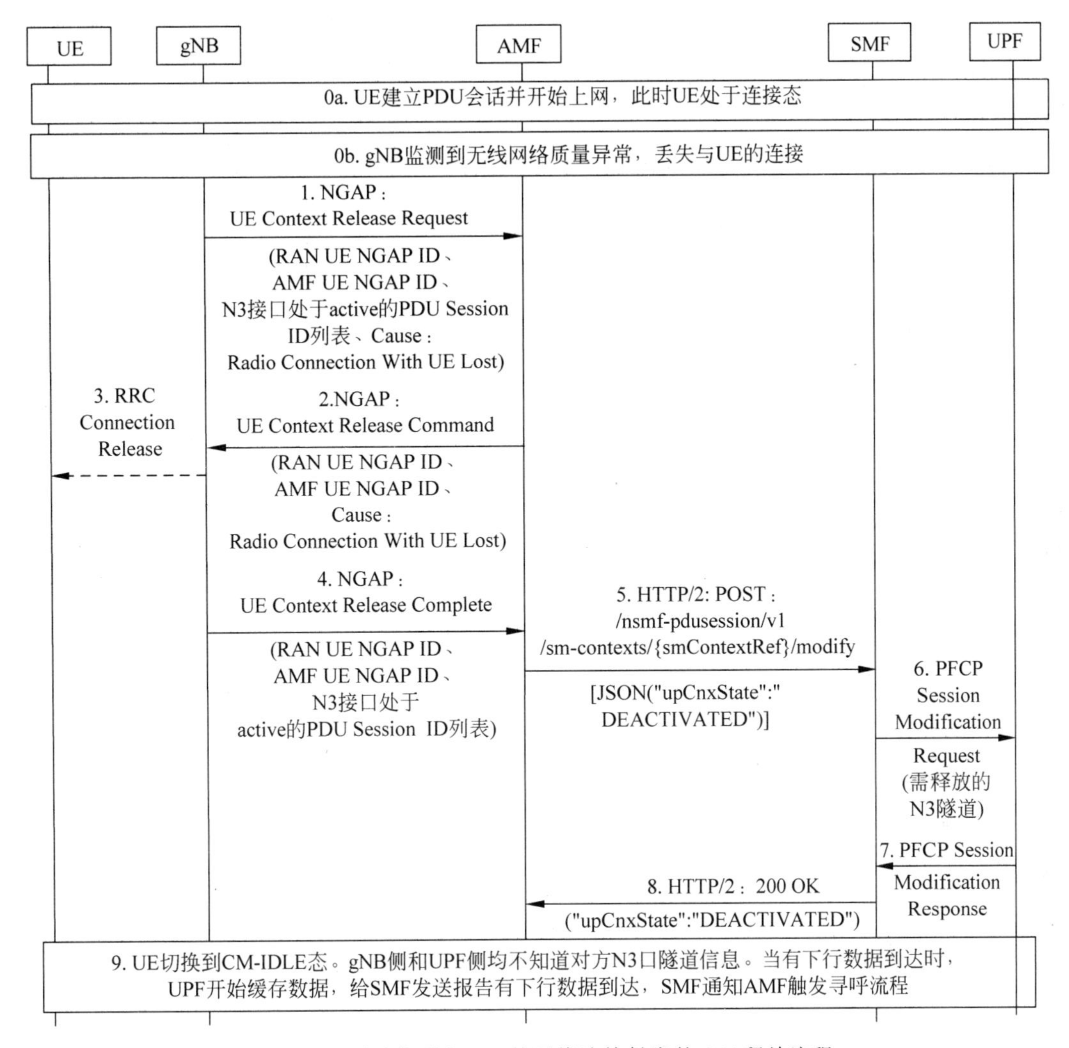

图 3-45 因丢失了和 UE 的无线连接触发的 AN 释放流程

3.3.2 UE 发起的业务请求流程

本节介绍的是 23502 的 4.2.3.2 UE Triggered Service Request procedure，翻译为 UE 触发的业务请求流程。业务请求流程的主要作用是为空闲态的 UE 重建 NAS 信令从而切换到连接态，也可以为连接态的 UE 重建用户面连接与分配用户面资源。

1. 相关的重要知识点

问题 3-27：UE 发起业务请求流程的触发场景是什么？

答案 3-27：当 UE 处于空闲态时，如果需发送上行 NAS 信令、用户面数据或者响应网络侧的寻呼这 3 种场景，则 UE 需要发起业务请求流程。

问题 3-28：空闲态的 UE，是不是所有的上行 NAS 消息发送都会触发业务请求流程？

答案 3-28：不是。虽然 UE 在空闲态下，但是多数上行 NAS 消息发送需要先执行业务请求流程切换到连接态后才能发送。注册请求和去注册请求这两个 NAS 消息例外，即空闲态的 UE 可以直接发起注册和去注册流程，而不用先发起业务请求流程。注册流程中可以直接要求底层协议栈尝试建立 RRC 连接，RRC 连接建立成功后 UE 侧进入连接态。

在 4G 中与此类似，ECM-IDLE 态的 UE 也可以直接发送跟踪区请求（TAU Request）NAS 消息，而无须先执行 4G 的业务请求流程。

问题 3-29：UE 只有在空闲态才能发起业务请求流程吗？UE 在连接态是否可以发起业务请求流程？

答案 3-29：大部分场景下 UE 在空闲态发起业务请求流程，但规范也允许以下两种场景中，连接态的 UE 可以发起业务请求流程。

（1）请求网络侧激活某个 PDU 会话的用户面连接并分配用户面资源，包括 N3 隧道和 DRB 等。

（2）当 UE 在连接态收到 AMF 下发的 NAS 消息 Notification 时（因为是连接态，所以不是寻呼消息），可通过发起业务请求流程进行响应。Notification 流程主要和非 3GPP 接入场景有关，国内 5G 网络暂未规模商用，因此不常见。

问题 3-30：为什么 UE 在连接态下，PDU 会话的用户面连接和资源却被释放了？不矛盾吗？

答案 3-30：不矛盾。5G 主打 B2B 场景，并没有和 4G 一样要求永久在线，即注册流程中不需要建立 PDU 会话。当注册流程完成之后，UE 进入连接态，即使 UE 没有建立任何 PDU 会话，只要与 AMF 的 NAS 信令连接还在，就处于连接态。

生活中还有这样一种复杂但是很常见的场景：UE 在 5G 下完成注册后，建立了两个 PDU 会话，PDU 会话 1 服务数据业务，PDU 会话 2 服务语音业务。假设此时 UE 没有打电话，而只是在不停地刷微信，则 PDU 会话 2 的 N3 隧道和用户面资源是释放的，但此时 UE 依然处于连接态，因为该 UE 的 NAS 信令连接及 PDU 会话 1 的 N3 隧道均未释放。

2. 规范中的原版流程简介

规范中的流程原图来自 23502 的 4.2.3.2-1 UE Triggered Service Request procedure，如图 3-46 所示。

第 1 步：UE 侧有上行的用户面数据或者 NAS 信令要发送，触发了本流程。对应的 NAS 消息是业务请求。

第 2 步：gNB 根据 RRC 消息中 UE 提供的 5G-S-TMSI 或者注册的 AMF 信息，找到对应的 AMF，将 NAS 消息封装到 N2 消息中透传给 AMF。

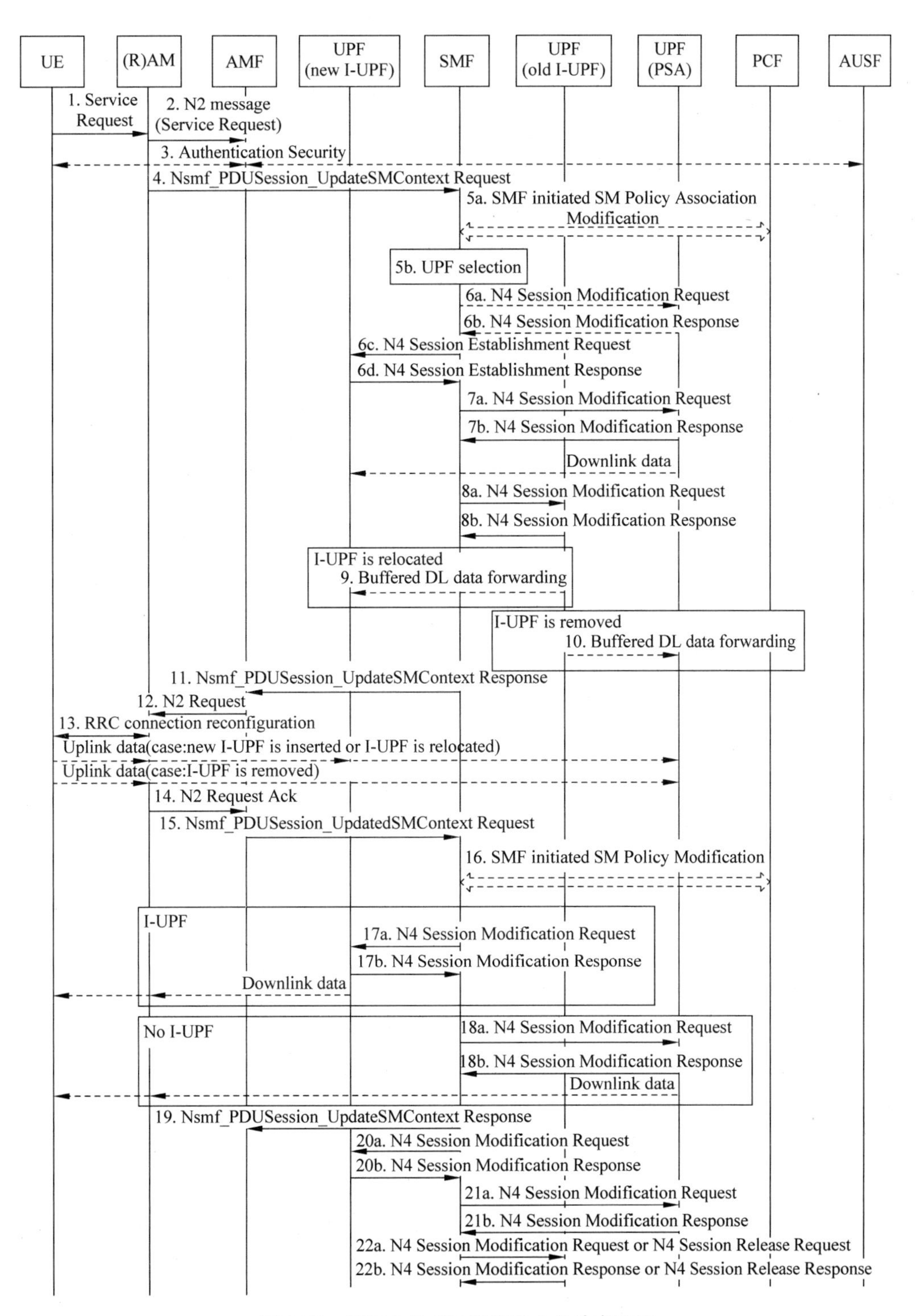

图 3-46　规范中的 UE 发起的业务请求流程

第 3 步：鉴权和安全流程。

第 4 步：如果是由于激活某个 PDU 会话的用户面连接触发，则 AMF 调用 SMF 的服务，请求激活某个 PDU 会话的用户面连接。

第 5a 步：SMF 给 PCF 发送 UE 的当前状态报告，PCF 将决定是否需要更新策略。

第 6a 步和第 6b 步：SMF 要求 PSA 激活 N3 隧道。

第 5b～10 步(不包含 6a 和 6b)：和 I-UPF 插入有关的步骤，需特定场景才能触发。

第 11 步：SMF 激活完用户面连接，给 AMF 返回响应，包含 UPF 侧 N3 接口用户面地址和 TEID，用于上行流量的转发。

第 12 步：AMF 将 UPF 侧 N3 接口信息封装在 N2 接口消息中发给 gNB。

第 13 步：gNB 侧触发 RRC 连接重配置流程，包括 DRB 的建立和资源分配。

第 14 步：gNB 给 AMF 返回确认，并将 gNB 侧 N3 接口地址和 TEID 发给 AMF。

第 15 步、第 18a/18b 步：AMF 把收到的 gNB 侧的 N3 接口地址和 TEID 发送给 SMF，SMF 通过 N4 接口发送给 PSA(UPF)，用于下行数据的发送。

第 16 步：SMF 向 PCF 发送策略修改请求，PCF 根据需要决定是否更新策略。

第 17a/17b 步：和 I-UPF 有关的场景。第 17 步和第 18 步二选一。第 18 步是没有 I-UPF 的场景，下行数据直接从 PSA 发送给 gNB。

至此上下行用户面数据都可以发送，业务请求流程的目的也就达到了。

3. 信令流程实战

场景假设说明(空闲态 UE 发送上行用户面数据触发的场景)：

(1) 广州 UE 坐飞机到北京，在北京落地后开机发起和完成注册及 PDU 会话建立流程，由北京 AMF 和 SMF 为 UE 服务。

(2) UE 侧没有流量产生导致 gNB 侧用户不活跃，计时器超时后触发 AN 释放流程释放接入网络资源和 NAS 信令连接，UE 状态切换为空闲态。

(3) 飞机停稳后 UE 开始刷微信，触发了 UE 发起的业务请求流程。

本流程中 gNB、AMF、SMF 均在拜访地北京，只有 PCF 位于归属地广州。另外，在本场景中 PSA 和 UPF 是合设的，并且不涉及 UPF 的重选。同时，由于鉴权在业务请求流程中是可选流程，因此本场景中也不涉及 AUSF 和 UDM。

下面结合场景来看具体的信令流程，如图 3-47～图 3-49 所示。

第 0 步为前置条件：UE 已经注册完成，并且建立了 DNN 为 internet 的 PDU 会话，因为没有流量产生，所以触发了 AN 释放流程，UE 侧进入空闲态。需要注意，此时 PDU 会话并没有释放，只是关联的用户面 N3 隧道和空口的 DRB 释放了。

第 1 步：UE 需要发送上行方向用户面数据，因此需要重新激活该 PDU 会话的用户面连接。UE 发送 NAS 消息业务请求触发本流程。主要消息参数如下。

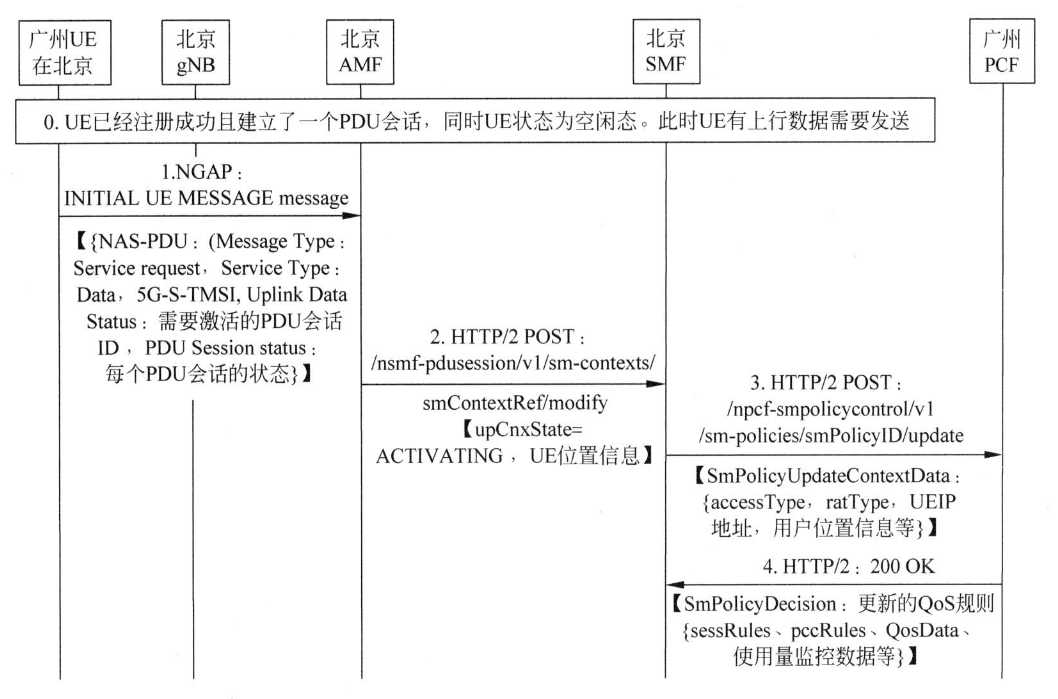

图 3-47　UE 发起的业务请求流程实战(1)

(1) Service Type(业务类型)：取值为 Data，表明是发送用户面数据触发的业务请求。

(2) 5G-S-TMSI：是 5G-GUTI 的一部分，长度比 5G-GUTI 更短，因此可以节省空口资源，可用于区分不同用户。

(3) Uplink Data Status(上行数据状态)：向网络指示有上行数据待处理的 PDU 会话，即需要激活的 PDU 会话标识，如 PDU Session ID=5。

(4) PDU Session Status(PDU 会话状态)：UE 侧每个 PDU 会话的状态，取值是 Active 或者 Inactive，用于和网络侧 PDU 会话状态同步。

gNB 将 NAS 消息封装到 N2 消息 INITIAL UE MESSAGE 中透传给北京 AMF。由于 gNB 侧的 UE 上下文在此前的 AN 释放流程中已经删除了，本步骤中的 N2 消息也用于强调这是 UE 初始化的第 1 条消息，也可以用于指示 gNB 需要创建 UE 上下文。

第 2 步：北京 AMF 根据 5G-S-TMSI 找到对应的 UE 上下文，从 UE 上下文中提取出 PDU 会话信息，并根据 UE 的请求激活该 PDU 会话的用户面连接。北京 AMF 从 UE 上下文中提取出北京 SMF 的信息，并调用 SMF 的 nsmf-pdusession 服务，请求北京 SMF 激活对应的用户面连接。消息是 HTTP/2 POST:/nsmf-pdusession/v1/sm-contexts smContextRef/modify。主要参数 upCnxState 的取值为 ACTIVATING，表示请求激活该 PDU 会话的用户面连接。

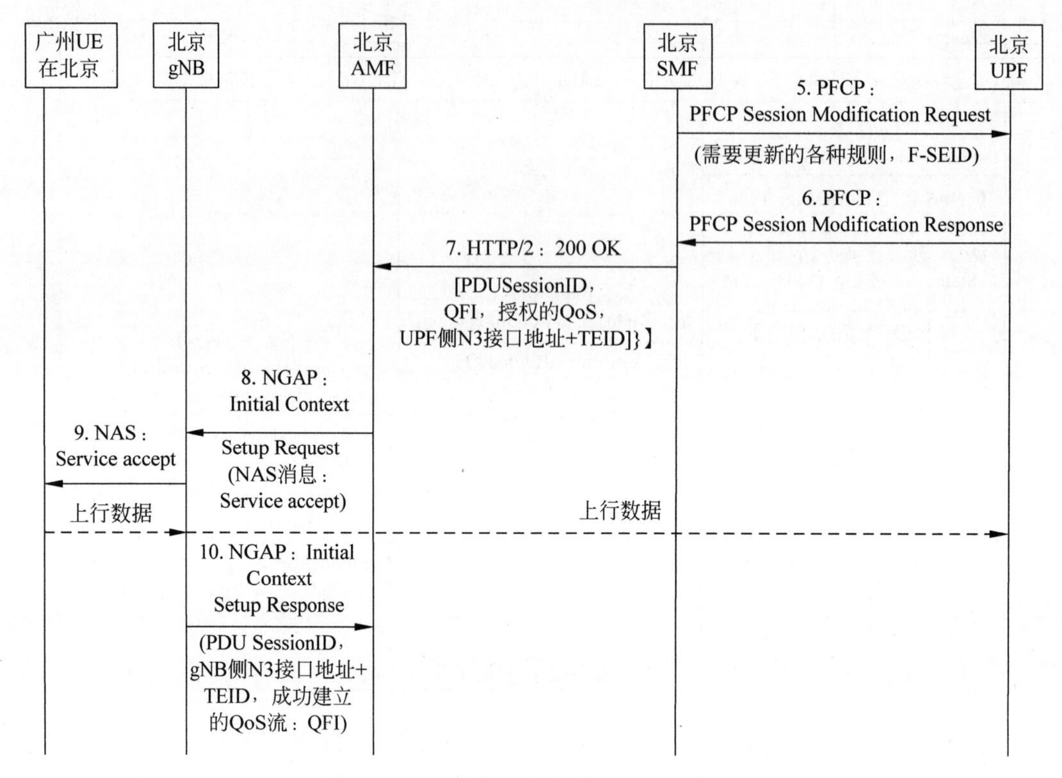

图 3-48　UE 发起的业务请求流程实战(2)

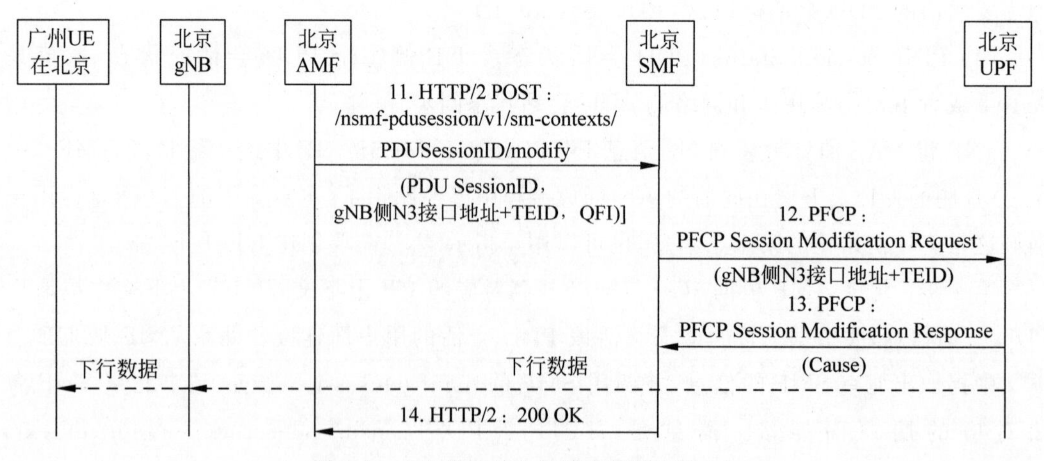

图 3-49　UE 发起的业务请求流程实战(3)

第3步：有条件触发，取决于PDU会话建立流程时PCF是否向SMF进行事件订阅。当条件满足时，SMF应向PCF发送事件报告，例如UE当前实时位置信息的报告，PCF可根据用户的实时位置信息做出策略调整，例如当前小区如果为忙小区且用户为非VIP用户，则执行限速。北京AMF调用广州PCF的npcf-smpolicycontrol服务请求PCF更新PCC策略，消息是HTTP/2 POST:/npcf-smpolicycontrol/v1/sm-policies/smPolicyID/update，并且提供累计使用量报告、用户位置信息、UE IP地址、无线网络接入类型、签约的Session-AMBR等参数帮助PCF制定策略。

第4步：PCF返回200 OK响应，并携带更新后的QoS规则。

第5步：北京SMF发起N4会话修改，要求北京UPF更新QoS规则。消息是PFCP Session Modification Request，主要参数有需要更新的各种规则及会话标识F-SEID。

第6步：UPF收到后更新QoS规则，并返回响应消息PFCP Session Modification Response。

第7步：北京SMF给AMF返回200 OK响应，表明SM上下文已经更新完成，消息主要参数则包含了UPF侧N3接口用户面地址和TEID、请求建立的QoS流列表及授权的QoS、PDU会话标识等。

第8步：北京AMF给北京gNB透传N2消息Initial Context Setup Request，请求gNB为该UE建立初始上下文。

第9步：北京gNB开始建立相关PDU会话QoS流的用户面资源（如DRB和N3隧道），并将NAS消息业务接收，通过空口发给UE。由于此时空口DRB已经建立，gNB也已经获取UPF侧N3接口地址信息，N3接口上行方向用户面通道就已经被打通了。UE可以开始发送上行数据，经gNB发送给UPF。

第10步：gNB侧资源分配完成后，gNB给AMF返回N2消息Initial Context Setup Response。主要参数包括gNB侧分配的N3接口地址和TEID（用于UPF侧下行数据发送）及成功建立的QoS流列表。

第11步：北京AMF调用SMF的Nsmf_PDUSession_UpdateSMContext Request服务操作请求SMF更新用户的SM上下文，并透传从gNB收到的N3接口地址和TEID参数。消息是HTTP/2 POST:/nsmf-pdusession/v1/sm-contexts/PDUSessionID/modify。

第12步和第13步是SMF要求UPF更新N4会话，并将gNB侧N3接口地址和TEID发送给UPF。这样下行方向用户面通道也打通了。接下来UPF从N6接口收到的下行数据就可以通过gNB发给UE了。

第14步：SMF给AMF返回200 OK响应，并且携带upCnxState参数，取值为

ACTIVATED。表明 PDU 会话的用户面连接已经激活。这里还有一个英语时态的小插曲,ACTIVATED 在英语中是过去时态,表示已经完成,而在第 2 步中 upCnxState 参数取值为 ACTIVATING 是进行时态,表示正在进行中。

3.3.3 网络侧发起的业务请求流程

本节介绍的是 23502 的 4.2.3.3 Network Triggered Service Request 流程,翻译为网络侧发起的业务请求流程。

1. 相关的重要知识点

问题 3-31:网络侧发起业务请求流程的触发场景是什么?

答案 3-31:当网络侧需要给 UE 发送下行方向的数据时需要触发本流程。这些下行方向的数据包括下行方向 NAS 消息、下行方向用户面数据、短消息等。网络侧主要包括 SMF、PCF、NEF、LMF、SMSF 等网元。比较典型的是 SMF 发起的业务请求流程。规范的原文是 This procedure is used when the network needs to signal (e. g. N1 signalling to UE, Mobile-terminated SMS, User Plane connection activation for PDU Session(s) to deliver mobile terminating user data) with a UE。

2. 规范中的原版流程简介

规范中的流程原图来自 23502 的 4.2.3.3-1 Network Triggered Service Request procedure,如图 3-50 所示。

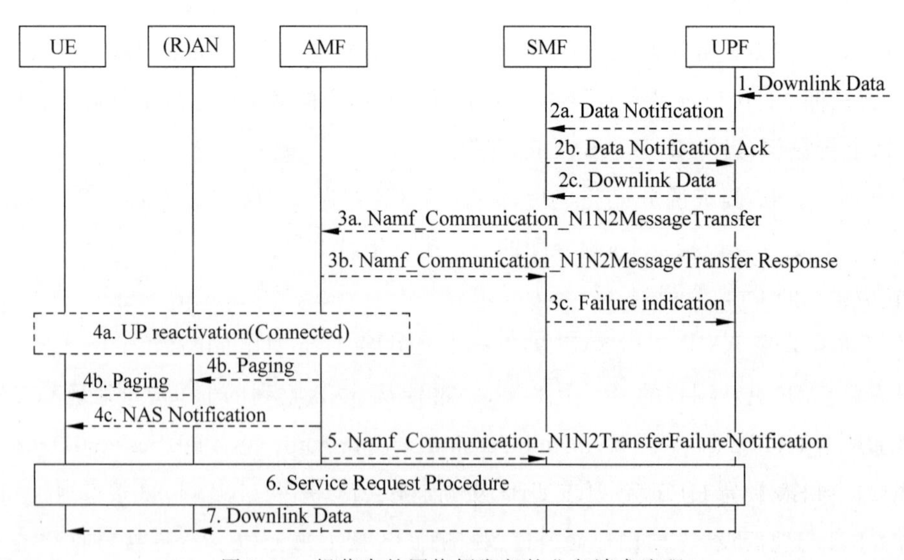

图 3-50 规范中的网络侧发起的业务请求流程

第1步：UPF侧从N6接口收到下行数据，此时由于N3隧道释放，UPF不知道gNB的地址信息(UE处于空闲态)，UPF根据此前SMF提供的缓存规则或本地配置的缓存规则开始缓存下行数据。

第2a步：UPF向SMF发送到达通知，向SMF报告有下行数据到达。

第2b步：SMF收到通知，给UPF回复确认消息，作为第2a步的响应。

第2c步：(可选)如果UPF没有足够的缓存能力(例如边缘UPF内存能力不足的场景)，则UPF可以将下行数据通过N4-U接口发送给SMF进行缓存；如果UPF有能力，则在UPF侧缓存，跳过本步。

第3a步：SMF调用AMF的Namf_Communication_N1N2MessageTransfer服务，请求透传N1和N2消息，其中给gNB的N2消息中包含了UPF侧N3接口地址和TEID，用于上行数据传送。

第3b步：AMF给SMF返回成功的确认。

第3c步：(可选)当第3b步AMF判定UE不可达时，需要给SMF返回拒绝指示消息。收到AMF的拒绝指示后，SMF给UPF发送错误指示。

第4a步：如果UE是连接态，则AMF触发该下行数据所关联的PDU会话的用户面激活流程。

第4b步：如果UE是空闲态，则AMF通知gNB寻呼UE，gNB在空口发起对UE的寻呼。

第4c步：UE在3GPP和非3GPP同时接入的特殊场景，不常见。

第5步：如果AMF寻呼不到UE(无响应或寻呼失败)，则给SMF发Namf_Communication_N1N2Transfer Failure Notification。表示N1和N2消息送达失败。

第6步：如果UE在空闲态且收到了寻呼请求，则UE应发起3.3.2节的“UE发起的业务请求流程”，作为对寻呼请求的隐含应答。

第7步：UE发起的业务请求流程完成后，UE和网络侧都进入连接态。UPF开始发送下行数据，UE也可以发送上行数据。

3. 信令流程实战

场景假设说明(UE处于空闲态，下行数据到达UPF触发的场景)：

(1) 广州UE坐飞机到北京，在北京落地后发起和完成注册及PDU会话建立流程，由北京AMF和SMF为UE服务，UE此时为连接态。

(2) UE落地后没有流量产生导致gNB侧用户不活跃计时器超时，触发AN释放流程，UE状态切换为空闲态。

(3) 微信好友给该UE发信息，微信服务器根据记录的UE的IP地址将该消息通过

N6 接口发送给 UPF，但 UPF 已经释放了 N3 隧道，没有 gNB 的地址信息，触发了本流程。

下面结合场景来看具体的信令流程，如图 3-51 所示。

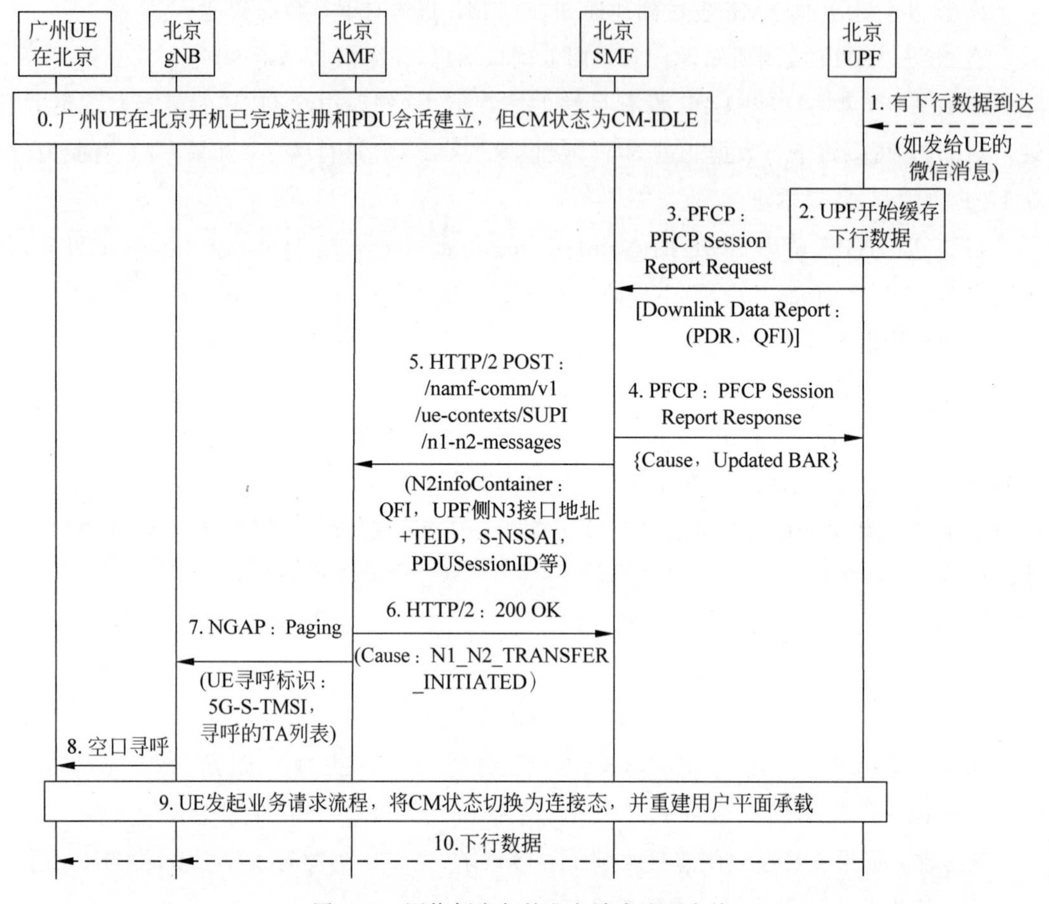

图 3-51　网络侧发起的业务请求流程实战

第 0 步：前置条件，广州 UE 在北京开机，已完成注册和 PDU 会话建立流程，但因为没有流量产生，所以 UE 进入了空闲态。

第 1 步：微信服务器无法感知 UE 的实时状态，依旧给 UE 发送消息。微信服务器将下行数据发送至 UPF。

第 2 步：UPF 根据此前 SMF 下发的缓存规则或本地配置的缓存规则开始缓存下行数据。

第 3 步：UPF 给 SMF 发送报告，通知 SMF 有下行数据到达。消息是 PFCP Session Report Request。主要参数有下行数据的报告，包括相关的 PDR 和下行数据关联的 QFI 等子参数。

第 4 步：SMF 给 UPF 返回响应，消息是 PFCP Session Report Response。可携带一个成功的原因值和更新的 BAR 规则。

第 5 步：SMF 调用 AMF 的 Namf_Communication_N1N2MessageTransfer 服务操作，请求 AMF 透传 N2 消息 PDU 会话资源建立请求给 gNB。消息是 HTTP/2 POST：/namf-comm/v1/ue-contexts/SUPI/n1-n2-messages。主要参数有 UPF 侧 N3 接口地址和 TEID、PDU 会话标识、QFI 及相关的 QoS 等参数。

第 6 步：AMF 给 SMF 返回 200 OK 响应，并携带原因值 N1_N2_TRANSFER_INITIATED，表示已经开始透传 N2 消息。

第 7 步：如果 AMF 检查发现 UE 当前处于空闲态，则给 gNB 发 NGAP 消息 Paging。主要参数有 UE 的寻呼标识 5G-S-TMSI、寻呼的 TA 或 TA 列表等。

第 8 步：gNB 根据 AMF 提供的寻呼范围及用户标识开始在空口寻呼 UE。

第 9 步：UE 收到寻呼后触发了"UE 发起的业务请求流程"。该流程完成后 UE 将切换到连接态，并重建用户平面隧道和分配资源。

第 10 步：UE 发起的业务请求流程完成后，UPF 获取 gNB 的 N3 接口地址和 TEID 信息，UPF 开始发送下行数据 gNB，并经 gNB 转发给 UE。

3.4　5G 内切换流程

3.4.1　Xn 切换流程

本节介绍的是 23502 的 4.9.1.2.2 Xn based inter NG-RAN handover without User Plane function re-allocation，翻译为不带 UPF 重选的 Xn 切换流程。规范对本流程的描述原文是 This procedure is used to hand over a UE from a source NG-RAN to target NG-RAN using Xn when the AMF is unchanged and the SMF decides to keep the existing UPF。即因为 UE 发生了跨 gNB 的位置移动，所以网络侧通过 Xn 接口帮助 UE 完成切换并保证业务的连续性。在本流程中 AMF、SMF 和 UPF 都不发生改变。

1. 相关的重要知识点

问题 3-32：Xn 切换流程是如何触发的？

答案 3-32：本流程的主要触发过程如下。

(1) UE 已经完成 5G 注册和 PDU 会话建立流程并开始上网，并且已经通过某 gNB(信令流程图中称为源 gNB)接入 5GC。

(2) UE 发生位置移动，离开源 gNB 服务的小区，即将进入新的目标 gNB 所在的服务小区。此时 UE 发送测量报告给源 gNB。gNB 评估测量报告后决定发起 Xn 切换，触发了本流程。Xn 切换且 UPF 不变的场景如图 3-52 所示。

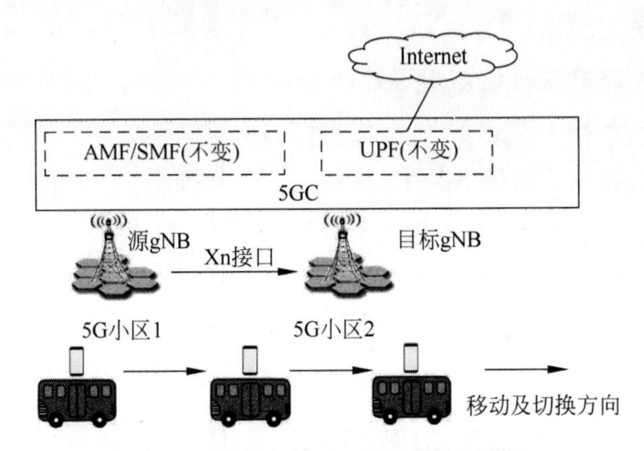

图 3-52　Xn 切换且 UPF 不变的场景

问题 3-33：如果 gNB 同时支持 Xn 和 N2 切换，则应如何选择？

答案 3-33：通常取决于 gNB 的本地配置，但从用户体验及信令复杂程度等角度来看，Xn 切换要优于 N2 切换。因为 Xn 切换流程允许两个 gNB 通过 Xn 接口直接发送切换请求等信令消息，而 N2 切换中的切换请求则需要发送给核心网侧 AMF。5G 商用网络中 AMF 通常位于省会或省内中心城市，而基站则可能位于相距较远的地市，这给 N2 切换增加了转发的延迟。

因此在目前 5G 商用网络中，如果 gNB 之间存在 Xn 接口且 gNB 支持 Xn 切换，则 gNB 会首选 Xn 切换，次选 N2 切换，但并不是所有的 gNB 之间均存在 Xn 接口，例如高铁跨省场景，两省边界的 gNB 之间通常不开通 Xn 接口。在此种场景下，就只能选择 N2 切换了。

问题 3-34：本流程中 UPF 为什么可以不变？能不能用生活化场景举例？

答案 3-34：UPF 的服务范围不是以小区为单位划分的，而是以跟踪区为单位进行划分的。例如 UPF1 的服务范围是跟踪区 1，只要 UE 在这个跟踪区内的任意小区之间移动，UPF 都是不变(规范中称为锚定)的，也就是不需要重选 UPF 或者插入 I-UPF。

举个生活化的场景来说明。地图显示从中关村出发到北京大学东门只有 786 米，如图 3-53 所示。

假设图 3-53 中的中关村是小区 1 而北京大学东门是小区 2 同属于一个 TA，分别由

gNB1 和 gNB2 提供服务，由于同属一个 TA，因此也属于同一个 UPF 的服务范围。当用户在上网过程中从图中的起点中关村移动到北京大学东门时，不会发生 UPF 的重选并且会触发本节所提到的“不带 UPF 重选的 Xn 切换流程”，如图 3-54 所示。

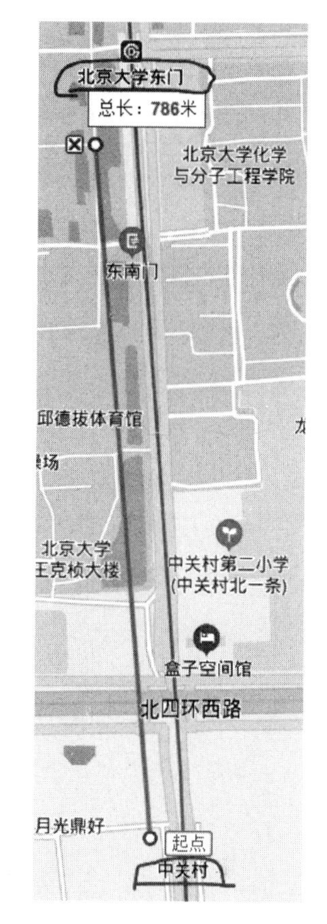

图 3-53　百度地图中关村到北京大学东门的距离

2. 规范中的原版流程简介

规范中的流程原图来自 23502 的 4.9.1.2.2-1 Xn based inter NG-RAN handover without UPF re-allocation，如图 3-55 所示。

图 3-55 中上方第 1 个方框(Handover Preparation)表示的是非常重要的切换准备阶段，这一步有很多子步骤，但在 23502 中并没有列出，而是在 38300 中定义，23502 中只是引用。在准备阶段中，源 gNB 需要根据 UE 提供的测量报告，做出切换的决定，然后通过 Xn 接口向目标 gNB 发起切换请求，目标 gNB 将根据请求中的要求预留资源。

第 2 个方框表示的是切换执行阶段。源 gNB 开始引导 UE 接入目标 gNB，此时核心网侧还未感知到 gNB 发生了变化，下行数据继续向源 gNB 发送，源 gNB 需要将从核心网侧收到的下行数据转发给目标 gNB，并最终通过目标 gNB 转发给 UE。

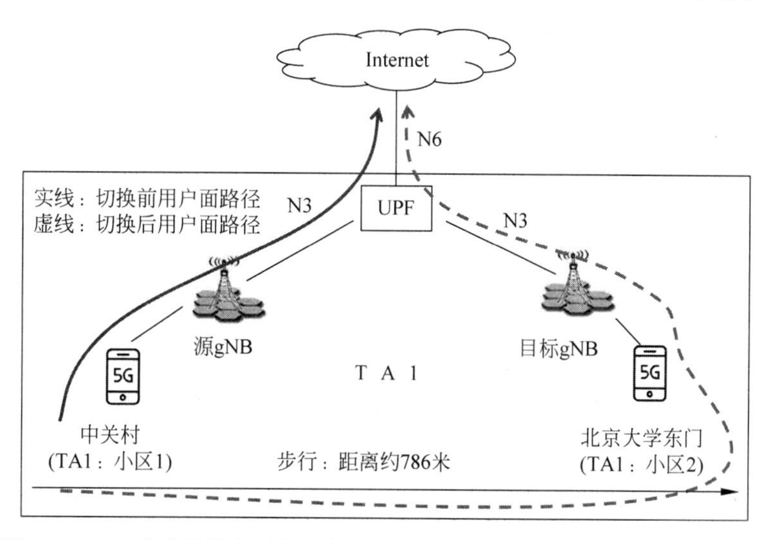

图 3-54　UE 从中关村走到北京大学东门触发不带 UPF 重选的 Xn 切换流程

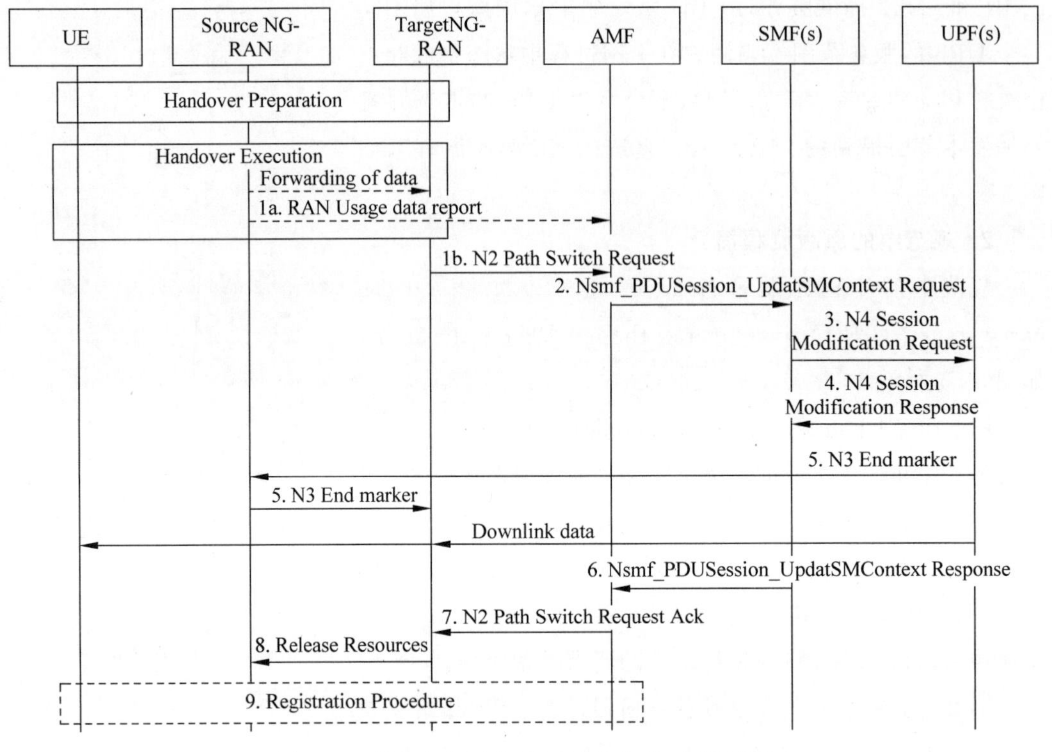

图 3-55　规范中的不带 UPF 重选的 Xn 切换流程

第 1a 步：(可选)源 gNB 向 AMF 发送使用量报告。

第 1b 步：本步骤中的 UE 已经接入目标小区和目标 gNB,目标 gNB 给 AMF 发送 N2 消息路径切换请求,用于通知 AMF 用户已经切换到目标 gNB,并且在消息中包含目标 gNB 侧的 N3 接口地址和 TEID、UE 当前的位置信息等参数。

第 2 步：AMF 调用 SMF 的 Nsmf_PDUSession_UpdateSMContext 服务,通知 SMF 用户面路径已经发生切换,并透传目标 gNB 侧的 N3 接口地址和 TEID 及位置信息给 SMF。

第 3 步：SMF 根据 UE 当前的位置信息做出决策,由于切换前后属于同一个跟踪区,因此不需要重选 UPF。SMF 向 UPF 发送 N4 会话修改请求,消息中包含了目标 gNB 侧的 N3 接口地址和 TEID。

第 4 步：UPF 返回 N4 会话修改响应给 SMF,并开始切换下行方向用户面路径。

第 5 步：UPF 给源 gNB 发送 GTP-U 消息结束标记(End Marker),表示不再给源 gNB 发送下行数据,源 gNB 给目标 gNB 发送结束标记消息,表示源 gNB 也不再给目标 gNB 传送用户面数据。这样目标 gNB 侧就可以对收到的所有用户面数据报文进行排序、重组等。接下来的下行数据 UPF 将发给目标 gNB。

第6步：SMF给AMF返回响应(针对第2步)，用于通知AMF路径切换完成。

第7步：AMF给目标gNB返回N2消息路径切换请求确认，用于通知目标gNB核心网侧已经完成路径切换。

第8步：目标gNB请求源gNB释放空口资源。

第9步：如果满足了23502的4.2.2.2.2节提到的移动性注册更新流程的触发条件，则UE还需要发起移动性注册更新流程。

3. 信令流程实战

场景假设说明：

(1) 假设北京市某运营商按照区域部署核心网节点，其中东城区AMF和SMF及UPF负责为东城区的用户服务，并且核心网网元均部署在东城区的数据中心。同时，假设东城区AMF的服务区域包括了王府井和东单这两个相邻的gNB。

某北京5G用户早上起床后开机，发起和完成注册及PDU会话建立流程，由东城区AMF和SMF为用户服务。该UE来到王府井公交车站坐上公交车，然后开始上网。此时UE处于连接态，用户面上行方向转发路径为UE→王府井gNB→东城区UPF→Internet，其中王府井gNB为信令流程图中的源gNB。

(2) 此时公交车由王府井向东单方向行驶，UE侧感知到东单所在小区的信号越来越强，而王府井小区的信号越来越弱，UE发送测量报告给源gNB，源gNB做出决策触发了Xn切换流程。

下面结合上述场景来看具体的信令流程，如图3-56～图3-59所示。

前置条件：切换之前UE正在上网，处于连接态。虚线为此时用户面传输路径。

图3-56中的第1～5步都属于Xn切换流程的准备阶段。

第1步：人在王府井小区的UE，根据源gNB(王府井)的要求发送测量报告。此时用户正在向东单方向移动，王府井小区的信号越来越弱，而相邻的东单小区的信号越来越强。

第2步：源gNB根据测量报告进行评估，做出Xn切换的决定。

第3步：源gNB发送XnAP消息切换请求给目标gNB(东单)，请求目标gNB做好切换准备，即提前为UE的到来预留资源。主要参数包括目标小区标识(东单)、东城区AMF的GUAMI、UE最近访问的小区信息及请求建立的PDU会话资源。请求建立的PDU会话资源又包括PDU会话标识、上行方向UPF侧N3接口用户面地址和TEID、请求建立的QoS流列表及所需的QoS等子参数。

第4步：目标gNB根据收到的切换请求确定需要建立的QoS流，并根据收到的该请求中指明的QoS流列表和QoS参数分配资源。

第5步：目标gNB给源gNB发送XnAP消息切换请求确认，表明目标小区侧的资源

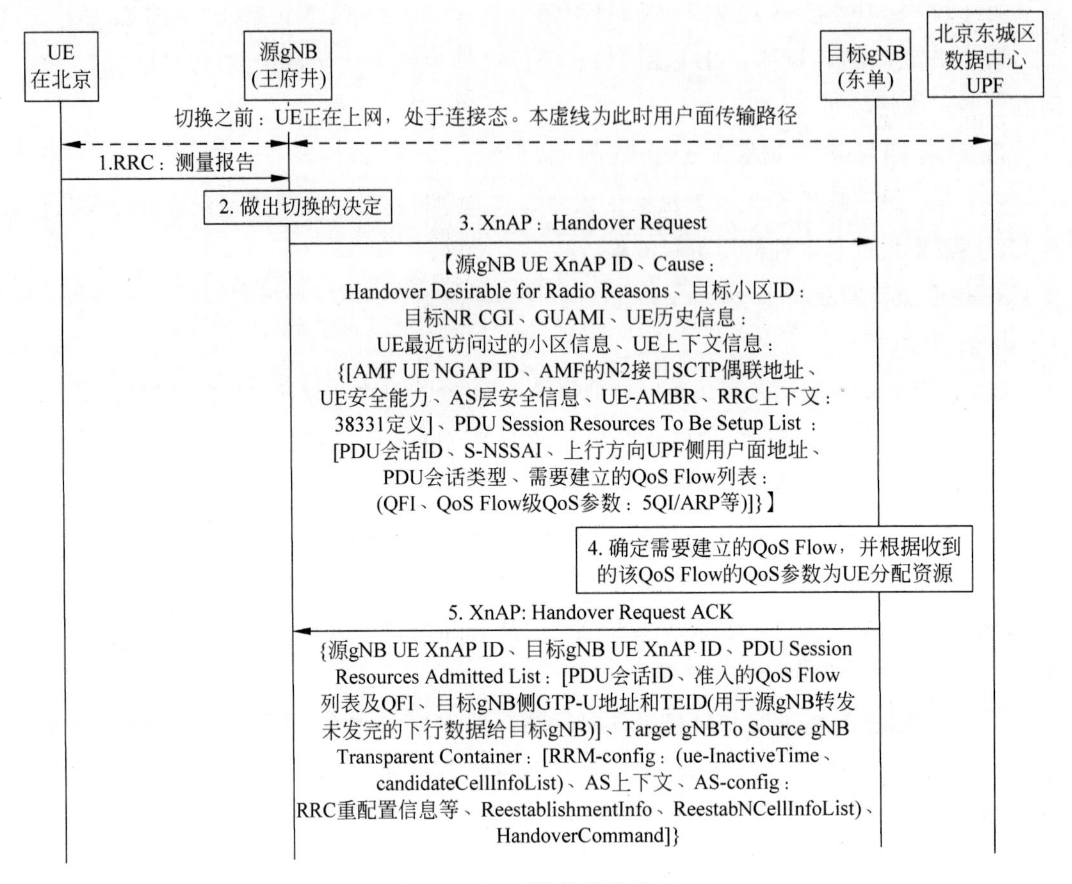

图 3-56　Xn 切换流程实战(1)

预留已经完成。主要参数包括源 gNB 和目标 gNB 侧的 XnAP 接口标识、PDU 会话资源准入列表(PDU Session Resources Admitted List)及目标 gNB 到源 gNB 透明容器(Target gNB To Source gNB Transparent Container)参数。PDU 会话资源准入列表中又包含了 PDU 会话标识、完成资源预留的 QoS 流列表、目标 gNB 侧 GTP-U 地址和 TEID(用于源 gNB 转发从核心网收到的下行数据给目标 gNB)。目标 gNB 到源 gNB 透明容器参数包含了目标 gNB 需要透传给源 gNB 的空口相关参数(如 RRC 重配置信息等)，该参数在 38331 的 11.2.2 节中定义。至此，Xn 切换的准备阶段完成。

第 6 步：源 gNB(王府井)引导 UE 接入目标小区，进入切换的执行阶段。源 gNB(王府井)给 UE 发 RRC 消息切换命令，主要参数包括 UE 需要接入的目标小区标识(东单)。

第 7 步：源 gNB(王府井)给目标 gNB(东单)发送 XnAP 消息序列号状态传递(SN Status Transfer)，用于传递和 DRB 相关的 PDCP 序列号参数。该消息的主要参数包括源 gNB 和目标 gNB 侧 UE 的 XnAP 标识、DRB 标识、上行和下行 PDCP 序列号等。

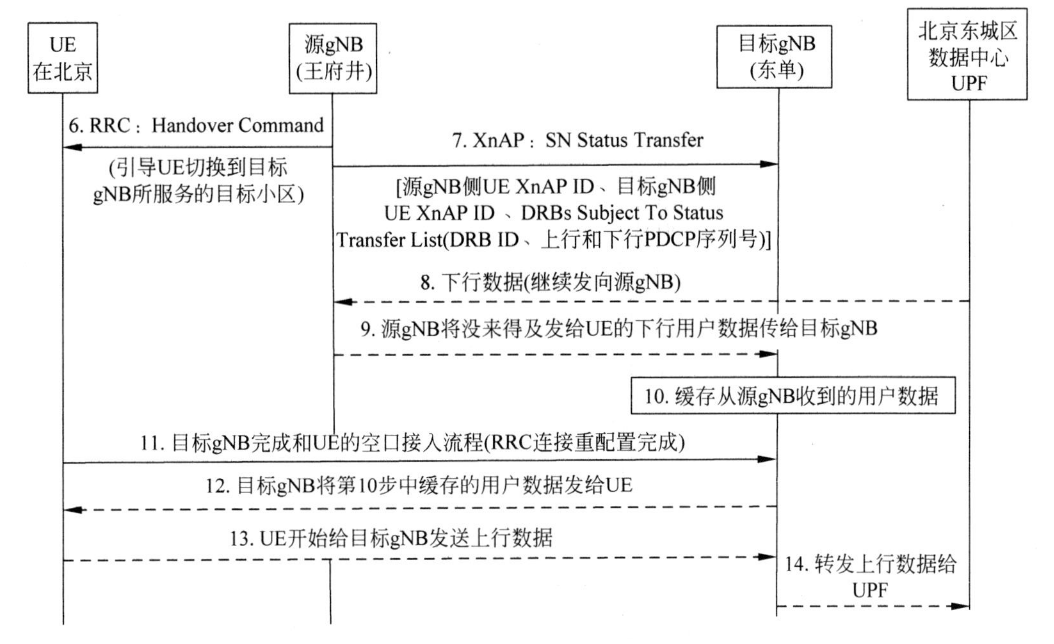

图 3-57　Xn 切换流程实战(2)

第 8 步：核心网侧此时并未收到通知该 UE 已经发生切换，因此下行数据还是从北京东城区数据中心 UPF 发送给源 gNB(王府井)。

第 9 步：由于此时 UE 和源 gNB(王府井)的空口连接已经释放，源 gNB 无法将下行数据发给 UE，只能通过 Xn-U 接口将下行数据发送给目标 gNB(东单)。

第 10 步：由于此时空口流程还没有完全完成，UE 还没有完全接入目标小区，因此目标 gNB(东单)需要临时缓存收到的下行数据。

第 11 步：目标 gNB(东单)完成和 UE 的空口接入流程(RRC 连接重配置完成)，UE 正式接入目标小区。此时 UE 本人也已经来到了目标小区的覆盖之下。

第 11 步完成后执行阶段结束，进入完成阶段。

第 12 步：由于 UE 已经接入目标小区，目标 gNB(东单)需将第 10 步中缓存的用户下行数据发送给 UE。

第 13 步：由于 UE 已经接入目标小区，UE 开始给目标 gNB(东单)发送上行数据。

第 14 步：目标 gNB(东单)转发上行数据给北京东城区 UPF。UPF 的地址信息是从第 3 步的切换请求消息中得到的，由源 gNB(王府井)提供。

第 15 步：目标 gNB(东单)给北京东城区 AMF 发送 N2 消息路径切换请求，请求核心网侧切换下行用户面通道，主要参数有 gNB 侧和 AMF 侧的 UE NGAP 接口标识、用户当前位置信息、目标 gNB 侧 N3 接口用户面地址和 TEID、PDU 会话标识等。

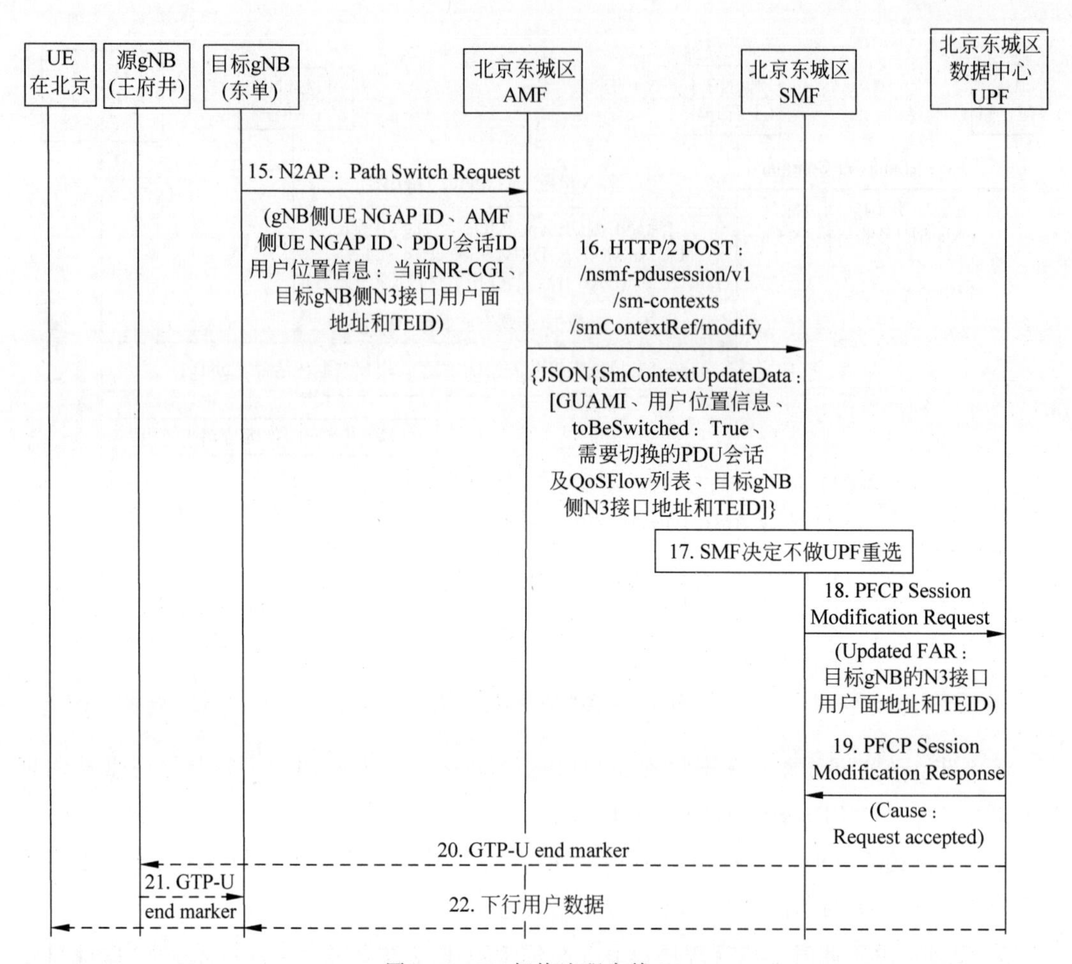

图 3-58　Xn 切换流程实战(3)

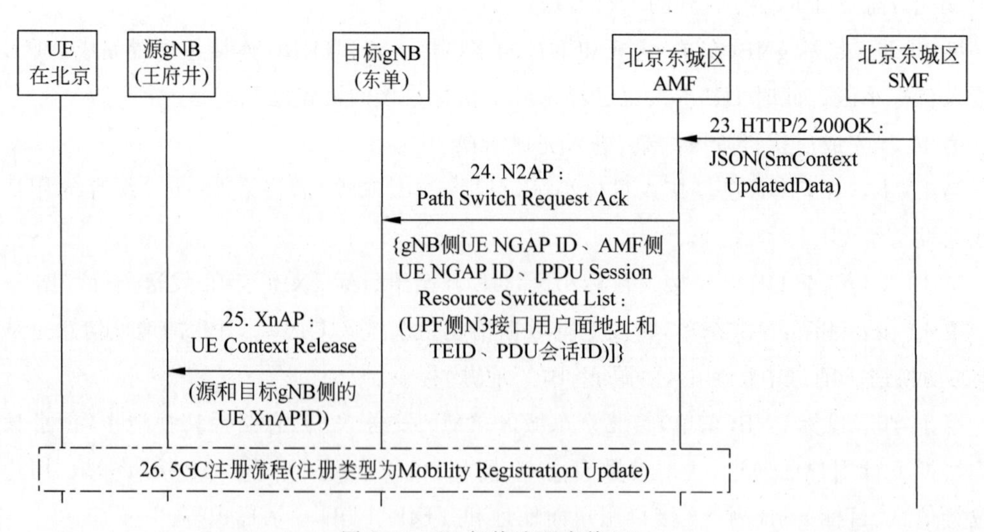

图 3-59　Xn 切换流程实战(4)

第16步：北京东城区AMF调用北京东城区SMF的Nsmf_PDUSession_UpdateSMContext Request服务操作，将目标gNB的N3接口信息透传给SMF。消息是HTTP/2 POST:/nsmf-pdusession/v1/sm-contexts/{smContextRef}/modify，主要参数包括AMF标识GUAMI、用户位置信息、toBeSwitched参数取值为true(表示路径切换结果为真)、需要切换的PDU会话标识及QoS流列表、目标gNB侧N3接口地址和TEID等。

第17步：北京东城区SMF通过比对用户的当前位置信息，发现UE在切换前后都属于同一个跟踪区，UPF的服务范围并未发生改变，因此决定继续使用当前UPF为用户服务而不执行UPF的重选。

第18步：北京东城区SMF发送PFCP Session Modification Request消息给北京东城区UPF，发起N4会话修改更新FAR，将目标gNB(东单)的N3接口地址和TEID发送给UPF。

第19步：北京东城区UPF返回PFCP Session Modification Response，并携带成功的原因值参数。在本步骤中，UPF可以重新分配UPF侧的N3接口地址和TEID，也可以继续使用此前分配给源gNB的N3接口地址和TEID，取决于厂家产品实现和配置。

第20步：北京东城区UPF停止给源gNB(王府井)发送下行数据，并发送GTP-U消息End Marker通知源gNB(王府井)。

第21步：源gNB(王府井)给目标gNB(东单)发送GTP-U消息End Marker。目标gNB(东单)可以开始完成用户面报文排序、重组(PDCP层)的相关工作。

第22步：北京东城区UPF开始给目标gNB(东单)发送下行数据，目标gNB(东单)通过空口把下行数据发送给UE。

本步骤完成后，用户的上行和下行方向的用户面通道全部打通，整个切换过程用户无感知，也不影响用户体验。

第23步：北京东城SMF给AMF返回200 OK响应(对第16步的确认)，并携带需要更新的SM上下文相关参数。如果第19步中UPF重新分配了N3接口用户面地址和TEID，则SMF也会发给AMF，并请求AMF透传给目标gNB(东单)。

第24步：北京东城区AMF给目标gNB(东单)发送N2消息路径切换请求确认，表明核心网侧的路径切换已经完成。如果第19步UPF重新分配了N3接口用户面地址和TEID，则AMF也一并发送给目标gNB(东单)进行更新。

第25步：由于切换已经完成，目标gNB(东单)给源gNB(王府井)发送XnAP消息UE上下文释放，请求源gNB释放相关的空口资源。

第26步：如果满足了23502的4.2.2.2.2节中定义的移动性注册更新流程的触发条件，则UE需要发起MRU流程。

3.4.2 N2 切换流程

本节介绍的是 23502 的 4.9.1.3 Inter NG-RAN node N2 based handover，翻译为跨 NG-RAN 节点的 N2 切换流程。常见于 5G 网络不支持或未开启 Xn 接口的 5G 系统内切换场景。

1. 相关的重要知识点

问题 3-35：本流程是如何触发的，由谁发起？触发的原因有哪些？

答案 3-35：N2 切换流程由源 gNB 决定是否发起。规范原文是 The source NG-RAN decides to initiate an N2-based handover to the target NG-RAN，翻译为源 gNB 决定发起到目标 gNB 的 N2 切换。较为常见的触发原因是无线条件发生变化，例如根据测量报告的结果显示到目标 gNB 侧的信号越来越强。其他原因还包括负荷分担、在一次不成功的 Xn 切换中收到了目标 gNB 的错误指示(Xn 切换失败)、从源 RAN 侧学习到的一些动态信息等。典型的触发过程举例如下：

(1) UE 已经完成 5G 注册和 PDU 会话建立流程，已经通过某 gNB(称为源 gNB)接入 5GC。UE 处于连接态。

(2) UE 发生位置移动，离开源 gNB 服务的小区，即将进入新的目标 gNB 所在的服务小区。此时 UE 发送测量报告给源 gNB。gNB 评估测量报告后决定发起切换，但检查发现 Xn 接口无法发起切换(如未配置或配置错误、未激活或者 Xn 接口不通等原因)，则发起 N2 切换流程。

问题 3-36：N2 切换流程中哪些网元发生了变化，哪些不变？

答案 3-36：首先 gNB 肯定发生了变化，流程的标题就叫 Inter NG-RAN。除了 gNB 以外，AMF 和 UPF 可能变，也可能不变，取决于具体的场景。如果是高铁跨省场景，则大概率会发生变化(因为 AMF、UPF 通常以省为单位部署)。SMF 是 PDU 会话的控制面锚点，所以一定不会改变。高铁跨省场景的 N2 切换场景如图 3-60 所示。

问题 3-37：什么是直接转发和非直接转发？网络侧如何决定采用哪种转发？

答案 3-37：直接转发和非直接转发是指在 N2 切换流程中，两个 gNB 之间是否能直接转发用户面数据。如果还是高铁跨省场景，则相邻省份边界的两个 gNB 之间通常不支持直接转发，该场景下就只能采用非直接转发，用户面数据由源 gNB 发给核心网再发给目标 gNB。在这个过程中源 gNB 会给 SMF 发送一个指示，SMF 据此来判定是否启动间接转发。

2. 规范中的原版流程简介

规范中的 N2 切换流程原图包括 23502 的 4.9.1.3.2 节的准备阶段和 4.9.1.3.3 节的执行阶段，其中准备阶段如图 3-61 所示。

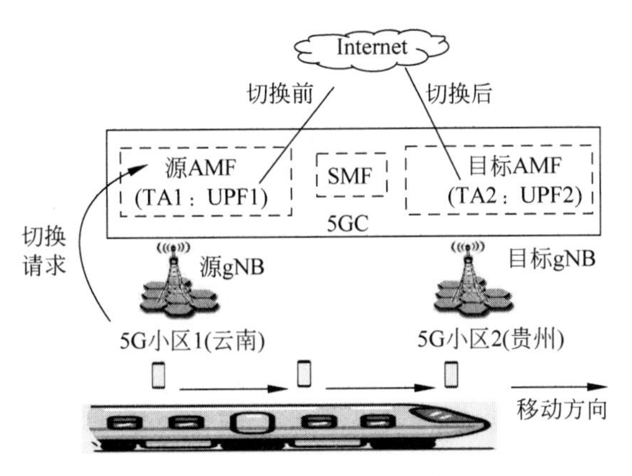

图 3-60　N2 切换场景示意图

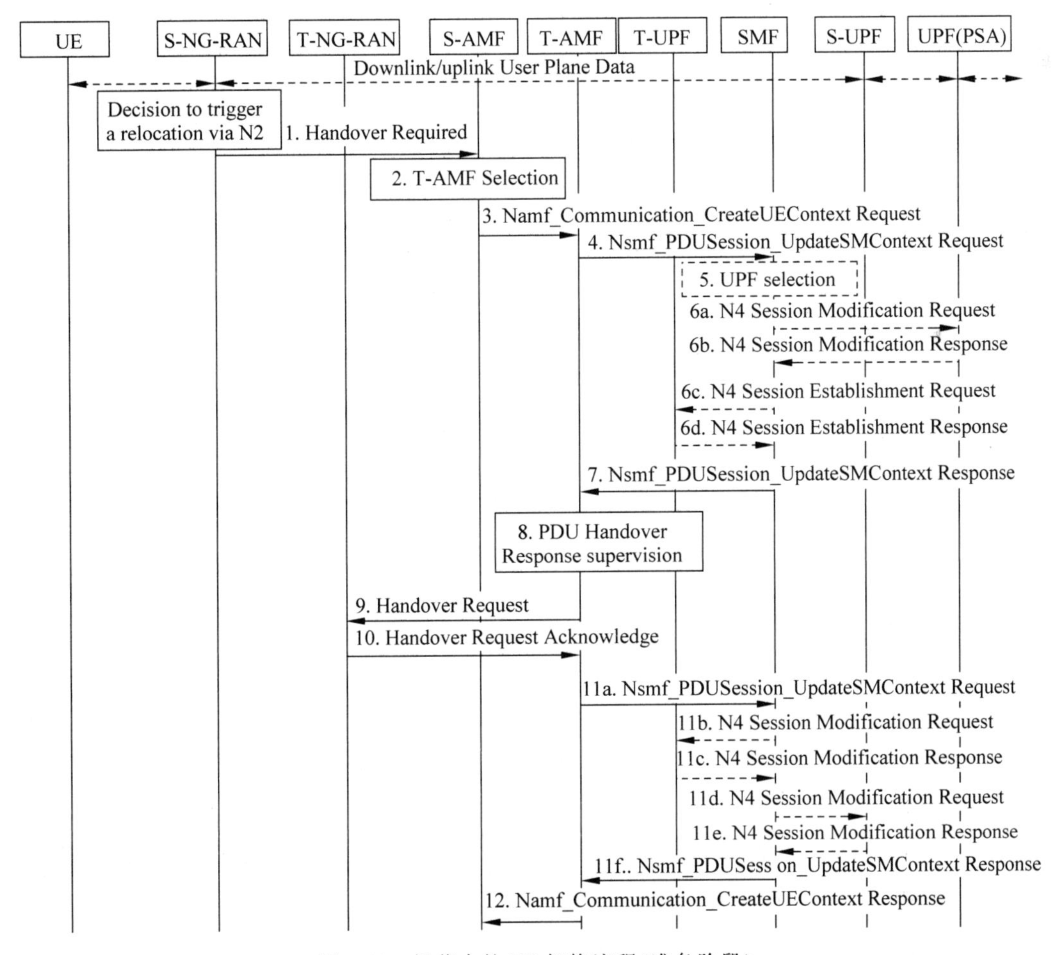

图 3-61　规范中的 N2 切换流程(准备阶段)

前置条件是UE已经完成PDU会话建立流程并正在上网,处于连接态。用户面转发路径是UE→源gNB→源UPF→DN。

(1) 源gNB根据从UE收到的测量报告进行切换评估,发现到目标小区信号越来越好,源小区信号越来越弱,于是做出切换决定。

(2) 源gNB向源AMF发送切换请求,包含目标TA和目标gNB的信息。

(3) 源AMF根据目标TA完成目标AMF的选择。

(4) 源AMF调用目标AMF的Namf_Communication_CreateUEContext Request服务,请求目标AMF创建UE上下文,该请求消息包含了SMF的信息。

(5) 目标AMF调用SMF的Nsmf_PDUSession_UpdateSMContext服务,请求更新UE的SM上下文。

(6) 由于UE进入了一个新的TA,SMF判断出该TA不属于当前UPF的服务范围,需要重新选择一个UPF,其中6a/6b步骤是SMF通知UPF(PSA)将下行数据(走N9接口)发送给新选择的UPF,6c/6d步骤是SMF和目标UPF建立N4会话,并下发相应管控规则。

(7) SMF给目标AMF返回确认,表示SM上下文更新完成。

(8) 目标AMF可以对PDU切换启动计时器进行监测。

(9) 目标AMF给目标gNB发送切换请求,要求为即将到来的UE提前分配预留资源。

(10) 目标gNB完成资源分配,给AMF返回确认。

(11) 目标AMF通知SMF,SMF则发起到UPF的N4会话修改,将目标gNB侧的N3接口地址和TEID发送给UPF,用于下行数据的发送。

(12) 目标AMF通知源AMF资源已经准备完毕,包括无线接入侧和核心网侧的资源均准备完毕。接下来源gNB将引导UE接入目标小区并进入执行阶段,如图3-62所示。

(1) 源AMF给源gNB发出切换命令,要求源gNB发起切换。

(2) 源gNB引导UE切换并接入目标小区。

(3) 此时的下行数据转发路径取决于gNB之间是否支持直接转发。如果支持,则执行步骤3a;如果不支持,则执行步骤3b,其中采用间接转发的3b步骤用户面转发路径是PSA→源UPF→源gNB→源UPF→目标UPF→目标gNB。

(4) UE完全接入目标小区后给目标gNB发送切换确认。目标gNB开始将下行数据转发给UE。至此,上行方向用户面转发路径已经打通。

(5) 目标gNB给目标AMF发送切换通知消息,表示切换在目标gNB侧已经成功完成。

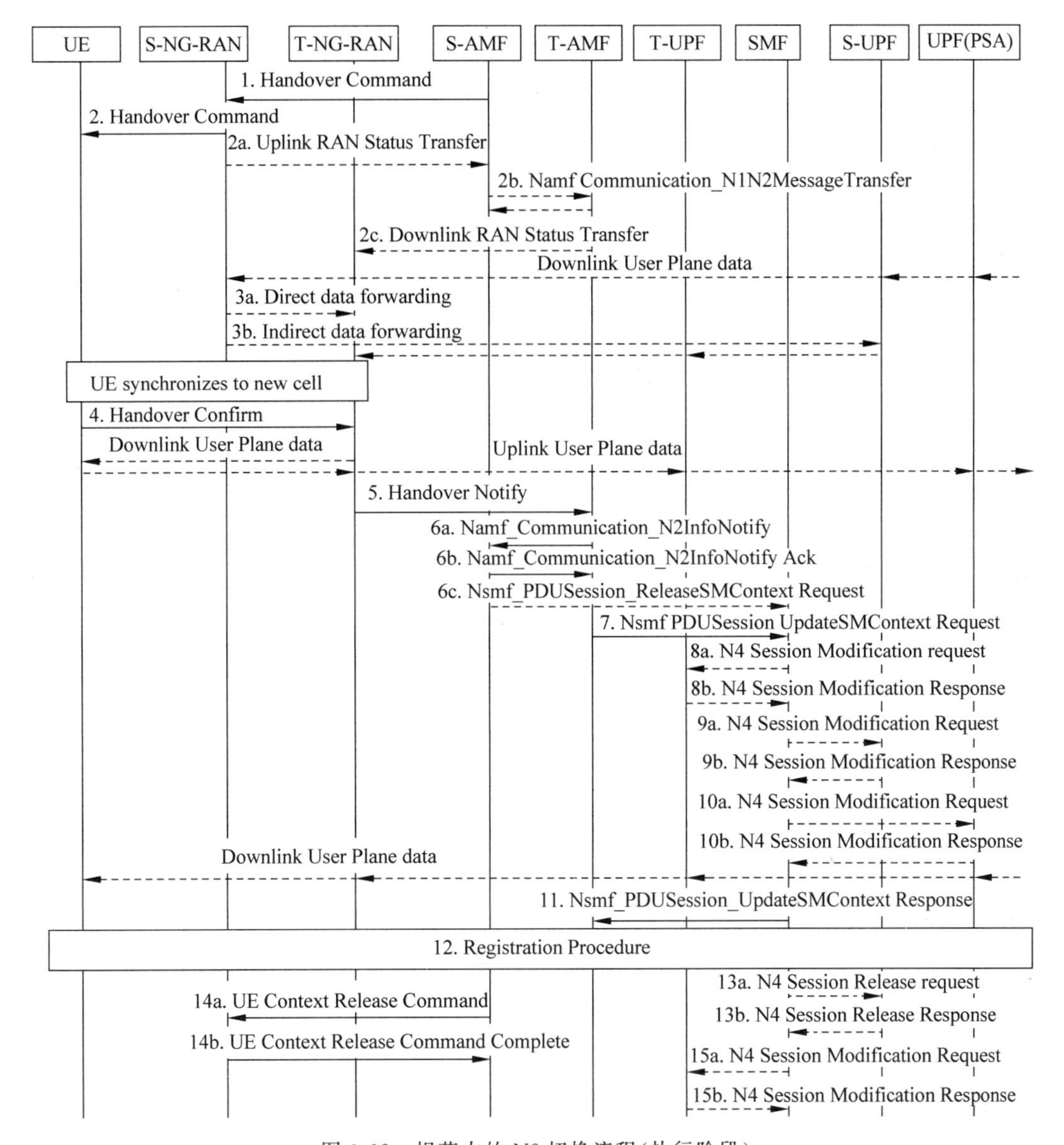

图 3-62　规范中的 N2 切换流程(执行阶段)

(6) 目标 AMF 通知源 AMF 已经收到了切换通知消息,源 AMF 对没有成功接收的 PDU 会话发起会话释放流程。

(7) 目标 AMF 通知 SMF,指示 N2 切换成功。

(8) 如果之前 SMF 选择了新的目标 UPF,则执行步骤 8a 和 8b。SMF 指示目标 UPF 开始将下行数据发给目标 gNB。

(9) 如果之前 SMF 没有选择新的 UPF,则执行步骤 9a 和 9b。SMF 指示源 UPF 将下行数据发给目标 gNB。

(10) SMF 给承担 PSA 角色的 UPF 发送 N4 会话修改请求，完成 PSA 侧到目标 gNB 的路径切换。

至此，下行方向用户面转发路径也已经打通。

(11) SMF 给 AMF 返回确认。

(12) 如果满足 24501 定义的移动性注册更新流程的触发条件，则 UE 还需要发起移动性注册更新流程。

(13) 第 13～15 步是源 gNB 侧的资源释放流程。

3. 信令流程实战

目前 5G 商用网络部署主要包括大区制组网和以省为单位组网两种方式，无论哪种方式，AMF、SMF 和 UPF 均是以省为单位来部署的，因此本节的信令流程同样假设 AMF、SMF 和 UPF 以省为单位部署。

假设某 5G 用户坐高铁从云南向贵州方向前进触发了 N2 切换流程，该场景中的网元如图 3-63 所示。

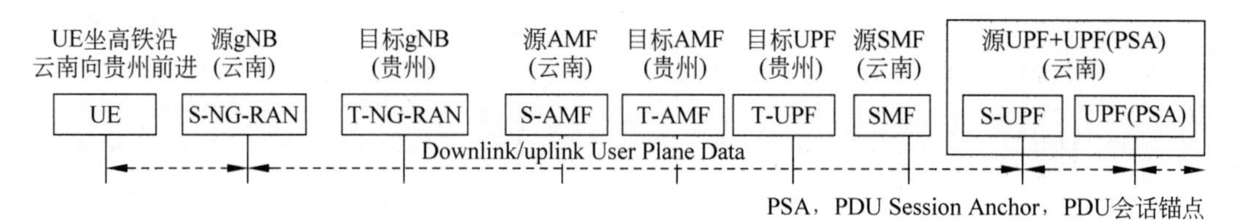

图 3-63　N2 切换场景假设

下面结合上述场景来看具体的 N2 切换流程，其中准备阶段的信令流程实战如图 3-64～图 3-66 所示。

前置条件：切换之前 UE 已经建立 PDU 会话并正在上网处于连接态，虚线为此时用户面传输路径。

第 1 步：UE 已经到达云贵边界很快将进入贵州，根据源 gNB(云南)的要求发送测试报告。测试报告显示云南侧源小区的信号越来越弱，而相邻的贵州小区的信号越来越强。

第 2 步：源 gNB(云南)根据测试报告的结果做出切换的决定。

第 3 步：源 gNB(云南)给源 AMF(云南)发送 NGAP 消息切换要求(Handover Required)，消息中包括目标 gNB 标识(贵州)、目标 TAI(贵州)、Cause 参数取值为 NG intra-system handover triggered、切换类型参数取值为 Intra5GS(表示是 5G 内切换)、需要预留资源的 PDU 会话列表(PDU 会话标识、不支持直接转发的指示)、Source to Target Transparent Container(源 gNB 需要通过核心网透传给目标 gNB 的空口参数)等。

第 4 步：源 AMF(云南)根据目标 TAI 查询 NRF 得到目标 AMF(贵州)地址信息。

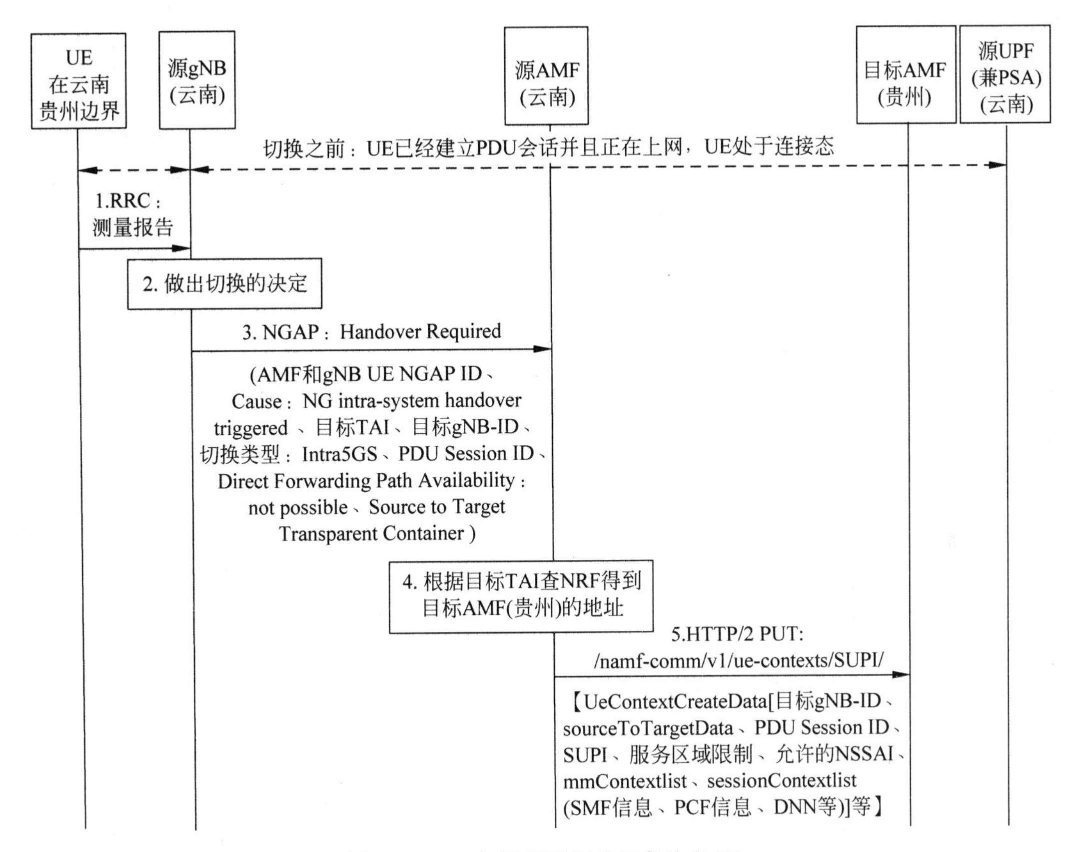

图 3-64　N2 切换流程实战准备阶段(1)

第 5 步：源 AMF(云南)调用目标 AMF(贵州)服务，请求建立 UE 上下文。消息是 HTTP/2 PUT:/namf-comm/v1/ue-contexts/SUPI/。主要参数包括需要 UE 上下文创建数据(UeContextCreateData)参数。UE 上下文创建参数详细描述了需要在目标 AMF(贵州)侧创建的 UE 上下文的详细信息，包括目标 gNB(贵州)标识、PDU 会话标识、具体的 UE 上下文描述等子参数。在 UE 上下文描述子参数中又包括 SUPI、服务区域限制、允许的 S-NSSAI、mmContextlist(移动性管理上下文列表)、sessionContextList(会话管理上下文列表，记录了 SMF、PCF 和 DNN 等相关信息)等孙参数。

第 6 步：目标 AMF(贵州)调用源 SMF(云南)的服务请求 SMF 更新 UE 的 SM 上下文。消息是 HTTP/2 POST:/nsmf-pdusession/v1/sm-context/smContextRef/modify。主要参数包括 hoState 参数取值为 Preparing(表示切换状态为正在准备中)、目标 gNB 标识、目标 TAI、目标 AMF 标识等参数。

第 7 步：源 SMF(云南)根据目标 TAI 为贵州跟踪区做出判断，选择贵州 UPF 作为目标 UPF 为 UE 提供服务。

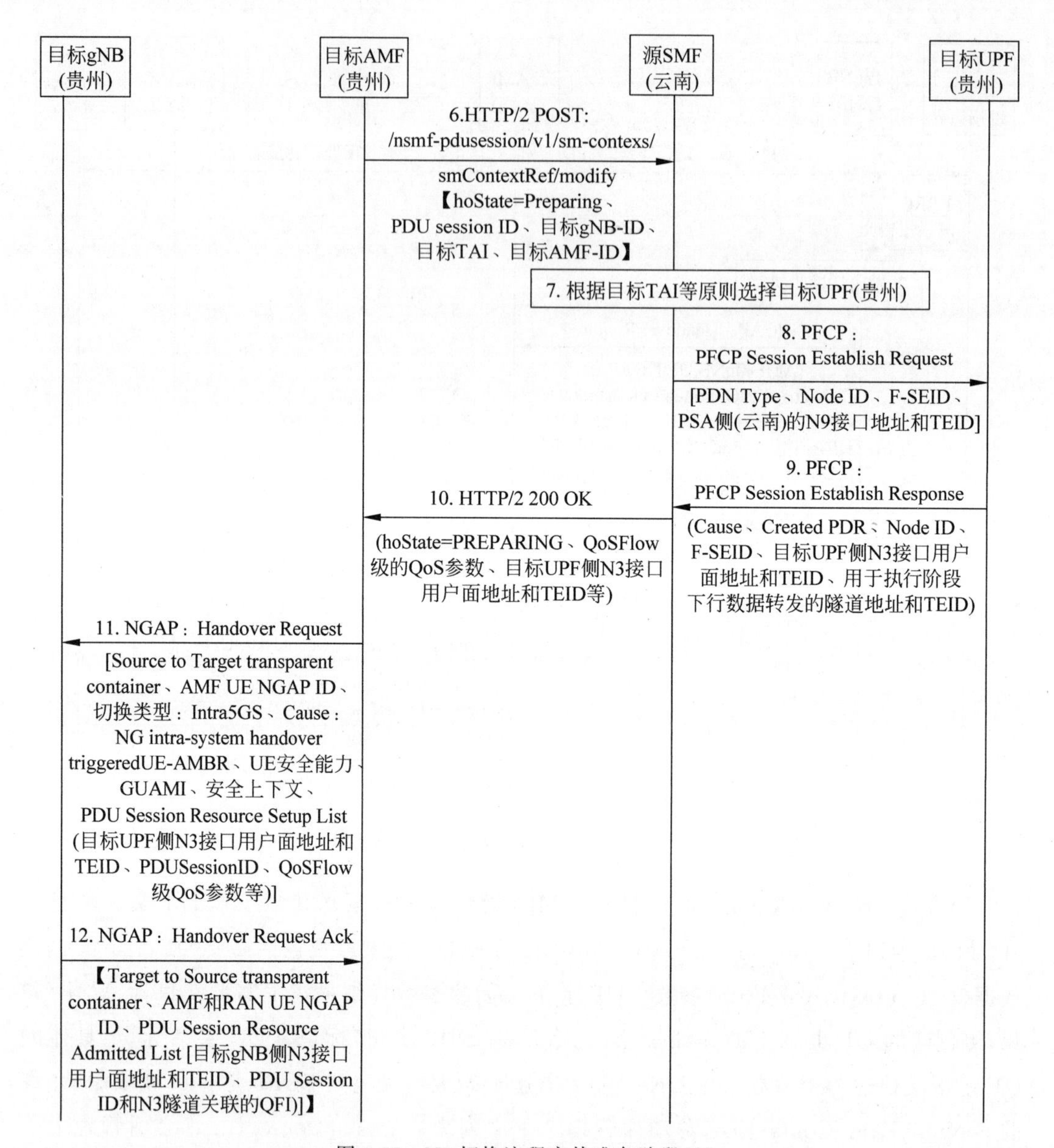

图 3-65　N2 切换流程实战准备阶段(2)

注意：在商用网络中，本省 SMF 通常无法选择其他省份的 UPF。在此场景下，信令流程里需插入一个目标省份的中间 SMF(Intermediate SMF，I-SMF)和 I-UPF 解决。相关特性在 23501 的 5.34 Support of deployments topologies with specific SMF Service Areas 中介绍，该特性属于 R16 特性。

第 8 步：源 SMF(云南)和目标 UPF(贵州)建立 N4 会话。消息是 PFCP Session Establish Request。主要参数包括 PDN 类型、SMF 侧节点标识、F-SEID、PSA(云南)侧的

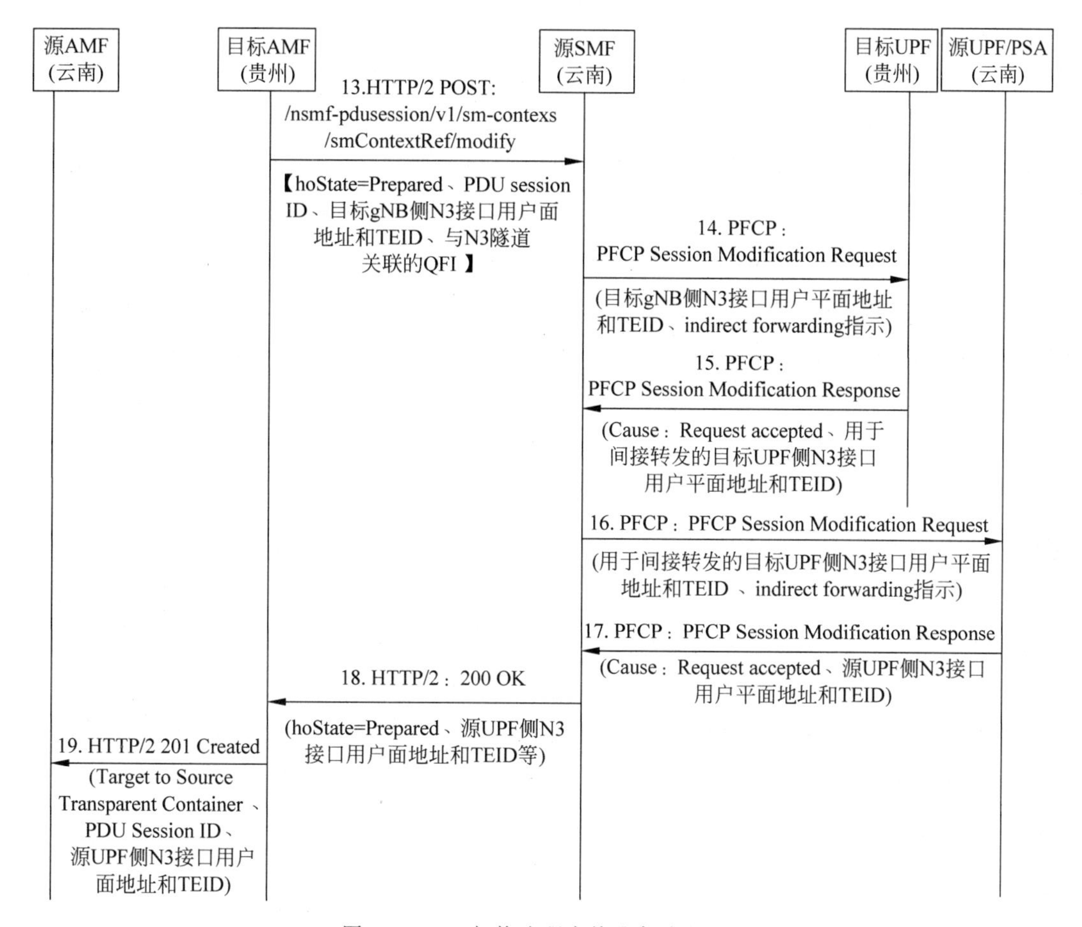

图 3-66　N2 切换流程实战准备阶段(3)

N9 接口 IP 地址和 TEID。

第 9 步：目标 UPF(贵州)返回 N4 会话响应。在响应消息中，目标 UPF 将分配两个 GTP-U 隧道信息，其中一个是目标 UPF 侧 N3 接口地址和 TEID，该地址在后续步骤中将发给目标 gNB，用于上行数据发送；另一个 GTP-U 隧道信息将在后续步骤发送给源 UPF/PSA(云南)，用于执行阶段下行数据的转发。

第 10 步：源 SMF(云南)给目标 AMF(贵州)返回(对第 6 步)的确认。消息是 HTTP/2 200 OK 响应。主要参数包括 hoState 参数取值为 Preparing、目标 UPF 侧 N3 接口用户面地址和 TEID、QoS 流级的 QoS 参数等。

第 11 步：目标 AMF(贵州)给目标 gNB(贵州)发送切换请求，要求为 UE 预留资源。消息是 NGAP：Handover Request。主要参数有 Source to Target transparent container、AMF 侧 UE 的 NGAP 接口标识、切换类型参数取值为 Intra5GS、Cause 参数取值为 NG intra-system handover triggered、UE-AMBR、UE安全能力、GUAMI、安全上下文、PDU Session Resource Setup List(目标UPF侧N3接口用户面地址和TEID、PDU会话标识、允许的S-NSSAI、QoSFlow级QoS参数等)等。

第12步：目标gNB(贵州)根据要求为UE准备好空口资源，并分配目标gNB侧的N3接口地址和TEID，该地址在后续步骤中将发给目标UPF，用于下行数据的传送。消息是NGAP：Handover Request Ack。主要参数有Target to Source transparent container(目标gNB需要通过核心网透传给源gNB的空口参数)、AMF和RAN侧UE的NGAP接口标识、PDU Session Resource Admitted List(PDU会话标识、目标gNB侧N3接口用户面地址和TEID、与N3隧道关联的QFI)等，其中PDU Session Resource Admitted List参数即准入的PDU会话列表，代表成功预留了资源的PDU会话列表。

第13步：目标AMF(贵州)调用源SMF(云南)的Nsmf-pdusession服务，将目标gNB侧N3接口地址和TEID发送给SMF。消息是HTTP/2 POST：/nsmf-pdusession/v1/sm-context/smContextRef/modify。主要参数有hoState参数取值为Prepared(表示切换准备已完成)、PDU会话标识、目标gNB侧N3接口用户面地址和TEID、与N3隧道关联的QFI等。

第14步：源SMF(云南)给目标UPF(贵州)发送N4会话修改请求，将目标gNB侧的N3接口地址和TEID发给目标UPF，并包含不支持直接转发的指示，该指示表明后续步骤将启用间接转发。消息是PFCP Session Modification Request。

第15步：目标UPF(贵州)返回N4会话修改响应，并分配目标UPF侧N3接口地址和TEID，用于执行阶段数据的间接转发。

第16步：源SMF(云南)给源UPF/PSA(云南)发送N4会话更新请求，包含目标UPF侧N3接口地址和不支持直接转发的指示。消息是PFCP Session Modification Request，主要参数包括目标UPF(贵州)的N3接口用户平面地址和TEID、不支持直接转发指示等。

第17步：源UPF/PSA(云南)返回N4会话修改响应，并分配源UPF侧N3接口地址和TEID，该地址在后续步骤中将发给源gNB(云南)，用于执行阶段下行数据的非直接转发。消息是PFCP Session Modification Response，主要参数包括源UPF侧N3接口用户平面地址和TEID。

第18步：源SMF(云南)给目标AMF(贵州)返回响应200 OK响应(对第13步的响应)，通知对方核心网侧准备工作已经完成。主要参数包括hoState取值为Prepared、源UPF侧N3接口用户面地址和TEID等，其中hoState参数取值已经从初始的Preparing变更为Prepared，表示切换准备工作已经完成。

第19步：目标AMF(贵州)给源AMF(云南)返回响应201 Created(对第5步的响应)，

主要参数包括 Target to Source Transparent Container、需要切换的 PDU 会话标识、源 UPF 侧 N3 接口用户面地址和 TEID 等。

第 19 步完成标志着准备阶段结束，之后进入执行阶段。执行阶段的信令流程实战如图 3-67 和图 3-68 所示。

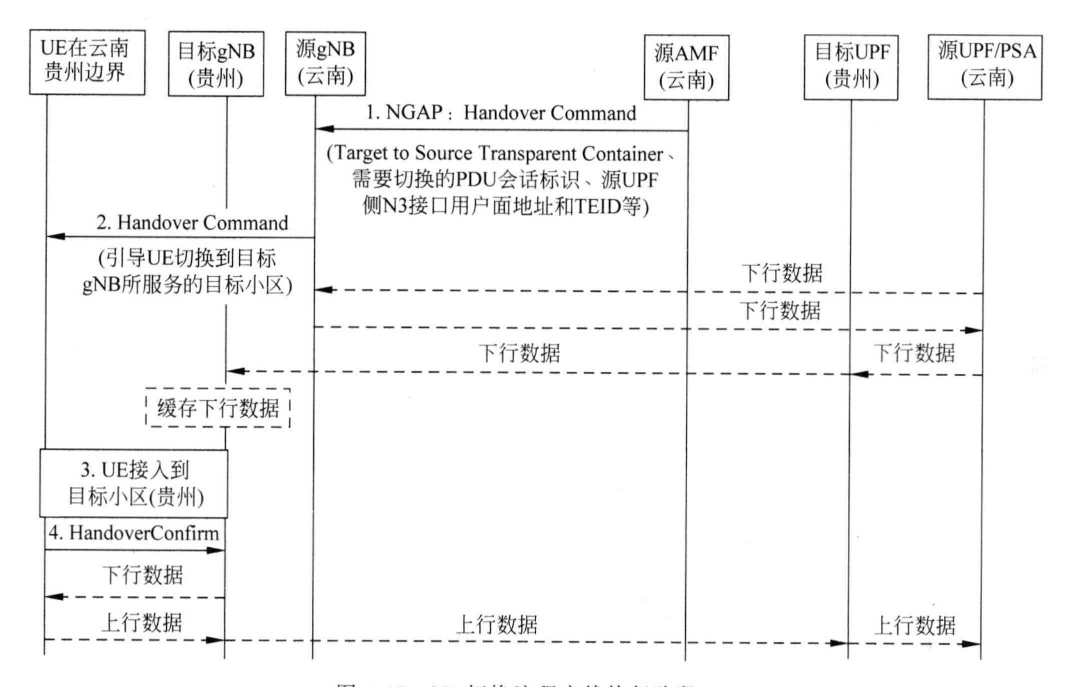

图 3-67　N2 切换流程实战执行阶段(1)

第 1 步：源 AMF(云南)给源 gNB(云南)发送切换命令，要求源 gNB 引导 UE 接入目标小区。消息是 NGAP：Handover Command，主要参数包括 Target to Source Transparent Container、需要切换的 PDU 会话标识、源 UPF 侧 N3 接口用户面地址和 TEID 等。

第 2 步：源 gNB(云南)给 UE 发送切换命令，引导 UE 接入目标小区(贵州)。

此时下行数据采用非直接转发。源 UPF(云南)从 DN 收到下行数据后，由于未收到切换指示，因此仍将下行数据发送给源 gNB(云南)，而此时 UE 已经准备接入目标小区(贵州)，因此源 gNB(云南)需要启动非直接转发，将下行数据返回给源 UPF(云南)，源 UPF(云南)将下行数据发送给目标 UPF(贵州)，再由目标 UPF(贵州)发送给目标 gNB(贵州)。如果此时 UE 还没有完全接入目标小区(贵州)，则目标小区(贵州)需要缓存收到的下行数据。

第 3 步：UE 完全接入目标小区(贵州)。同时由于高铁的行进，此时的 UE 已经离开云南进入了贵州境内。

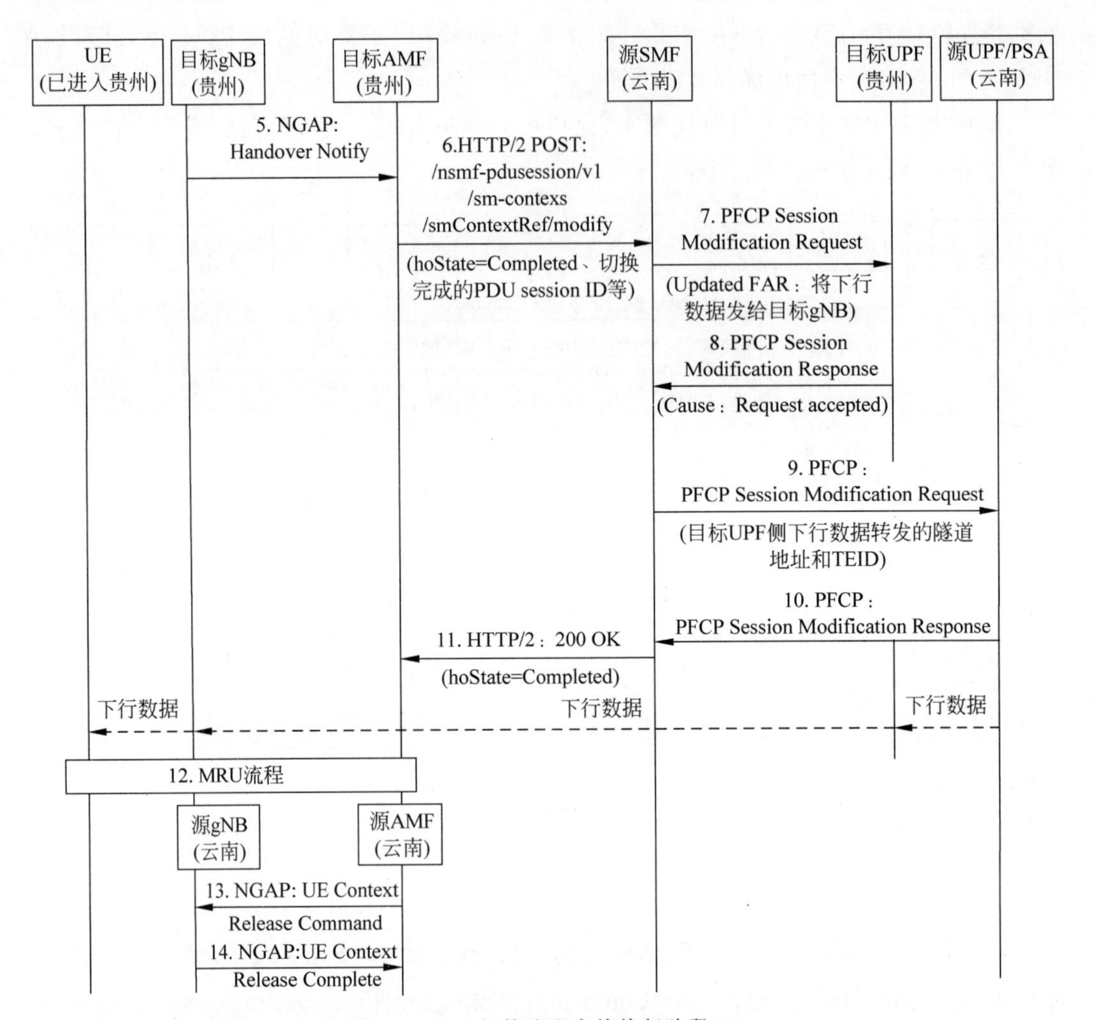

图 3-68　N2 切换流程实战执行阶段(2)

第 4 步：UE 发送切换确认给目标 gNB(贵州)。

第 4 步完成后，目标 gNB(贵州)开始将缓存中的下行数据发送给 UE。至此上行方向的用户面路径已经打通。上行方向用户面数据转发路径是从 UE→目标 gNB→目标 UPF→源 UPF/PSA→DN。

第 5 步：目标 gNB(贵州)给目标 AMF(贵州)发送切换通知，该消息用于指明 UE 已经成功接入目标小区，同时也表明 RAN 侧的切换已经完成。消息是 NGAP：Handover Notify，主要参数有 AMF 和 gNB 侧 UE 的 NGAP 接口标识、UE 当前位置信息等。

第 6 步：目标 AMF(贵州)通知源 SMF(云南)切换已经完成，用户面路径需要从源(云南)切换到目标(贵州)侧。消息是 HTTP/2 POST：/nsmf-pdusession/v1/sm-context/

smContextRef/modify，主要参数 hoState 参数为 Completed、切换完成的 PDU 会话标识等参数，其中 hoState 参数取值已经从图 3-66 所示的第 18 步的 Prepared 变更为 Completed，这标志着切换从准备阶段进入完成阶段。

第 7 步：源 SMF(云南)给目标 UPF(贵州)发送 N4 会话修改请求并更新转发规则，要求目标 UPF(贵州)切换下行方向转发路径，将下行数据直接发送给目标 gNB(贵州)。消息是 PFCP Session Modification Request。

第 8 步：目标 UPF(贵州)切换下行转发路径至目标 gNB(贵州)，目标 UPF 返回 N4 会话修改响应。

第 9 步：源 SMF(云南)给源 UPF/PSA(云南)发送 N4 会话修改请求并更新转发规则，要求 PSA 切换下行方向转发路径，将下行数据发送给目标 UPF(贵州)。消息是 PFCP Session Modification Request，主要参数包含目标 UPF 侧用于下行数据转发的隧道地址和 TEID。

第 10 步：源 UPF/PSA(云南)切换下行转发路径至目标 UPF(贵州)，返回 N4 会话修改响应。

第 11 步：源 SMF(云南)给目标 AMF(贵州)返回响应 200 OK 响应，表明切换已经成功完成。消息是 HTTP/2 200 OK，主要参数包括 hoState 取值为 Completed。

至此下行方向的用户面路径也已经打通。下行方向用户面数据转发路径是从 PSA→目标 UPF→目标 gNB→UE。

第 12 步：由于跨省场景发生了 AMF 的切换，满足 MRU 的触发条件。UE 需要发起 MRU 流程，在目标 AMF(贵州)下重新注册登记，并获得目标 AMF(贵州)分配的 5G-GUTI。

第 13 步和第 14 步：源 AMF(云南)请求源 gNB(云南)释放 UE 上下文和相关的资源。

第4章

4G 和 5G 互操作流程

5G 网络在国内已经大规模商用，但在很长时间内仍将与 4G 网络共存，因此非常有必要掌握 4G 和 5G 的互操作流程。

本章将完整介绍基于 N26 接口的 4G 与 5G 的典型互操作流程，包括 UE 从 4G 到 5G 的 MRU 流程、UE 从 5G 到 4G 的 TAU 流程、UE 从 4G 到 5G 的切换流程、UE 从 5G 到 4G 的切换流程。除此以外还补充介绍了和语音业务互操作相关的 EPS Fallback 流程。

为支持用户上下文在 5G 和 4G 互操作过程中的无缝迁移，规范中要求以下网元合设。

(1) HSS 与 UDM 合设（或者能支持 HSS 与 UDM 的互操作）。

(2) PCRF 与 PCF 合设。

(3) PGW-C 与 SMF 合设。

(4) PGW-U 与 UPF 合设。

4.1 5G 到 4G 的 TAU 流程

本节介绍的是 23502 的 4.11.1.3.2 5GS to EPS Idle mode mobility using N26 interface 流程，翻译为基于 N26 接口的 5G 到 4G 空闲态移动流程，即 UE 首先在 5G 中完成注册，并且在空闲态移动到了 4G 所触发的 TAU 流程。

1. 相关的重要知识点

问题 4-1：本流程是如何触发的，由谁发起？

答案 4-1：本流程是由 UE 发起的，主要触发过程举例如下。

(1) UE 已经完成 5G 注册和 PDU 会话建立流程。

(2) UE 侧没有流量产生触发了 AN 释放流程，进入空闲态(CM-IDLE)。

(3) UE 此时发生位置移动，离开了 5G 覆盖进入 4G 覆盖触发了本流程。UE 发起 TAU 流程完成在 4G 网络中的注册登记，网络侧需要将 UE 在 5G 侧所建立的用户上下文无缝迁移到4G侧，从而保证业务的连续性。

2. 规范中的原版流程简介

规范中的流程原图是来自23502的Figure 4.11.1.3.2-1 5GS to EPS Idle mode mobility using N26 interface，如图4-1所示。

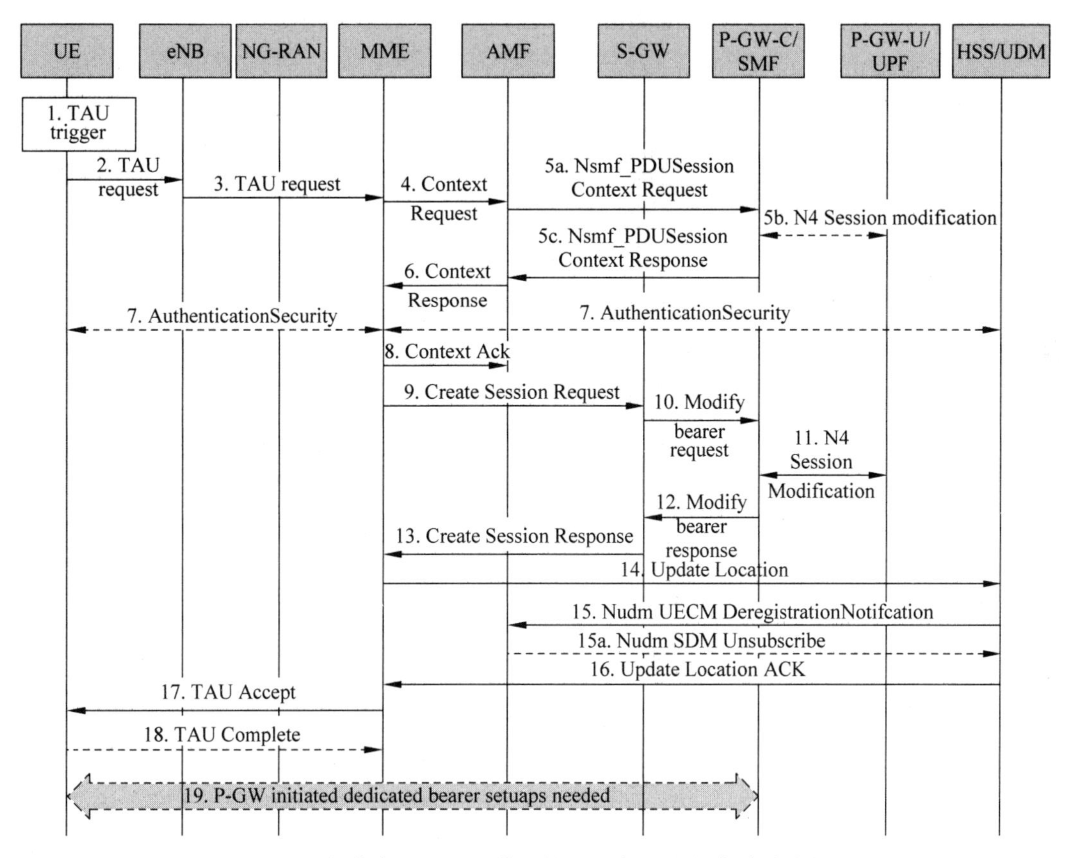

图4-1 规范中基于N26接口的5G到4G空闲态移动流程

第1～3步：处于空闲态的UE进入4G覆盖，触发TAU流程。

第4步/第6步/第8步：MME从AMF获取UE上下文，包括移动性管理上下文和会话管理上下文。

第5a步和第5c步：AMF从SMF获取UE的会话管理上下文，SMF返回映射后的EPS承载。

第5b步：SMF通知PGW-U/UPF为EPS承载分配用户面资源。

第9步和第13步：MME根据用户当前跟踪区选择SGW并创建S11接口会话。

第10步和第12步：SGW通知PGW-C更新S5接口会话。

第11步：PGW-C将SGW-U的信息发送给PGW-U。

第 14 步和第 16 步：MME 到 HSS 的位置更新流程。

第 15 步：UDM 发起到 5G 侧 AMF 的位置更新。

第 17 步和第 18 步：TAU 流程完成，MME 为 UE 分配 4G-GUTI。

第 19 步：（条件触发）如果需要建立 EPS 专有承载，则由 PGW 发起 EPS 专载建立流程。可参考 4.5 节的 EPS Fallback 流程。

3. 信令流程实战

场景假设说明如图 4-2 所示。

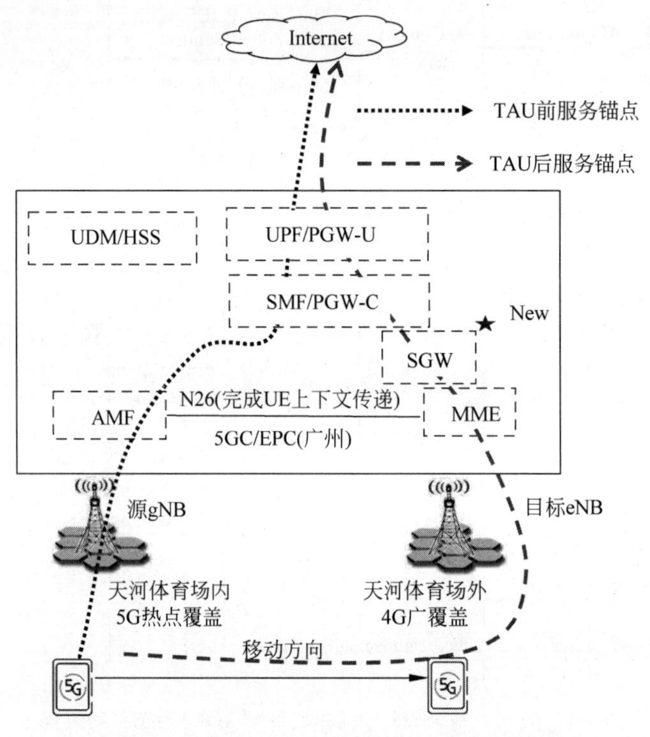

图 4-2　5G 到 4G 空闲态移动 TAU 场景假设

(1) UE 在广州市天河体育场内看球赛，场内有 5G 覆盖，场外为 4G 覆盖。

(2) UE 在体育场内完成 PDU 会话建立流程并开始上网，球赛开始后专心看球没有流量产生，UE 进入了空闲态。

(3) 球赛结束后 UE 从场内 5G 覆盖移动到场外 4G 覆盖，触发了 TAU 流程。

下面结合上述场景来看具体的 5G 到 4G 空闲态移动触发的 TAU 流程，如图 4-3～图 4-6 所示。

前置流程包括 UE 已经在广州天河体育馆内完成了 5G 注册和 PDU 会话建立流程，广州 AMF 侧创建了 UE 的移动性管理上下文（MM 上下文），广州 SMF 侧创建了 UE 的会话

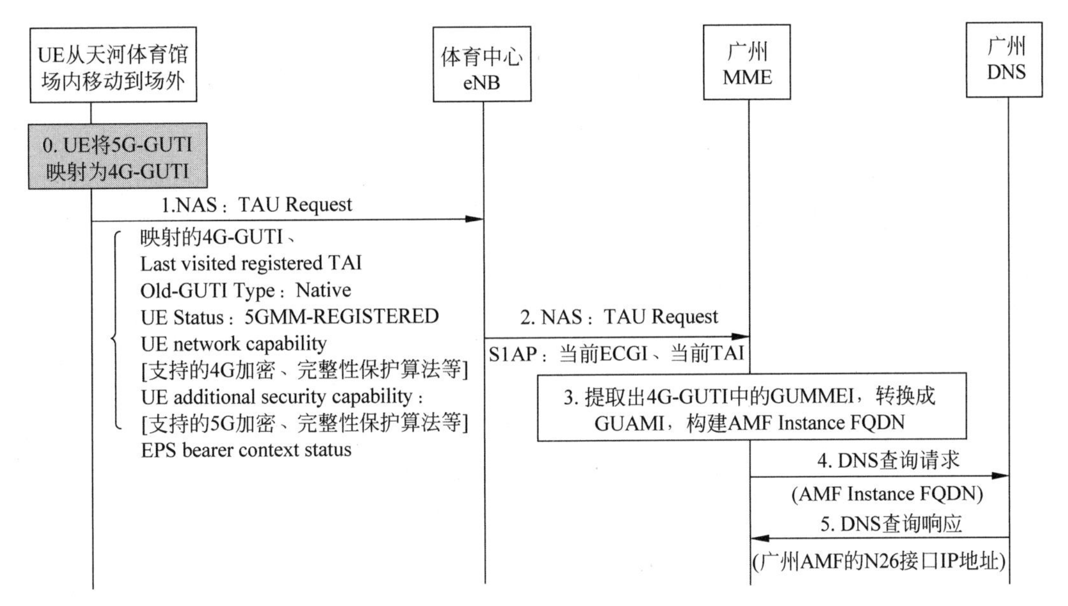

图 4-3　5G 到 4G 的 TAU 流程实战(1)

管理上下文(SM 上下文)。广州 UPF 则作为用户面的锚点。此时球赛结束，空闲态的 UE 移动到了体育场外，离开了 5G 覆盖，从而触发了本流程。

第 0 步：UE 根据 23003 的 2.10.2.1.2 Mapping in the UE 中的规则将 5G-GUTI 映射为 4G 的 GUTI。例如，将 GUAMI 映射为 GUMMEI(Globally Unique MME Identity，全球唯一 MME 标识)。

第 1 步：UE 发送 4G NAS 消息 TAU 请求，主要参数有映射的 4G-GUTI、UE 最近访问的 TAI、Old-GUTI 类型参数取值为 Native、UE Status 参数取值为 UE is in 5GMM-REGISTERED state、UE network capability(UE 支持的 4G 加密和完整性保护算法等)、UE additional security capability(UE 支持的 5G 加密和完整性保护算法等)、EPS 承载上下文状态等。该消息通过空口发送给体育中心 eNB。

第 2 步：eNB 将 NAS 消息透传给广州 MME，并且在 S1-MME 消息中加上 UE 的当前位置信息 ECGI、TAI 参数。

第 3 步：广州 MME 提取出 4G-GUTI 中的 GUMMEI，转换成 GUAMI 并构建 AMF Instance FQDN。

第 4 步和第 5 步：广州 MME 向广州 DNS 发起查询，根据 AMF Instance-FQDN 查询得到广州 AMF 的 N26 接口地址(站在 MME 角度，是 S10 接口)。

第 6 步：广州 MME 请求广州 AMF 返回 UE 的上下文。消息是 GTPv2：Context Request。主要参数有 RAT 类型参数取值为 Eutran、从 UE 收到的完整的 TAU 请求消息、

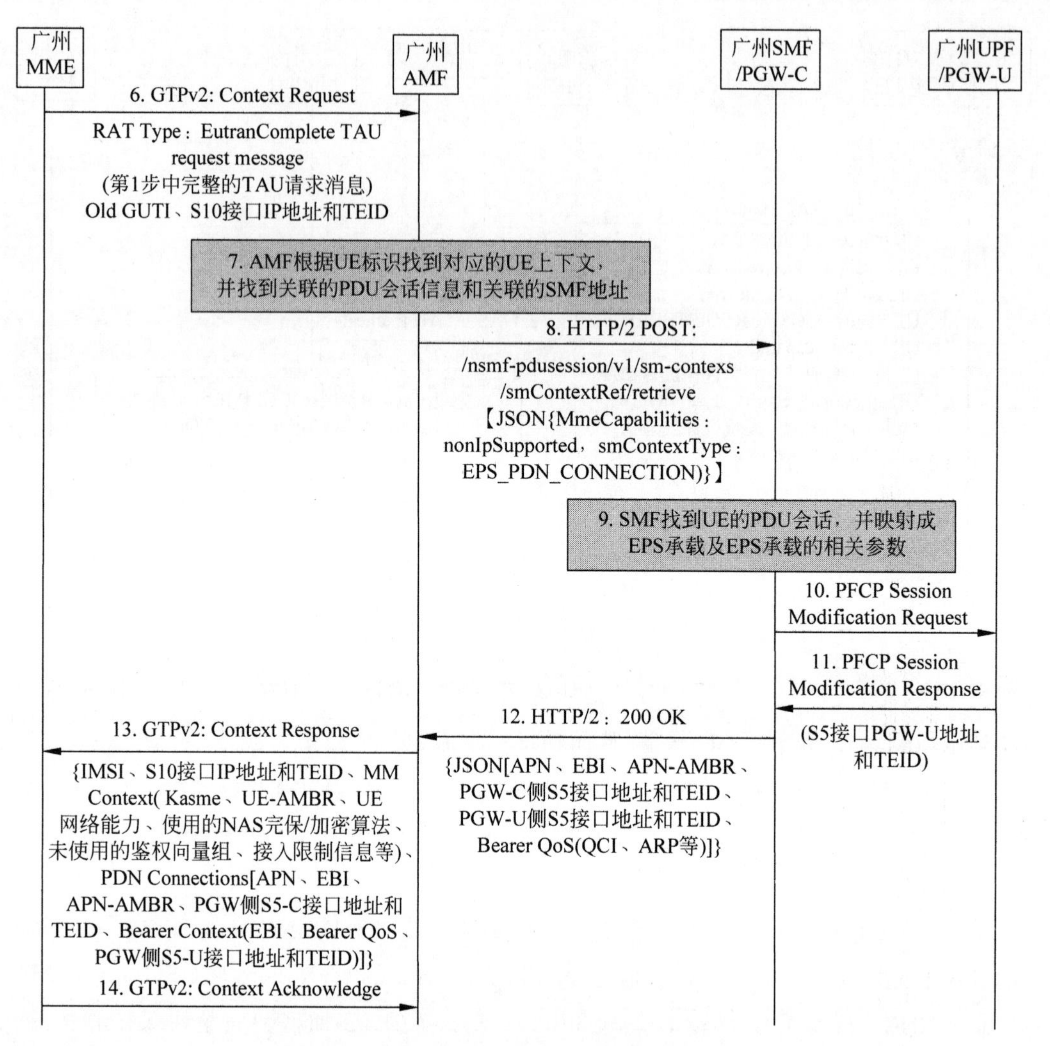

图 4-4　5G 到 4G 的 TAU 流程实战(2)

Old GUTI、广州 MME 侧 S10 接口 IP 地址和 TEID(站在 AMF 角度看是 N26 接口)等。

第 7 步：广州 AMF 根据 UE 标识查找到关联的 UE 上下文，并从 UE 上下文中找到关联的 PDU 会话信息和关联的 SMF 地址。

第 8 步：广州 AMF 调用广州 PGW-C/SMF 的 Nsmf_PDUSession_RetrieveSMContext 服务操作，请求获取 UE 的 SM 上下文。消息是 HTTP/2 POST：/nsmf-pdusession/v1/sm-context/smContextRef/retrieve。主要参数有 MME 的能力、smContextType 参数取值为 EPS_PDN_CONNECTION 等。

第 9 步：广州 SMF 根据 AMF 所提供的 smContextRef 标识查找到该 UE 的 PDU 会话信息，并映射成 EPS 承载及 EPS 承载的相关参数。

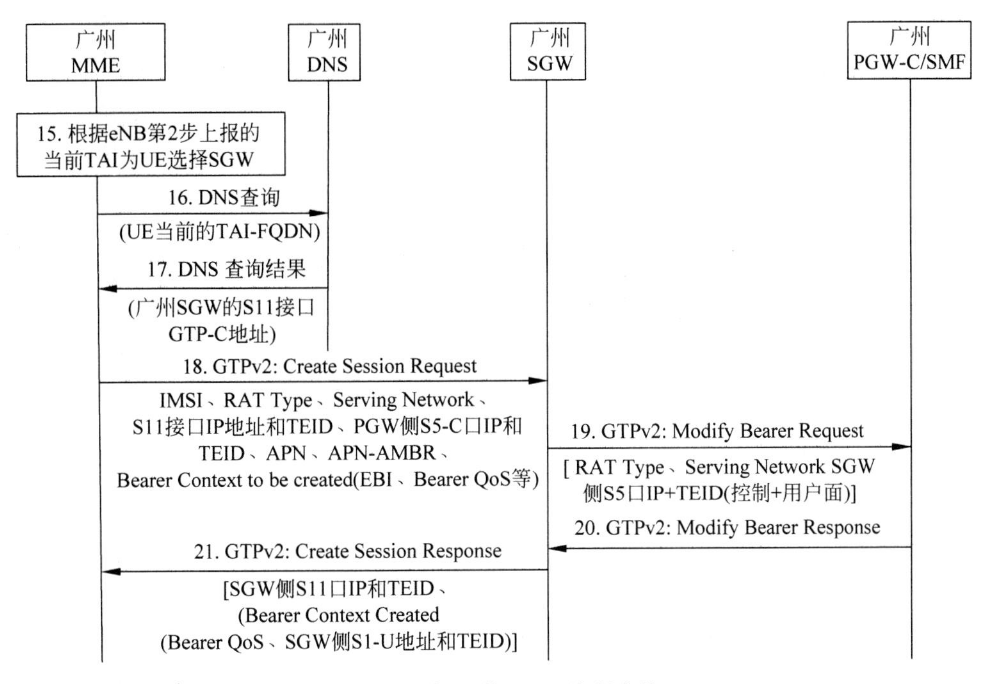

图 4-5　5G 到 4G 的 TAU 流程实战(3)

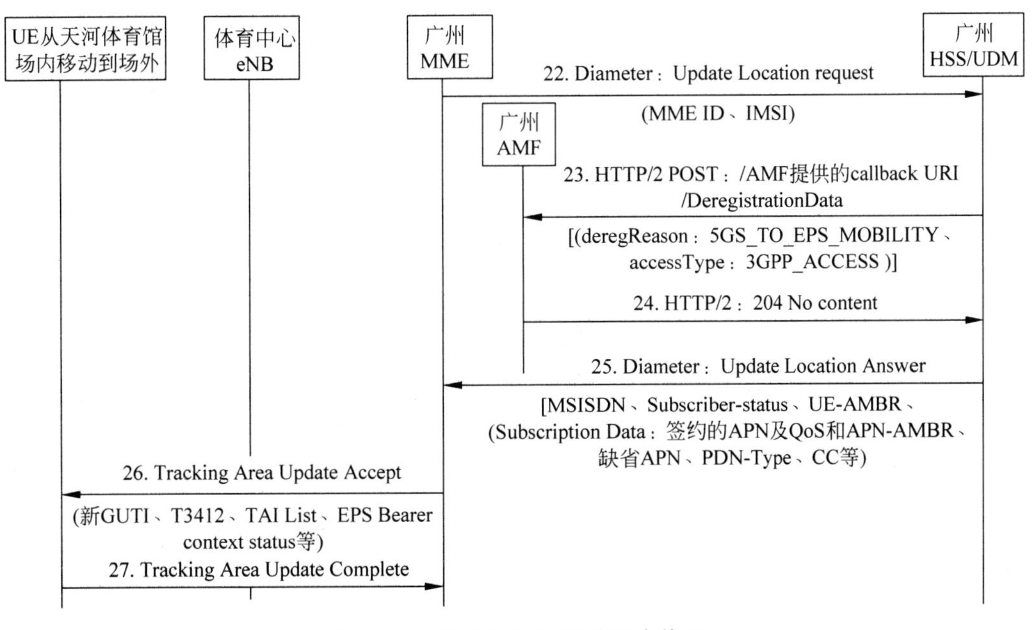

图 4-6　5G 到 4G 的 TAU 流程实战(4)

第10步和第11步：广州PGW-C/SMF发起N4会话修改流程(该N4会话在5G接入下PDU会话建立流程中已经建立，因此本步骤为修改流程)，要求PGW-U/UPF分配S5接口用户面地址和TEID。PGW-U/UPF在响应消息中分配S5接口PGW-U侧的地址和TEID。

第12步：广州SMF给广州AMF发送200 OK，作为对第8步的响应。主要参数包括映射后的EPS承载上下文、映射后的PDN连接的PGW-C侧控制面隧道信息、每个EPS承载的EBI、每个EPS承载的PGW-U侧隧道信息、每个EPS承载的EPS QoS参数等。

第13步：广州AMF将映射后的MM上下文和SM上下文发送给广州MME。消息是GTPv2：Context Response。主要参数有IMSI、S10接口IP地址和TEID、MM上下文(Kasme、UE-AMBR、UE网络能力、使用的NAS完整性保护和加密算法、未使用的鉴权向量组、接入限制信息等)、PDN Connections[APN、EBI、APN-AMBR、PGW侧S5-C接口地址和TEID、Bearer Context(EBI、Bearer QoS、PGW侧S5-U接口地址和TEID)]等参数。

第14步：广州MME给广州AMF返回Context Acknowledge消息进行确认。

第15～17步：广州MME根据UE当前的TAI构建TAI-FQDN查询，DNS选择一个离UE最近的SGW。DNS返回广州SGW的S11接口GTP-C地址。

第18步：广州MME请求广州SGW创建UE的会话。消息是GTPv2：Create Session Request。主要参数有IMSI、RAT类型、服务网络名称、MME侧S11接口地址和TEID、PGW侧S5-C接口地址和TEID、APN、APN-AMBR、请求创建的承载上下文(EBI、Bearer QoS等参数)。

第19步：广州SGW请求广州PGW-C/SMF更新EPS承载。消息是GTPv2：Modify Bearer Request。主要参数有IMSI、RAT类型、服务网络名称、SGW侧S5接口IP地址和TEID(控制面+用户面)。

注意：SGW不仅需要分配S5接口控制面隧道信息，还需要分配S1-U接口用户面隧道信息(IP地址和TEID)，用于后续上行数据在4G中传送。

第20步：广州PGW-C/SMF返回Modify Bearer Response确认。同时PGW-C/SMF需要通知PGW-U/UPF将下行数据转发路径切换到4G侧的SGW-U。

第21步：广州SGW给广州MME返回确认作为对第18步的响应，并且分配S1-U接口地址和TEID。消息是GTPv2：Create Session Response。主要参数有SGW侧S11接口地址和TEID、已创建的Bearer上下文(EPS承载的QoS参数、SGW侧S1-U地址和TEID)等。

第22步：广州MME发起到广州HSS中的位置更新。消息是Diameter：Update Location Request。主要参数有MME标识和用户的IMSI。

第23步：HSS登记4G中服务UE的MME信息。广州HSS/UDM可根据本地配置决定向广州 AMF 发起去注册，通知广州 AMF 释放用户上下文。消息是 HTTP/2 POST:/AMF 提供的 callback URI/DeregistrationData。主要参数包括去注册原因，取值为 5GS_TO_EPS_MOBILITY(指明去注册的原因，5GS_TO_EPS_MOBILITY 表明是由 5G 到 4G 的移动触发)，接入类型取值为 3GPP_ACCESS。

注意：第 23 步的作用主要是辅助 VoNR 网络中的被叫接入域选择(Terminating Access Domain Selection，T-ADS)功能，快速发现被叫用户当前所在的接入域(4G 或者 5G)，达到降低呼叫时长的目的。

第 24 步：广州 AMF 返回 204 响应进行确认。

第 25 步：广州 HSS 给广州 MME 发送位置更新应答，同时下发 UE 在 4G 中的签约数据。消息是 Diameter：Update Location Answer。主要参数有 MSISDN、签约状态、UE-AMBR、用户的签约数据(签约的 APN 及 QoS、APN-AMBR、缺省 APN、PDN-Type、CC 等)。

第 26 步：广州 MME 给 UE 返回 TAU 接收消息，标志着本流程成功完成。消息是 4G NAS：TAU Accept。主要参数有新分配给 UE 的 GUTI、T3412、跟踪区列表、网络侧的 EPS 承载上下文状态等。

第 27 步：广州 UE 返回 TAU Complete，表明 UE 侧已经收到了新分配的 GUTI。后续 4G 中的流程，UE 将使用新分配的 GUTI 来标识自己。

4.2 4G 到 5G 的 MRU 流程

1. 相关的重要知识点

本节介绍的是 23502 的 4.11.1.3.3 EPS to 5GS Mobility Registration Procedure (Idle and Connected State) using N26 interface，翻译为基于 N26 接口的 4G 到 5G 的移动性注册更新流程，发起该流程的 UE 状态可以是空闲态也可以是连接态，但 UE 在空闲态发起的场景更为常见，本节同样基于空闲态 UE 发起本流程进行介绍。

问题 4-2：本流程是如何触发的，由谁发起的？

答案 4-2：本流程是由 UE 发起的，主要触发过程举例如下。

(1) UE 已经在 4G 下完成附着流程并建立了关联的 EPS 缺省承载。

(2) UE 没有流量产生触发了 S1 释放流程，进入空闲态(ECM-IDLE)。

(3) UE 此时发生位置移动，离开 4G 覆盖进入 5G 覆盖区域触发了本流程。UE 发起

MRU 流程完成在 5G 网络中的注册登记，网络侧需要将 UE 在 4G 侧所建立的用户上下文无缝地迁移到 5G 侧。

2. 规范中的原版流程简介

规范中的流程原图来自 23502 的 Figure 4.11.1.3.3-1 EPS to 5GS mobility for single-registration mode with N26 interface，如图 4-7 所示。

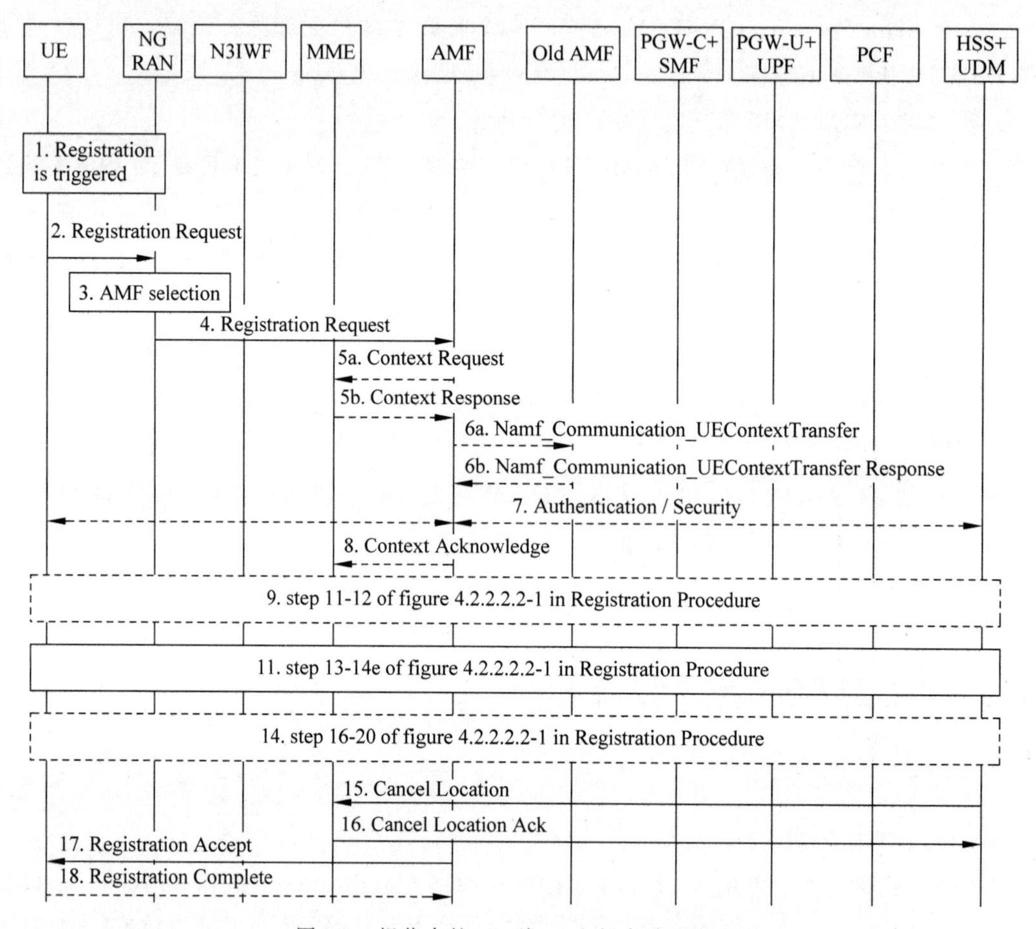

图 4-7 规范中的 4G 到 5G 空闲态移动流程

注：规范原文中对第 10 步、第 12 步、第 13 步进行了留白处理。

第 1 步和第 2 步：空闲态 UE 进入 5G 覆盖区域，触发了 5G 注册流程，注册类型为 MRU。

第 3 步和第 4 步：gNB 根据 GUAMI 完成 AMF 的选择。

第 5a 步/第 5b 步/第 8 步：AMF 请求 MME 提供 UE 的上下文，MME 返回 UE 在 4G 中的上下文(MM 上下文+SM 上下文)。

第 6a 步和第 6b 步：(条件触发)仅当 UE 从 5G 移动到 4G 又回到 5G 覆盖的场景触

发，并涉及两个 AMF 的互操作。

第 7 步：可选的鉴权和安全相关流程。

第 9 步：可选流程，AMF 要求 UE 提供 IMEI 并执行 IMEI 检查。

第 11 步：AMF 发起到 UDM 的选择、注册登记、获取签约数据、订阅签约数据的相关流程。

第 14 步：AMF 从 PCF 获取接入管理策略，以及和非 3GPP 的互操作流程（可选）。

第 15 步和第 16 步：HSS 发起取消到 MME 的位置更新流程。

第 17 步和第 18 步：AMF 发送注册接收消息给 UE，并分配 5G-GUTI 和注册区域等参数。UE 返回注册完成消息进行确认。

3. 信令流程实战

场景假设说明如图 4-8 所示。

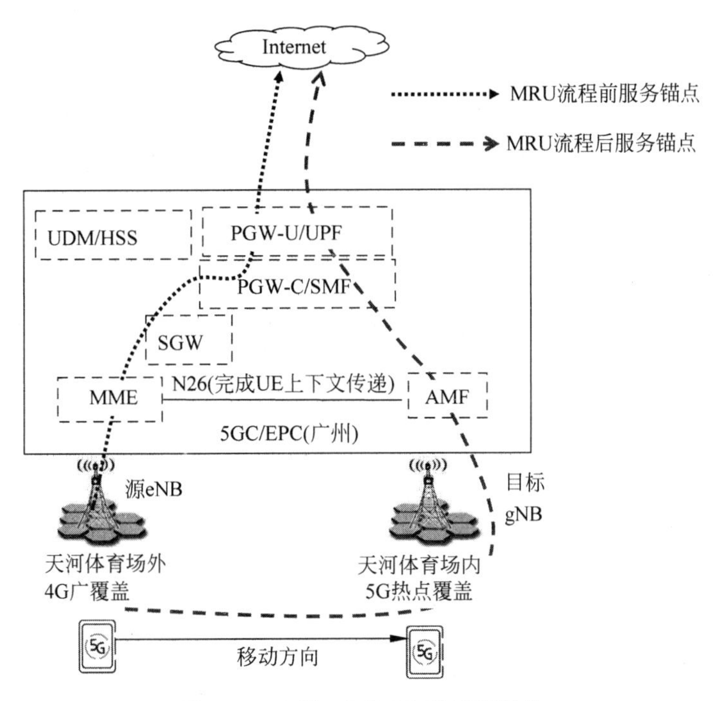

图 4-8 4G 到 5G 的 MRU 流程场景

（1）UE 在广州市天河体育场内看球赛，场内有 5G 覆盖，场外为 4G 覆盖。

（2）UE 在入场前，即在体育场外完成 4G 附着流程并建立了 EPS 缺省承载，由于没有流量产生，所以 UE 进入空闲态（ECM-IDLE）。

（3）UE 进入体育场内 5G 覆盖区域，触发了 MRU 流程。

信令流程实战如图 4-9～图 4-14 所示。

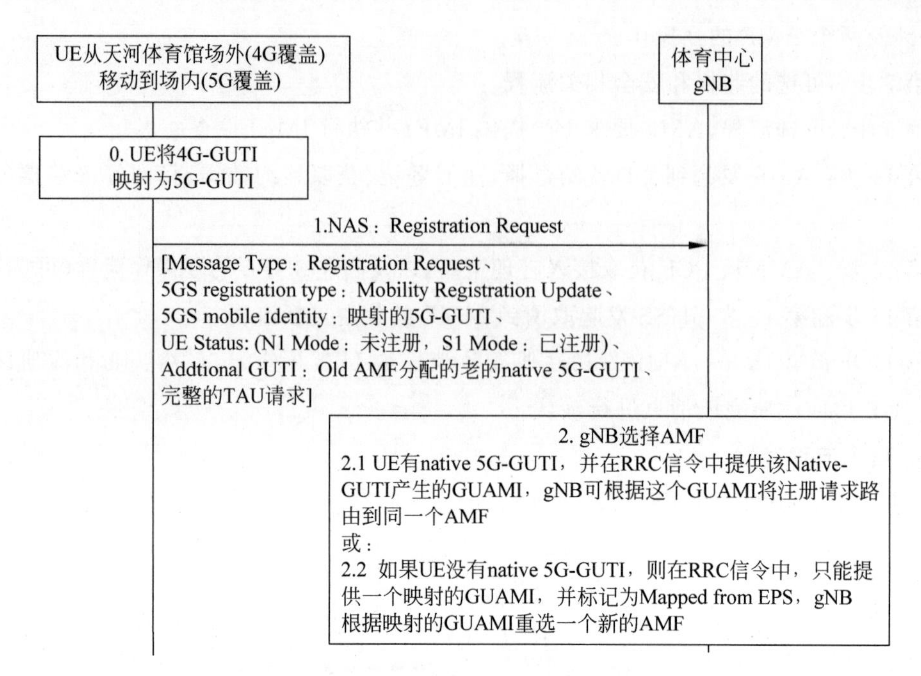

图 4-9　4G 到 5G 的 MRU 流程实战(1)

前置流程包括 UE 已经在广州天河体育馆外完成 4G 附着和 EPS 缺省承载的建立，广州 MME 侧创建了 UE 上下文，PGW-U 则作为用户面的锚点。处于空闲态的 UE 进入场内 5G 覆盖区域触发了本流程。

第 0 步：UE 需要根据 23501 中附录 B 的规则将 4G-GUTI 映射为 5G-GUTI，例如将 5G-TMSI 映射为 EPS 的 M-TMSI 等。

第 1 步：UE 发送 5G NAS 消息注册请求，该 NAS 消息被封装在 RRC 消息中经空口发送给 gNB，主要参数有映射的 5G-GUTI、注册类型取值为 MRU、UE Status(N1 mode 取值为未注册、S1mode 取值为已注册)、Additional GUTI 参数取值为老 AMF 分配的老的原生(非映射)5G-GUTI、完整的 TAU 请求。

注意：Additional GUTI 在本流程中为可选。只有当 UE 发生从 5G 到 4G 的移动再回到 5G 的场景时才可能出现。如果 UE 未曾在 5G 注册，而是直接从 4G 移动到了 5G 就不会出现。完整的 TAU 请求将由 AMF 发送给 MME，用于对 UE 上下文进行安全验证。UE Status 参数用于向网络侧提供当前 UE 的注册状态，子参数 N1 Mode 表明 UE 在 5G 侧的注册状态，子参数 S1 mode 表明 UE 在 4G 侧的注册状态。

第 2 步：体育中心 gNB 完成 AMF 的选择。选择原则如下。

(1) 如果 UE 侧存有原生的 5G-GUTI，则 UE 会在 RRC 信令中提供该 Native-GUTI 产生的 GUAMI，gNB 可根据这个 GUAMI 将注册请求路由到同一个 AMF。适用于前面

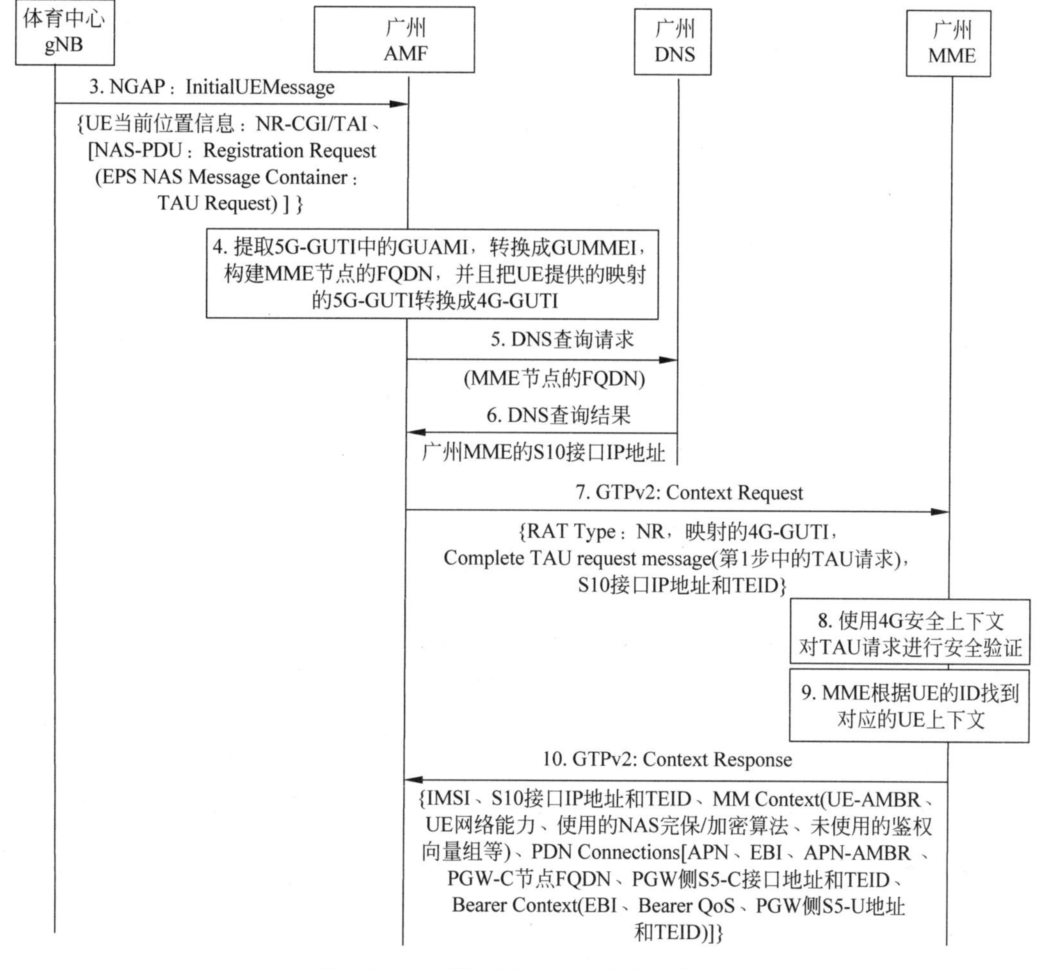

图 4-10　4G 到 5G 的 MRU 流程实战(2)

提到的 5G→4G→5G 移动选择相同 AMF 的场景。

或者：

(2) 如果 UE 侧未存有原生的 5G-GUTI，则在 RRC 信令中只能提供一个映射的 GUAMI，并标记为 Mapped from EPS，gNB 根据映射的 GUAMI 重选一个新的 AMF。

第 3 步：体育中心 gNB 将 NAS 消息封装在 N2 消息 InitialUEMessage 中透传给广州 AMF，并添加 UE 的当前位置信息 NR-CGI/TAI。

第 4 步：广州 AMF 提取出 5G-GUTI 中的 GUAMI，转换成 GUMMEI，构建 MME 节点的 FQDN，并且把 UE 提供的映射的 5G-GUTI，转换成 4G-GUTI。

第 5 步和第 6 步：广州 AMF 构建 MME-FQDN 查询广州 DNS，广州 DNS 返回广州 MME 侧 S10 接口地址(该地址站在 MME 角度看是 S10 接口，站在 AMF 角度看是 N26 接口)。

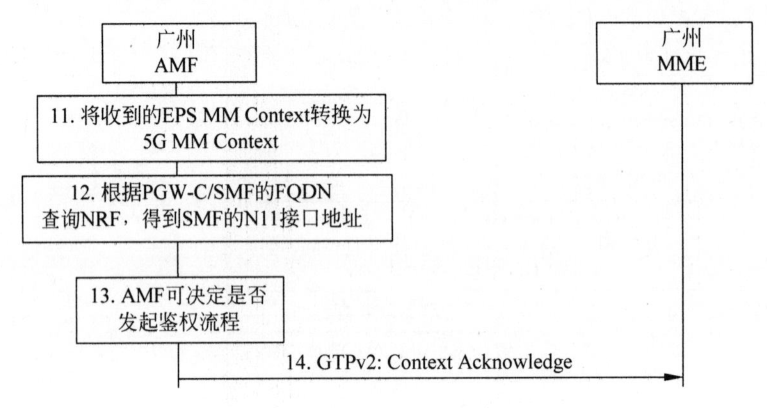

图 4-11 4G 到 5G 的 MRU 流程实战(3)

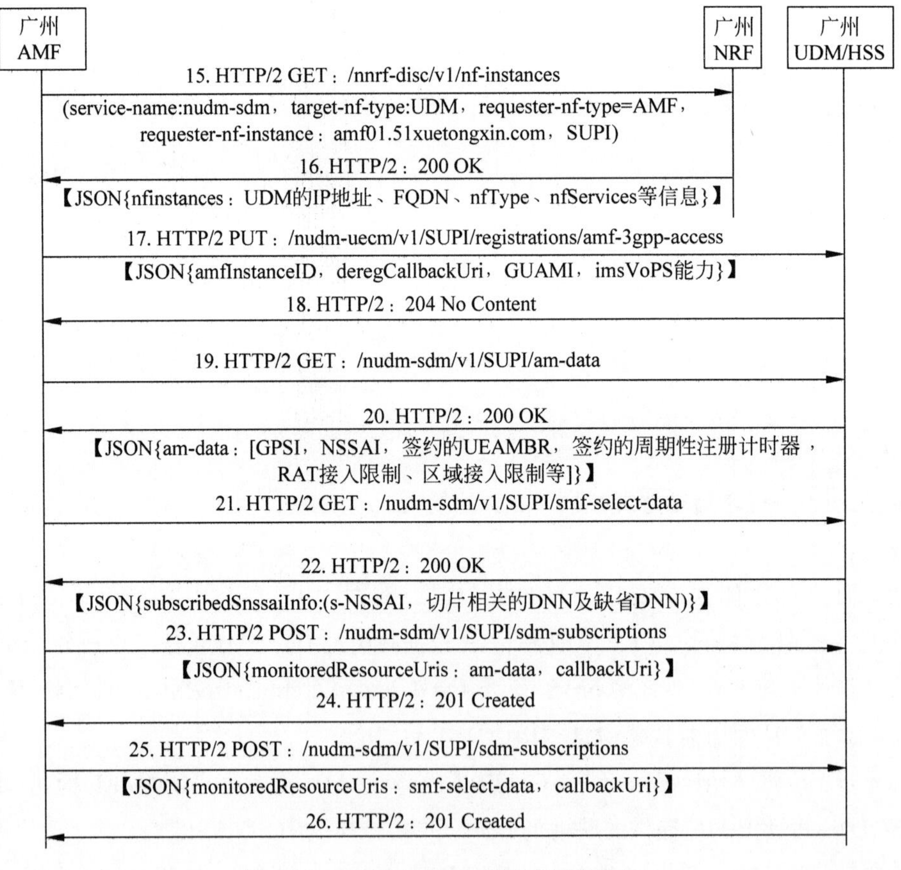

图 4-12 4G 到 5G 的 MRU 流程实战(4)

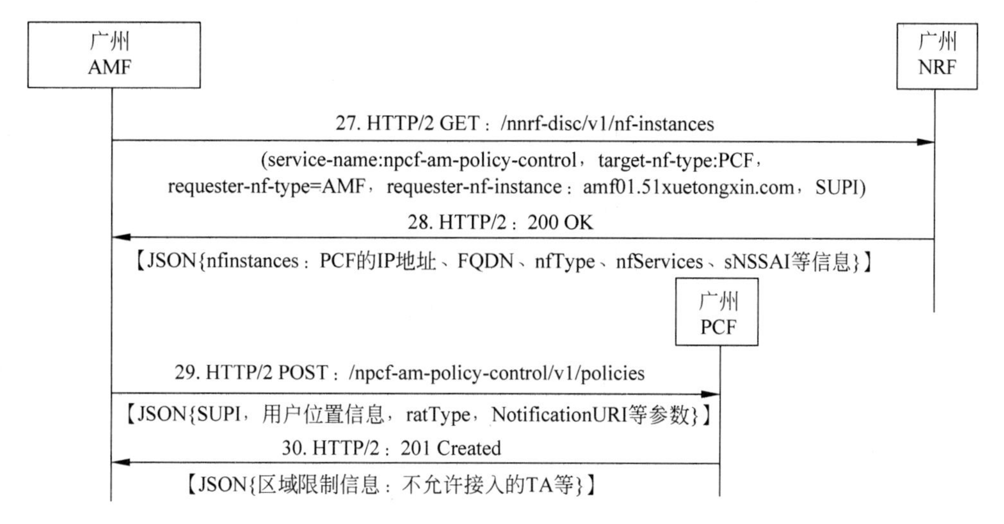

图 4-13　4G 到 5G 的 MRU 流程实战(5)

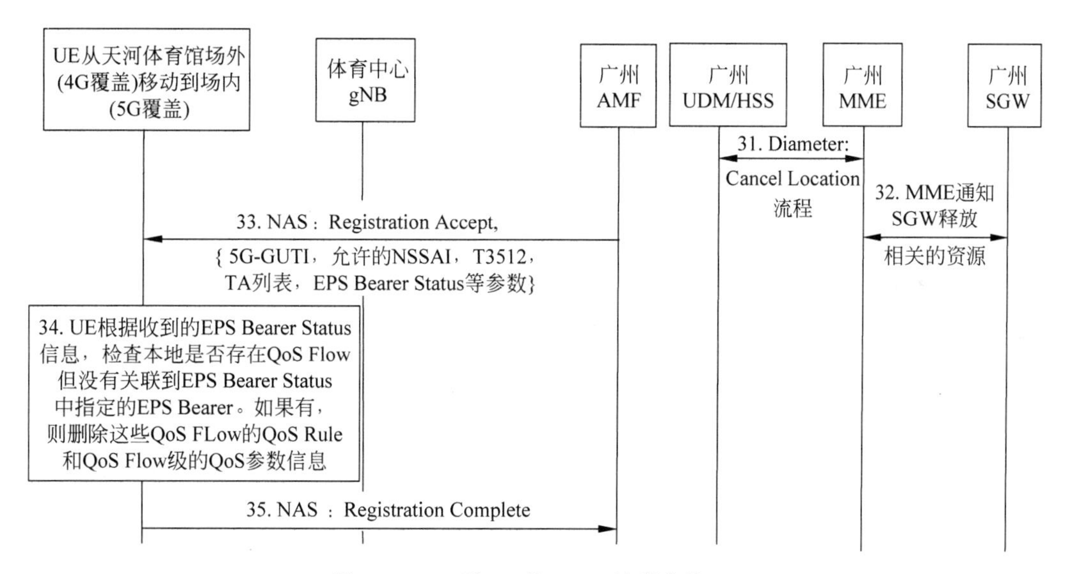

图 4-14　4G 到 5G 的 MRU 流程实战(6)

第 7 步：广州 AMF 请求广州 MME 返回 UE 的上下文。消息是 GTPv2：Context Request。主要参数有 RAT Type 参数取值为 NR、完整的 TAU 请求消息、映射的 4G-GUTI、广州 AMF 侧 S10 接口地址和 TEID。

第 8 步：广州 MME 使用本地存储的用户 4G 安全上下文对 TAU 请求进行安全验证。

第 9 步：广州 MME 根据 UE 标识查找到对应的 UE 上下文。

第 10 步：广州 MME 给广州 AMF 返回 UE 的上下文。消息是 GTPv2：Context Response。主要参数有 IMSI、广州 MME 侧 S10 接口地址和 TEID、MM Context(UE-

AMBR、UE网络能力、使用的NAS完整性保护/加密算法、未使用的鉴权向量组、接入限制信息等)、PDN Connections[APN、EBI、APN-AMBR、PGW侧S5-C接口地址和TEID、PGW-C节点FQDN、Bearer Context(EBI、Bearer QoS、PGW侧S5-U接口地址和TEID)]。

第11步：广州AMF将收到的EPS MM Context转换为5G MM Context(例如将APN映射为5G网元可识别的DNN参数)。

第12步：广州AMF根据收到的PGW-C/SMF节点FQDN查询NRF,得到SMF侧的N11接口地址(可选,取决于厂家产品实现)。

第13步：广州AMF可结合本地配置决定是否对UE发起鉴权流程。

第14步：广州AMF给广州MME返回Context Acknowledge消息进行确认。

第15～26步和3.1.2节的移动性注册更新流程的第18～30步相同,不再赘述。包括广州AMF查询NRF选择广州UDM、广州AMF在UDM完成注册登记并下载接入管理签约数据和SMF选择相关的签约数据、广州AMF到UDM完成签约数据变更的事件订阅等步骤。

第27步和第28步：广州AMF查询NRF获得广州PCF的信息。

第29步和第30步：广州AMF请求广州PCF提供接入管理策略am-policy,广州PCF给广州AMF返回接入管理策略,包括区域限制信息等参数。

第31步：广州UDM/HSS发起到广州MME的Cancel Location流程。

第32步：广州MME收到HSS的Cancel Location请求后,清除UE在4G侧的上下文并发送GTPv2消息给SGW请求释放EPS承载相关的资源。

第33步：广州AMF给UE返回5G NAS消息注册接收。主要参数包括给UE分配的5G-GUTI、允许的S-NSSAI、T3512、注册区域、EPS Bearer Status等参数。

第34步：UE根据收到的EPS Bearer Status信息,检查本地是否存在QoS流但没有关联到EPS Bearer Status中指定的EPS Bearer。如果有,则删除这些QoS流的QoS规则和QoS流级的QoS参数信息。

第35步：UE返回注册完成消息,对收到的5G-GUTI进行确认。

4.3 5G到4G的切换流程

1. 相关重要知识点

本节介绍的是23502的4.11.1.2.1 5GS to EPS handover using N26 interface,翻译为

基于N26接口5G到4G的切换流程。该流程适用于用户首先在5G接入下完成注册和PDU会话建立流程，并且在连接态(上网的过程中)移动到了4G所触发的切换流程。

在4.1节5G到4G的TAU流程中，UE是在空闲态从5G移动到了4G。这是两个流程场景上最主要的区别。连接态的用户发生位置移动，网络侧不仅要保证用户上下文在不同的接入网络之间无缝传递，同时还需要保证切换过程中用户面转发路径的切换以保证用户体验。

问题4-3：主要触发过程是怎样的？

答案4-3：主要触发过程如下。

(1) UE已经在5G覆盖下完成注册和PDU会话建立流程，通过源gNB接入5GC。

(2) 用户开始上网且一直处于连接态。

(3) UE此时发生位置移动，例如乘坐公交车离开了5G覆盖区域，进入由eNB负责的4G覆盖区域。

(4) UE提交测量报告给gNB，由gNB根据测量报告的结果做出切换的决定，触发了本流程。网络侧需要将UE在5G建立的上下文无缝地迁移到4G，并且保证切换流程中用户面转发路径的切换。

2. 前置流程：EBI的分配

为了完成5G到4G的切换流程，SMF需要在PDU会话建立流程中，请求AMF为PDU会话分配关联的EPS承载标识(EPS Bearer ID，EBI)。SMF需要根据运营商策略确定哪些QoS流需要分配EBI。当SMF判断需要为QoS流分配EBI时，由SMF调用AMF的Namf_Communication_EBIAssignment服务操作来请求AMF分配EBI，并通过PDU会话接收消息把AMF分配的EBI下发给UE。

EBI分配流程在23.502的4.11.1.4一节中定义，如图4-15所示。

3. 规范中的原版流程简介

规范中的流程原图来自4.11.1.2.1-1 5GS to EPS handover for single-registration mode with N26 interface，如图4-16所示。

预置条件第0步：UE已经在5G侧建立PDU会话并处于连接态。

第1步：gNB根据UE发送的测量报告触发本流程，gNB发送切换请求给AMF。

第2步：AMF请求SMF提供UE的SM上下文。

第3～5步：AMF给MME发送重选请求，MME要求SGW创建用户会话。

第6步和第7步：MME要求eNB侧为UE预留资源。

第8步和第10步：如果不支持直接转发，则MME要求SGW创建非直接转发隧道。

第9步：4G侧资源预留完毕，MME给AMF返回响应进行确认。

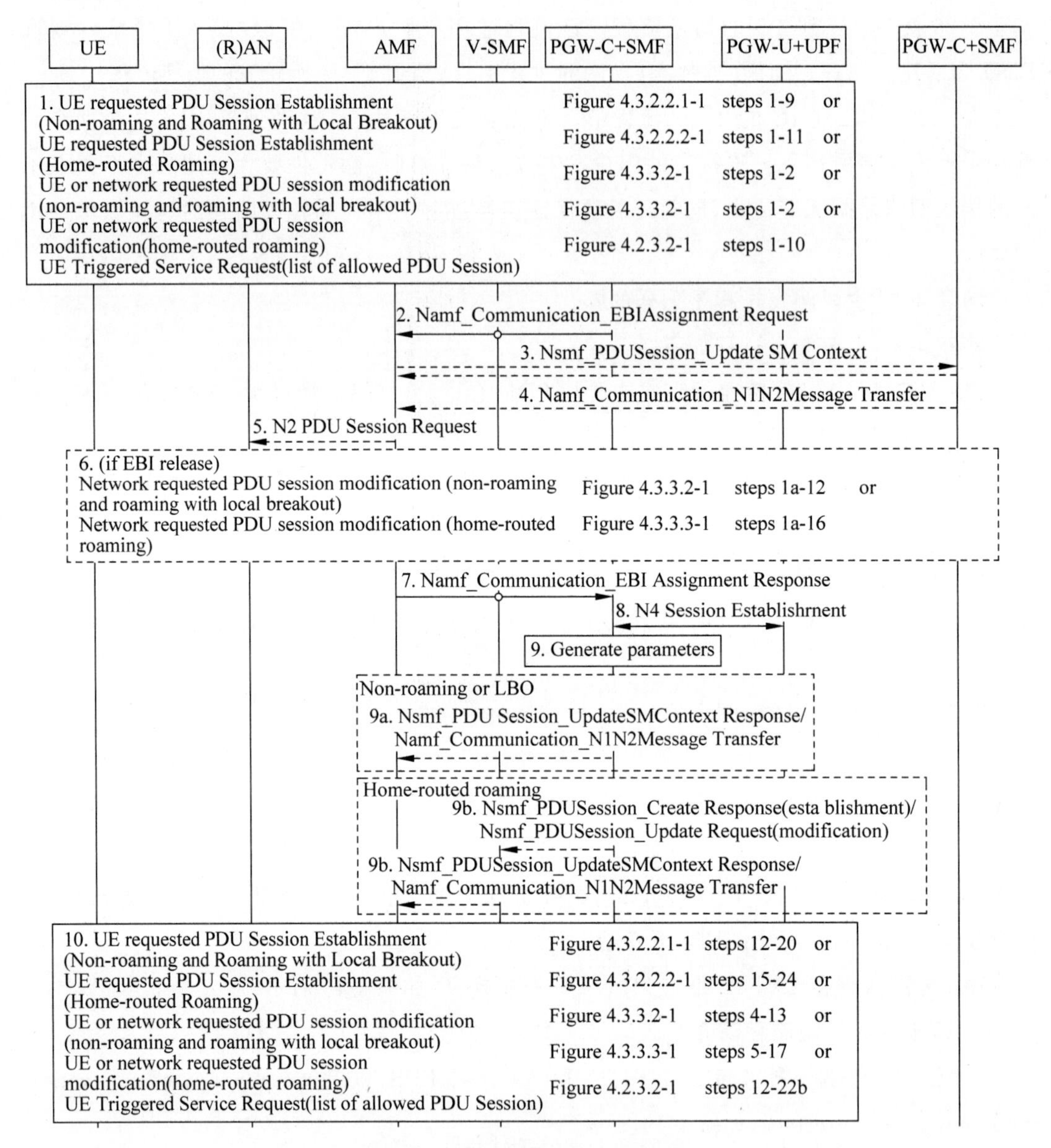

图 4-15　规范中的 EBI 分配流程

第 11 步：AMF 给 gNB 发送切换命令，要求 gNB 发起切换从而进入执行阶段。

第 12 步：UE 接入 4G 侧后发送切换完成通知给 eNB，eNB 通知 MME 侧用户已经切换到 4G 侧，MME 则通知 AMF 切换已完成。

第 13～17 步：MME 通知 SGW，SGW 通知 PGW-C，PGW-C 则要求 PGW-U/UPF 切换用户面通道，将下行数据发送给 SGW 和 eNB。

第 18 步：如果满足 TA 更新流程的条件，则 UE 在 4G 侧发起 TA 更新流程。

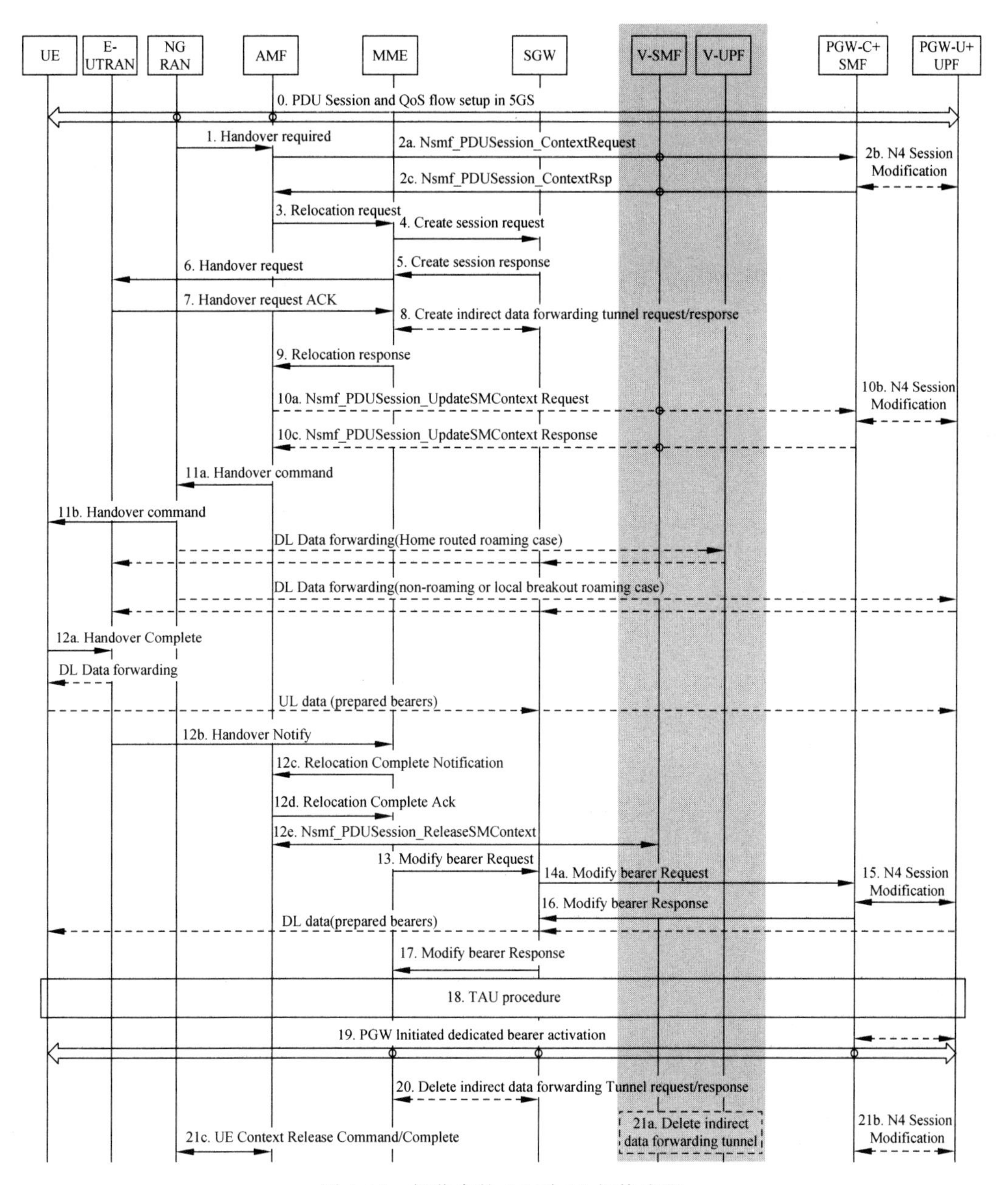

图 4-16　规范中的 5G 到 4G 切换流程

第 19 步：如果有应用层的需要，则 PGW 发起专有承载激活。

第 20 步和第 21 步：MME 和 SGW 侧释放间接转发隧道资源。

4. 信令流程实战

场景假设说明如图 4-17 所示。

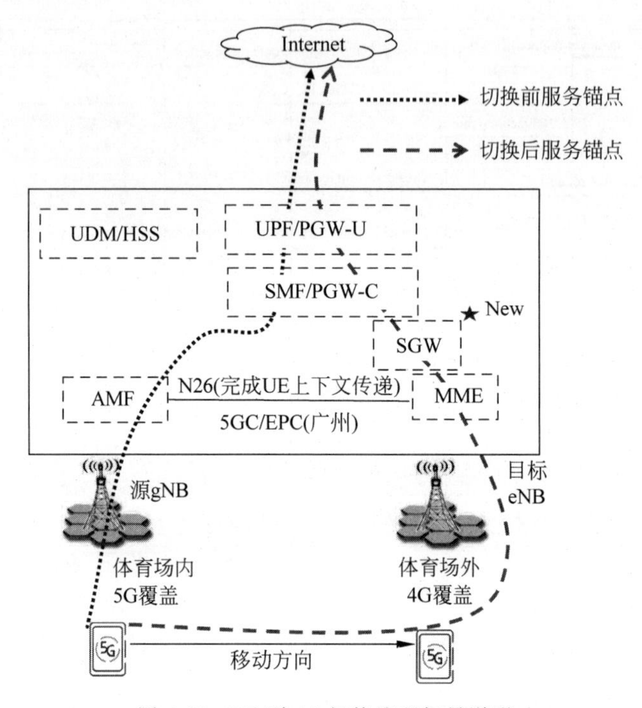

图 4-17　5G 到 4G 切换流程场景说明

(1) UE 在广州市天河体育场内看球赛，场内有 5G 覆盖，场外为 4G 覆盖。

(2) UE 在体育场内完成 PDU 会话建立流程。

(3) 球赛结束，UE 在场内使用 5G 浏览新闻并移动到了场外 4G 覆盖区域触发本流程。

下面结合场景来看具体的 5G 到 4G 切换流程，如图 4-18～图 4-21 所示。

前置步骤：UE 在广州体育场内 5G 覆盖下已经建立了 PDU 会话并正在上网，处于连接态，且 AMF 已经为相关的 QoS 流分配了 EBI。

第 1 步：连接态的 UE 从场内 5G 覆盖移动到场外 4G 覆盖区域，此时 5G 信号越来越弱，4G 信号越来越强。UE 根据 gNB 的要求发送测量报告。

第 2 步：源 gNB 根据测量报告结果，做出切换的决定。

第 3 步：源 gNB 给广州 AMF 发送 NGAP 消息 Handover Required，主要参数包括 AMF 和 gNB 侧 UE 的 NGAP 接口标识、Cause 取值为 NG inter-system handover triggered、Selected-EPS-TAI(目标跟踪区)、目标 eNB 标识、切换类型取值为 5GStoEPS、相

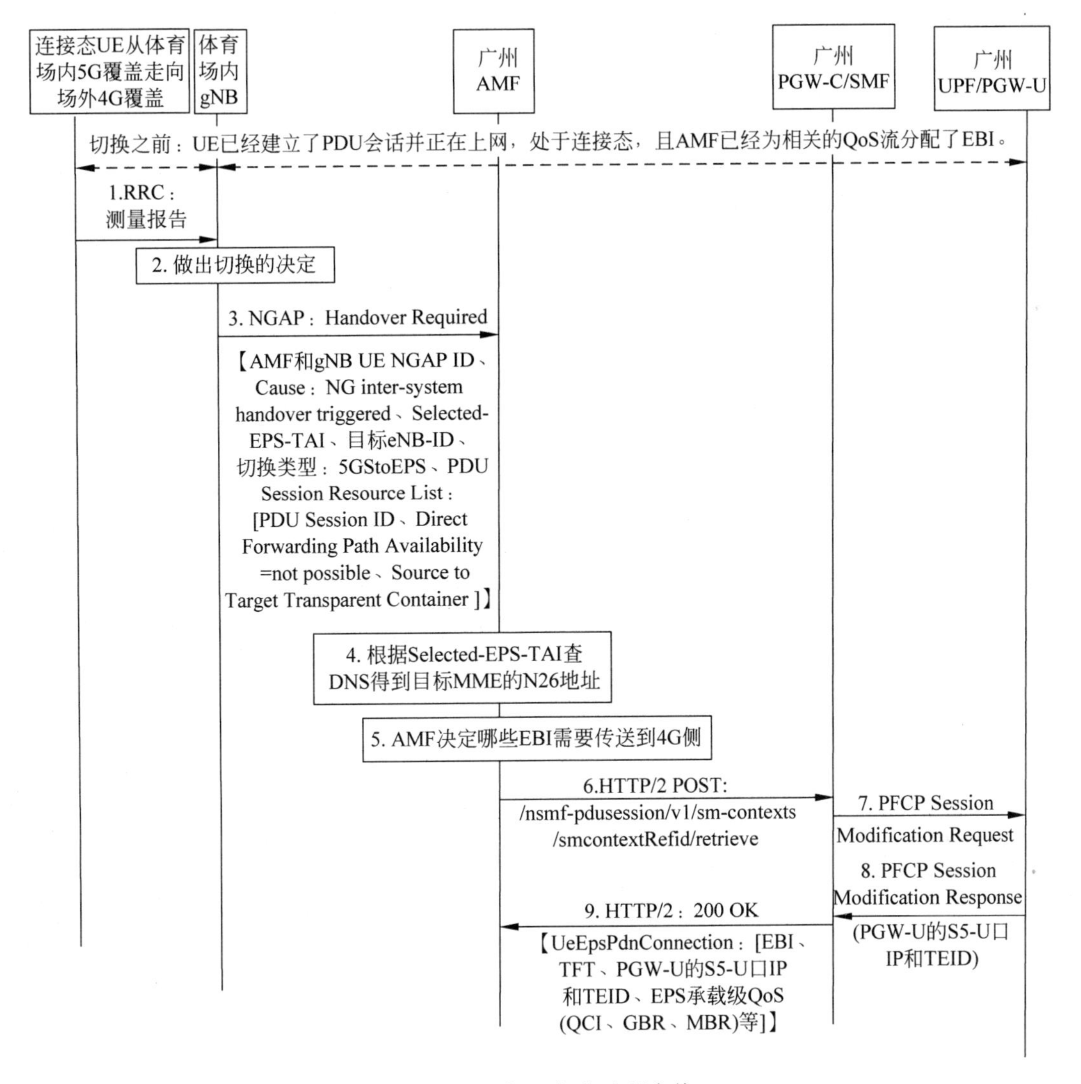

图 4-18　5G 到 4G 切换流程实战(1)

关的 PDU 会话资源列表(PDU 会话标识、不支持直接转发的指示)、Source to Target Transparent Container 等。

第 4 步：广州 AMF 根据目标 TA 查询 DNS，得到目标 MME 侧 N26 接口地址。

第 5 步：广州 AMF 决定哪些 EBI 需要传送到 4G 侧。

第 6～9 步是广州 AMF 从广州 SMF 取出 SM 上下文及映射的 EPS 承载上下文。

第 6 步是广州 AMF 调用广州 SMF 服务，获取 SM 上下文。消息是 HTTP/2 POST：/nsmf-pdusession/v1/sm-contexts/smcontextRefid/retrieve。

第 7 步广州 SMF 给广州 PGW-U/UPF 发送 N4 会话修改请求，请求为每个 EPS 承载

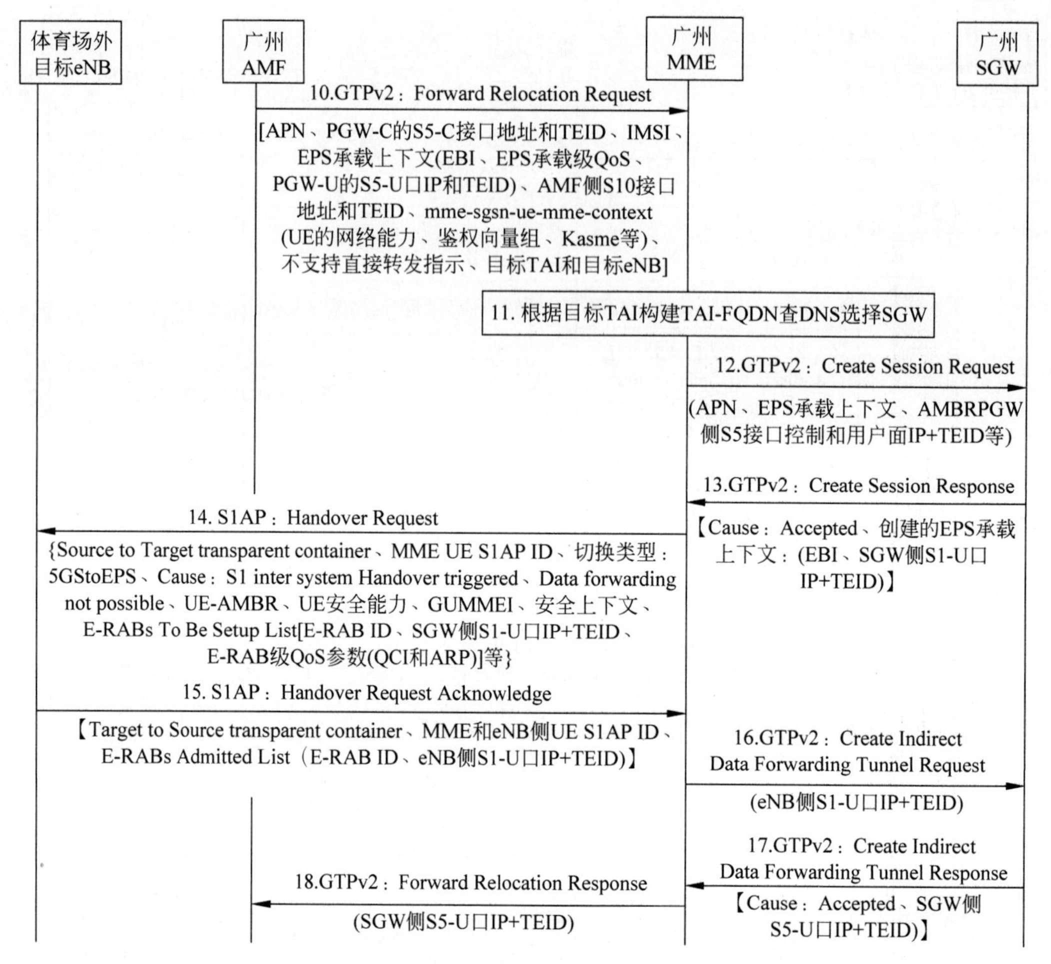

图 4-19　5G 到 4G 切换流程实战(2)

建立用户面隧道资源。

第 8 步广州 PGW-U/UPF 返回 N4 会话响应，并包含分配的 PGW-U 侧的 S5-U 接口地址和 TEID。

第 9 步广州 SMF 给广州 AMF 返回 200 OK 响应。主要参数包括 UeEpsPdnConnection，该参数包含了映射的 EPS 承载上下文。UeEpsPdnConnection 的子参数包括 EBI、TFT、PGW-U 侧 S5-U 接口地址和 TEID、EPS 承载级 QoS(QCI、GBR、MBR)等。

第 10 步：广州 AMF 请求广州 MME 预留资源。消息是 GTPv2：Forward Relocation Request，其中主要参数是 MME/SGSN UE EPS PDN Connections，该参数包含了请求建立的 PDN 连接列表。该参数又包括 APN、PGW-C 侧 S5-C 接口地址和 TEID、IMSI、EPS 承载上下文(EBI、EPS 承载级 QoS、PGW-U 侧 S5-U 接口地址和 TEID)、APN-AMBR 等子参

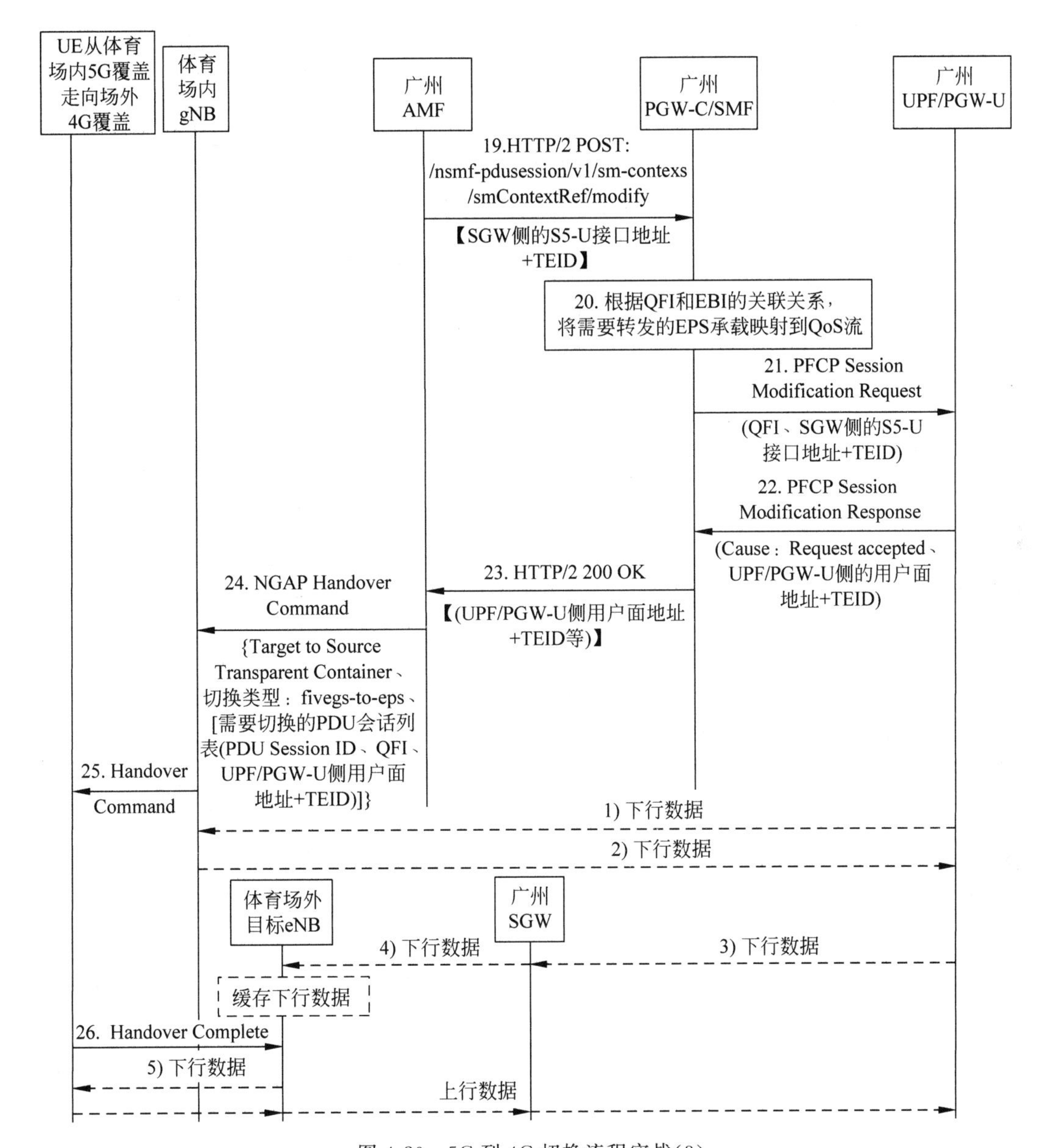

图 4-20　5G 到 4G 切换流程实战(3)

数。除此以外，Forward Relocation Request 消息中还携带了 AMF 侧 S10 接口地址和 TEID、MME/SGSN UE MM Context(UE 的移动性管理上下文，包括 UE 的网络能力、鉴权向量组、Kasme 等子参数)、不支持直接转发指示、目标 TAI 和目标 eNB 等参数。

第 11 步：广州 MME 根据目标 TAI 构建 TAI-FQDN 查 DNS 选择广州 SGW。

第 12 步：广州 MME 请求广州 SGW 创建相关会话，并分配 S1-U 接口资源。消息是

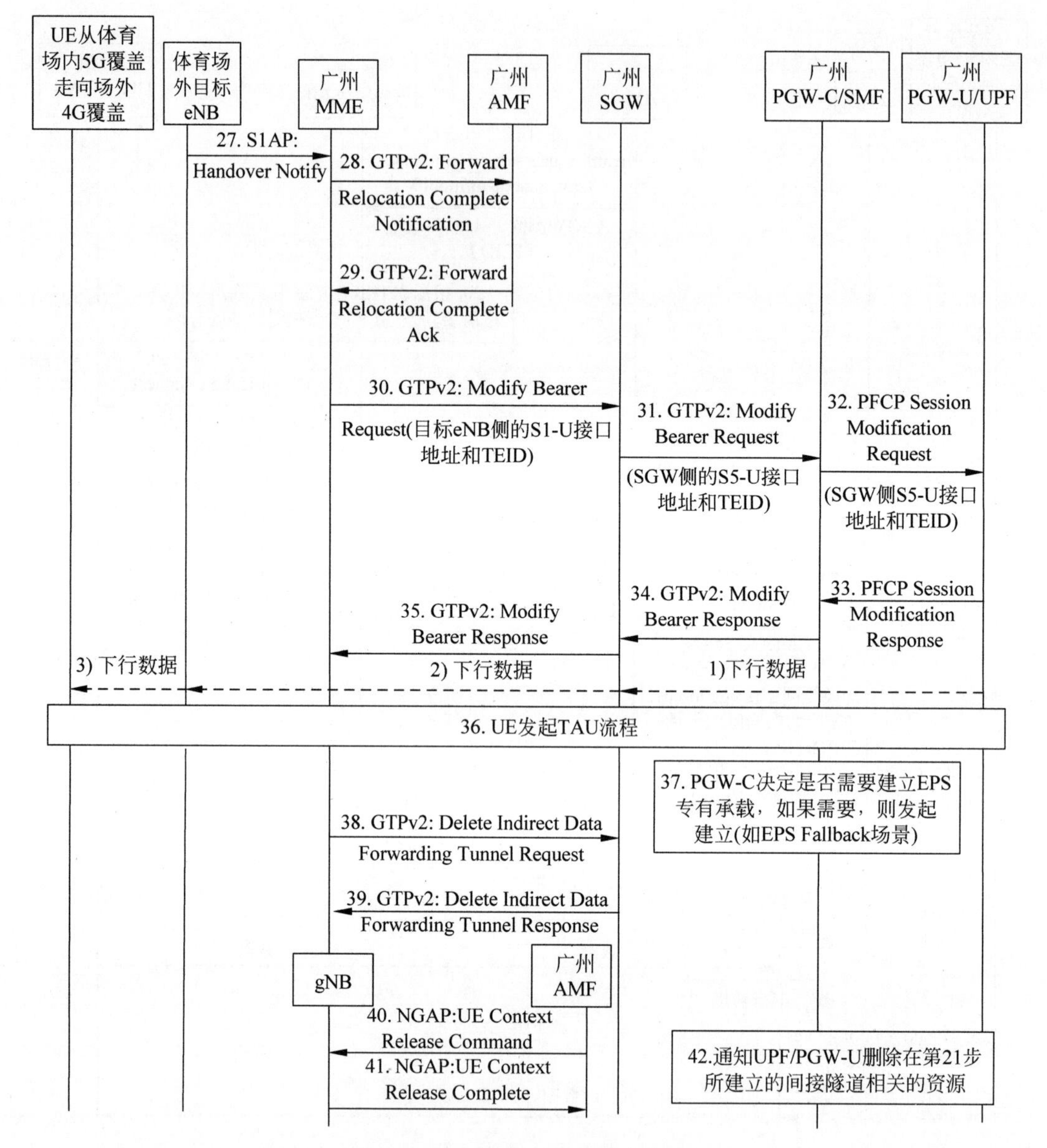

图 4-21　5G 到 4G 切换流程实战(4)

GTPv2：Create Session Request，主要参数包括 APN、EPS 承载上下文、AMBR、PGW 侧 S5 接口的控制和用户面地址和 TEID 等。

第 13 步：广州 SGW 返回 Create Session Response 消息，包含创建的 EPS 承载上下文，其中主要参数有 EBI、SGW 侧 S1-U 接口地址和 TEID。

第 14 步：广州 MME 给目标 eNB 发送切换请求，要求 eNB 预留资源，建立相应的 E-RAB。消息是 S1AP：Handover Request，主要参数包括 Source to Target transparent container、MME侧UE的S1AP接口标识、切换类型取值为5GStoEPS、Cause取值为S1 inter system Handover triggered、不支持直接转发的指示、UE-AMBR、UE安全能力、GUMMEI、安全上下文、需要建立的E-RAB列表(E-RAB ID、SGW侧S1-U接地址和TEID、E-RAB级QoS参数)等。

第15步：eNB建立相应的E-RAB并分配相关资源后给MME返回响应。消息是S1AP：Handover Request Acknowledge，主要参数有Target to Source transparent container、MME和eNB侧UE的S1AP接口标识、E-RAB准入列表(E-RAB ID、eNodeB侧S1-U接口地址和TEID)。

第16步：广州MME在第10步中从AMF得知RAN侧不支持直接转发，因此广州MME请求广州SGW创建非直接数据转发隧道。消息是GTPv2：Create Indirect Data Forwarding Tunnel Request，主要参数包括eNB侧S1-U接口地址和TEID。

第17步：广州SGW返回Create Indirect Data Forwarding Tunnel Response响应，并分配用于非直接转发的S5-U接口地址和TEID。

第18步：广州MME将广州SGW分配的S5-U接口地址和TEID通过GTPv2：Forward Relocation Response消息转发给广州AMF。

第19步：广州AMF将广州SGW分配的S5-U接口地址和TEID通过调用SMF的nsmf-pdusession服务发送给SMF。

第20步：广州PGW-C/SMF根据QFI和EBI的映射关系，将需要转发的EPS承载映射到对应的QoS流。

第21步：广州PGW-C/SMF发起N4会话修改流程，将SGW侧的S5-U接口地址和TEID、间接转发指示发送给广州PGW-U/UPF。

第22步：广州PGW-U/UPF返回N4会话响应，并分配广州PGW-U/UPF侧的用户面地址和TEID(用于后续的非直接转发数据发送)。

第23步：广州SMF给广州AMF返回200 OK响应，并将广州PGW-U/UPF侧的用户面地址和TEID发给广州AMF。

第24步：至此切换的准备阶段和资源预留已经完成。广州AMF给gNB发送N2消息：Handover Command正式发起切换。主要参数有Target to Source Transparent Container、切换类型取值为fivegs-to-eps、需要切换的PDU会话列表(PDU会话标识、PGW-U/UPF侧用户面地址和TEID、QFI等)等。

第25步：gNB给UE发送切换命令，引导UE接入目标4G小区。

此时来自Internet的下行数据从N6接口发送给广州PGW-U/UPF，但广州PGW-U/UPF尚未收到指示完成用户面路径切换，因此仍将下行数据发送给5G侧的gNB。gNB收到下行数据后,发现 UE 已被引导离开 5G 覆盖并接入 4G 小区,因此无法将下行数据发送给 UE。

gNB 启动非直接转发(也称为间接转发),将下行数据发送给 PGW-U/UPF,PGW-U/UPF 将下行数据再转发给 4G 侧的 SGW,SGW 在第 16 步中已经学习到 eNB 的 S1-U 接口地址信息,因此 SGW 不执行缓存,而是将下行数据转发给 eNB。如果此时 UE 还没有完全接入 4G 小区,则体育场外的 eNB 需要缓存下行数据。

第 26 步：UE 给 eNB 发送切换完成的确认,这标志着 UE 已经完全接入 4G 侧。

接下来,eNB 可以将缓存中的下行数据发给 UE。

此时上行方向用户面通道已经打通。上行方向转发路径为 UE→eNB→SGW→PGW-U。

第 27 步：目标 eNB 通知广州 MME,UE 已经切换完成。消息是 S1AP：Handover Notify,主要参数包括 eNB 侧的 UE 的 S1AP 接口标识、用户当前位置信息 ULI 等。

第 28 步：广州 MME 通知广州 AMF 切换已经完成。消息是 GTPv2：Forward Relocation Complete Notification。

第 29 步：广州 AMF 返回确认消息 GTPv2：Forward Relocation Complete Acknowledge。

第 30 步：广州 MME 将目标 eNB 分配的 S1-U 接口地址和 TEID 通过 GTPv2 消息 Modify Bearer Request 发送给广州 SGW。

第 31 步：广州 SGW 分配用于下行数据转发的 S5-U 接口地址和 TEID,通过 GTPv2 消息 Modify Bearer Request 发送给广州 PGW-C/SMF。

第 32 步：广州 PGW-C/SMF 发起 N4 会话修改流程,将广州 SGW 的 S5-U 接口地址和 TEID 发送给广州 PGW-U/UPF,该流程还将指示广州 PGW-U/UPF 将下行方向用户面转发路径从 5G 侧切换到 4G 侧。

第 33 步：广州 PGW-U/UPF 返回 N4 会话修改响应。

第 34 步：广州 PGW-C/SMF 给广州 SGW 返回 Modify Bearer Response 进行确认。

第 35 步：广州 SGW 给广州 MME 返回 Modify Bearer Response 进行确认。

至此下行方向用户面路径已经完全切换到 4G 侧。当广州 PGW-U/UPF 从 Internet 收到下行数据后会直接发送给 SGW,再由 SGW 发送给 eNB。此时空口也已完成接入,eNB 无须缓存,直接将收到的下行数据发送给 UE。

第 36 步：如果满足了 24301 中定义的跟踪区更新的触发条件,则 UE 需发起 TAU 流程,从而完成在当前的服务 MME 上的注册登记,并得到 MME 分配的 4G 侧 GUTI 临时标识,用于后续的 4G 信令流程。

第 37 步：广州 PGW-C 决定是否需要建立 EPS 专有承载,如果需要,则发起建立。

第 38～42 步：切换完成后的资源释放过程。包括第 38 步和第 39 步广州 MME 要求广州 SGW 释放非直接转发隧道、第 40 步和第 41 步广州 AMF 要求源 gNB 释放 UE 上下文等。

4.4　4G 到 5G 的切换流程

1. 相关重要知识点

本节介绍的是 23502 的 4.11.1.2.2 EPS to 5GS handover using N26 interface，翻译为基于 N26 接口的 4G 到 5G 的切换流程。该流程适用于用户首先在 4G 接入下完成附着和 EPS 承载建立，并且在连接态（上网的过程中）移动到了 5G 所触发的切换流程。

本流程主要触发过程如下。

（1）UE 已经在 4G 下附着并建立 EPS 缺省承载，通过源 eNB 接入 EPC。

（2）用户开始上网，一直处于连接态（ECM-Connected）。

（3）UE 此时发生位置移动，离开 4G 覆盖，进入由 gNB 负责的 5G 覆盖区域。

（4）UE 发送测量报告给 eNB 并触发了切换流程，网络侧需要将 UE 在 4G 建立的上下文无缝地迁移到 5G，并且保证切换流程中用户面转发路径的切换。

2. 规范中的原版流程简介

规范中的流程原图来自 4.11.1.2.2.2-1 EPS to 5GS handover using N26 interface, preparation phase 和 4.11.1.2.2.3-1 EPS to 5GS handover using N26 interface, execution phase，即准备阶段和执行阶段两部分，其中准备阶段如图 4-22 所示，执行阶段如图 4-23 所示。

预置条件第 0 步：UE 已经在 4G 侧建立了 PDN 连接，并且处于连接态。

第 1 步和第 2 步：eNB 根据 UE 的测量报告触发本流程。eNB 请求 MME 做切换准备。

第 3 步：MME 向 AMF 发起切换请求。

第 4～7 步：AMF 请求 SMF 创建 UE 的 SM 上下文，如果有 PCC，则还需要从 PCF 获取更新后的 PCC 策略。

第 8 步：可选。适用于国际漫游流程。

第 8a 步和第 13 步：条件触发，适用于 AMF 重选场景。初始 AMF 可根据切片选择原则重新选择一个服务该切片的目标 AMF。

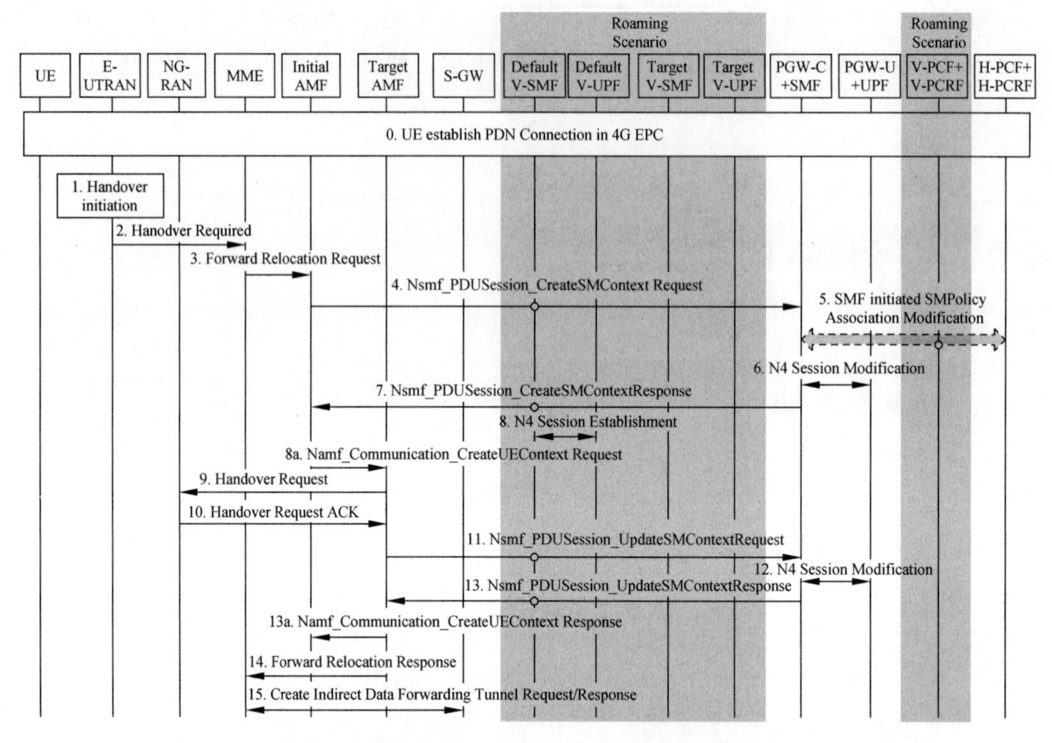

图 4-22 规范中的 4G 到 5G 切换流程(准备阶段)

第 9 步和第 10 步：AMF 请求 gNB 预留切换资源。

第 11～13 步：AMF 通知 SMF/UPF 更新用户面隧道信息。

第 14 步：AMF 通知 MME,切换准备完成。

第 15 步：如果采用非直接转发,则由 MME 通知 SGW 更新用户面隧道信息。

准备阶段完成后进入执行阶段,切换前上下行用户数据传递经过的网元有 UE、eNB、SGW 和 PGW-U。

第 1 步：MME 通知 eNB 发起切换。

第 2 步和第 3 步：eNB 发起对 UE 的切换。

由于启用了非直接转发,因此切换中的下行用户数据转发路径是 PGW-U/UPF 发送给 SGW,SGW 发送给 eNB。如果 eNB 检查发现空口已经无法转发给 UE,则 eNB 将下行用户面数据经过非直接转发隧道转发给 SGW,SGW 发送给 PGW-U/UPF,PGW-U/UPF 经 N3 接口将下行数据转发给 5G 侧的 gNB。若此时 UE 尚未完全接入 5G 小区,则 gNB 需缓存下行数据。

第 4 步：gNB 通知 AMF 切换已经完成,UE 已经完全接入 5G 小区,gNB 可将缓存中的下行数据发送给 UE。

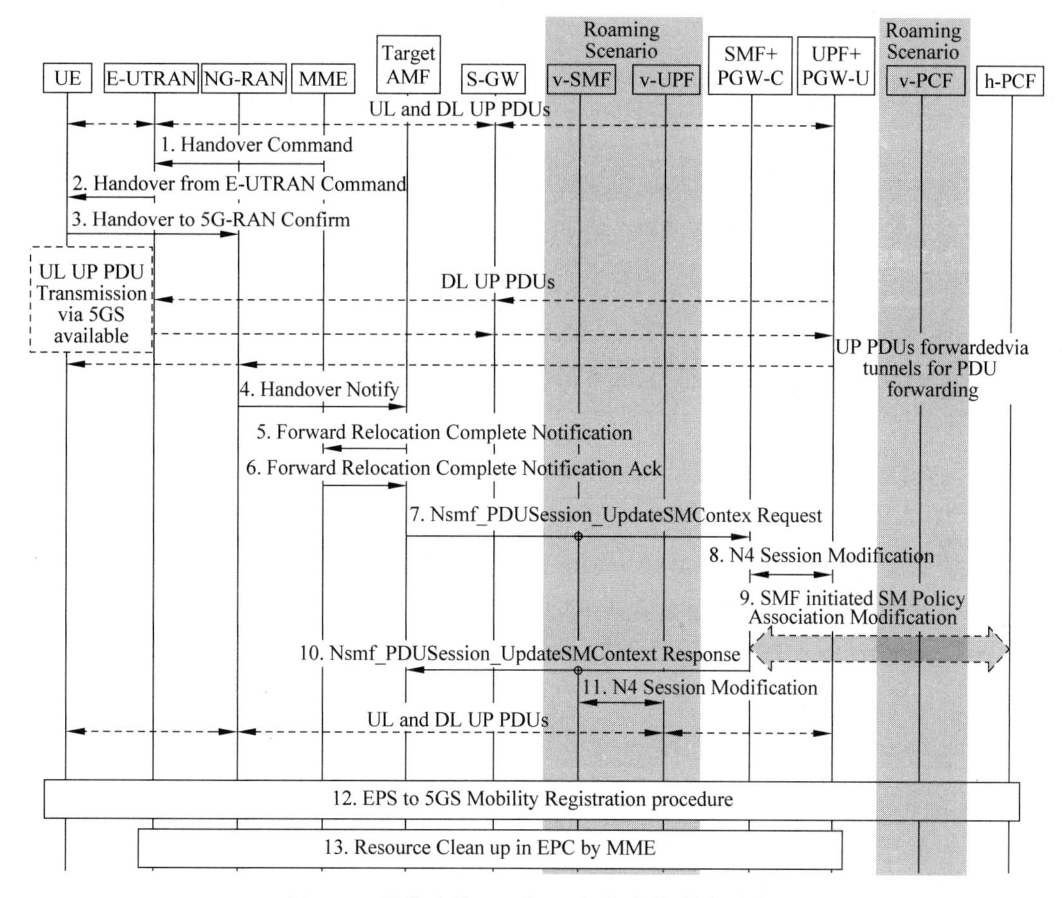

图 4-23　规范中的 4G 到 5G 切换流程(执行阶段)

第 5 步和第 6 步：AMF 通知 MME,用户已经切换到 5G 侧。

第 7～11 步：AMF 请求 SMF 更新下行用户面转发通道,将用户面路径切换到 5G。

切换完成后上下行用户面数据传递经过的网元有 UE、gNB 和 UPF。

第 12 步：如果满足 24501 中定义的 MRU 流程触发条件,则 UE 需发起 MRU 流程,在 5G 侧 AMF 中完成注册登记,AMF 为 UE 分配原生的 5G-GUTI。

第 13 步：MME 通知 4G 相关网元释放相关的连接和资源。

3. 信令流程实战

场景假设说明如图 4-24 所示。

(1) UE 在广州市天河体育场内看球赛,场内有 5G 覆盖,场外为 4G 覆盖。

(2) UE 首先在体育馆外 4G 接入下完成附着和 EPS 承载建立流程,并开始上网查看球赛实时信息,处于连接态。

(3) 连接态的 UE 从场外进入场内 5G 覆盖区域,触发了本流程。

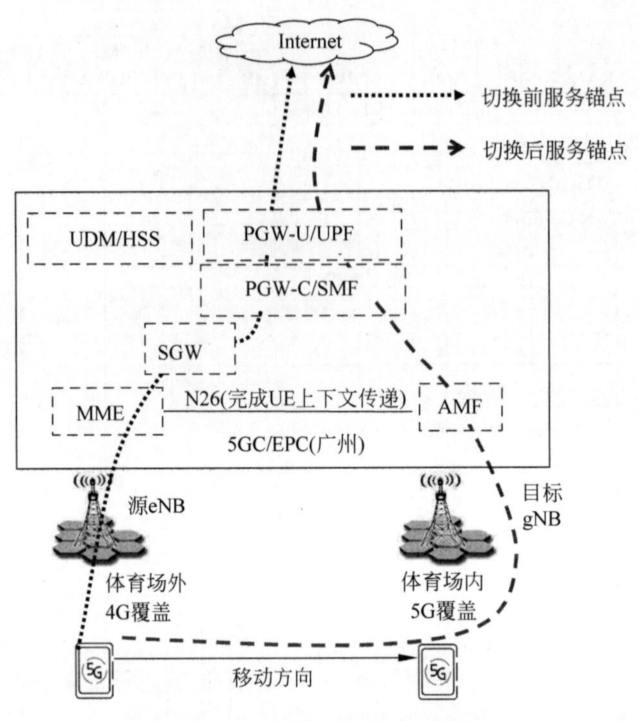

图 4-24　4G 到 5G 切换的场景说明

下面结合场景来看具体的 4G 到 5G 的切换流程，其中准备阶段如图 4-25～图 4-29 所示。

前置流程：UE 已经在体育场外完成 4G 附着并建立了缺省承载。MME 侧存有 UE 的 MM/SM 上下文，PGW-U 则作为用户面的锚点。此时用户开始上网，并且在上网过程中从 4G 覆盖区域移动到场内 5G 覆盖区域。

第 1 步：连接态 UE 从场外 4G 覆盖区域移动到场内 5G 覆盖区域。UE 根据 eNB 的要求发送测量报告，测量报告结果显示 4G 信号越来越弱，5G 信号越来越强。

第 2 步：源 eNB 根据测量报告结果，做出切换的决定。

第 3 步：源 eNB 给广州 MME 发送 S1AP 消息 Handover Required，主要参数包括 eNB 和 MME 侧 UE 的 S1AP 接口标识、Cause 取值为 S1 inter system Handover triggered、Selected-TAI(5G 侧的目标 TA 标识)、目标 gNB 标识、切换类型取值为 EPSto5GS、不支持直接转发指示、Source to Target Transparent Container 等。

第 4 步：广州 MME 根据目标 TA(eNB 上报的 Select 5G-TAI)，构建 TAI-FQDN，查 DNS 得到广州 AMF 的 N26 接口地址。

第 5 步和第 6 步则是详细的 DNS 查询流程。

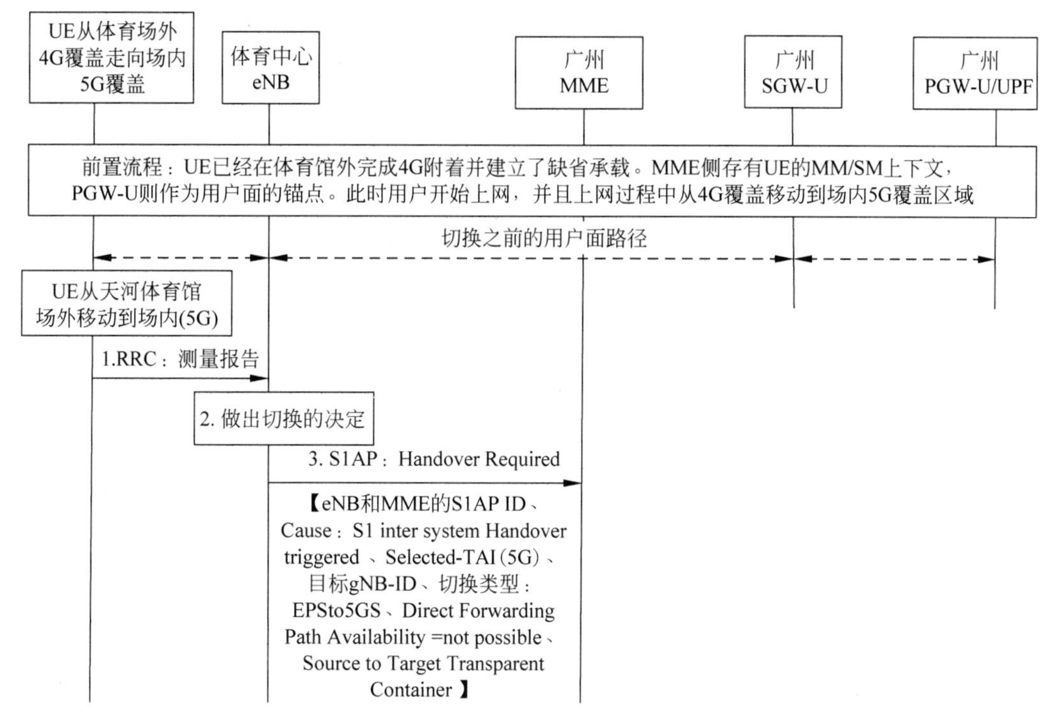

图 4-25 4G 到 5G 切换流程实战之准备阶段(1)

第 7 步：广州 MME 请求广州 AMF 在 5G 侧提前预留资源。消息是 GTPv2：Forward Relocation Request，参数有 IMSI、MME 侧 N26 接口地址和 TEID、目标 gNB 标识和目标 TAI 信息、SGW 的 S11 接口 IP 地址和 TEID、Source to Target Transparent Container、UE 的 MM 上下文（UE-AMBR、UE 网络能力、EPS 安全上下文等）、mme-sgsn-ue-eps-pdn-connections[APN、默认承载的 EBI、PGW 侧控制面地址和 TEID、PGW-FQDN、APN-AMBR、不支持直接转发指示、Bearer Context（承载级别的 QoS、SGW 侧 S1-U 接口用户面地址和 TEID、PGW 侧 S5-U 接口用户面地址和 TEID、EBI)]等。

第 8 步：广州 AMF 将收到的用户在 4G 中建立的 MM 上下文转换为 5G 侧的 MM 上下文，其中也包括安全上下文的转换。

第 9 步：广州 AMF 根据 S5 接口的 PGW-C/SMF 的 FQDN 查询 NRF 得到广州 SMF 的 N11 接口 IP（本步骤取决于厂家产品实现）。

第 10 步：广州 AMF 请求广州 PGW-C/SMF 建立 5G 侧 SM 上下文。消息是 HTTP/2 POST：/nsmf-pdusession/v1/sm-contexts，主要参数是 SmContextCreateData，该参数定义了需要创建的会话管理上下文数据。SmContextCreateData 参数又包括 ueEpsPdnConnection（从 MME 收到的 UE 的 EPS 上下文信息）、目标 gNB 标识、SUPI、GUAMI、hoState 取值为

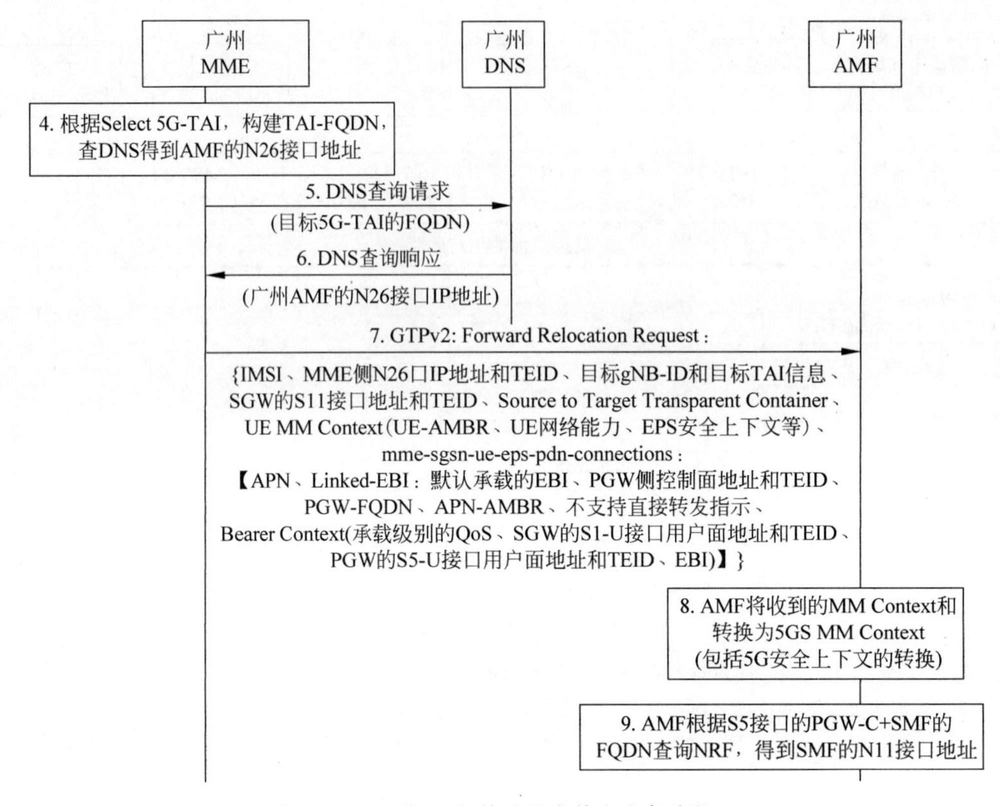

图 4-26　4G 到 5G 切换流程实战之准备阶段(2)

PREPARING、不支持直接转发指示、S-NSSAI、用于接收通知的回调地址 URI 等子参数，其中 hoState 子参数的取值是 PREPARING，代表针对某个 PDU 会话的切换准备正在进行中，SMF 根据指示准备建立用户面隧道资源。

第 11 步：广州 PGW-C/SMF 根据收到的 EPS 上下文创建对应的 PDU 会话。

第 12 步：广州 PGW-C/SMF 请求广州 PCF 更新 PCC 规则。例如 PCF 可能根据接入网络类型的变化调整 QoS 参数。

第 13 步：如果广州 PCF 下发了新的 PCC 规则，则广州 SMF 通知广州 PGW-U/UPF 更新 QER 等规则，并由广州 PGW-U/UPF 分配 N3 接口用户面地址和 TEID。

第 14 步：广州 PGW-C/SMF 创建好 5G 侧 SM 上下文，给广州 AMF 返回 201 Created 响应。响应消息中的主要参数有 SmContextCreatedData(需要注意是过去时态，表示已完成创建)，该参数定义了创建完成的会话管理上下文数据。SmContextCreatedData 参数又包括分配完成的 EBI 列表、PDU 会话标识、S-NSSAI、hoState 参数的取值为 PREPARING、需要透传给 gNB 侧的 n2SmInfo(用于切换完成后上行数据传送的 UPF 侧 N3 接口用户面地址和 TEID、PDU 会话类型、需要建立的 QoS 流列表)、N2SmInfoType 参数取值为 PDU_

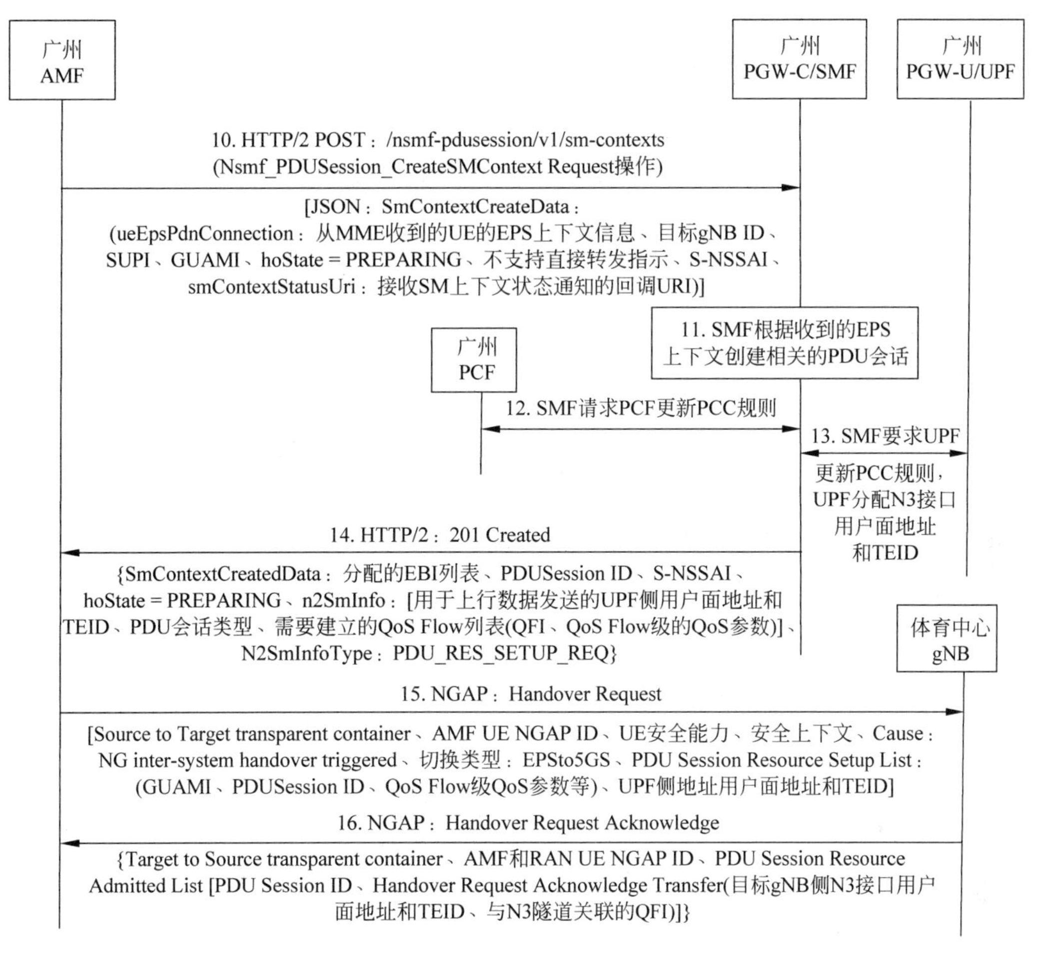

图 4-27 4G 到 5G 切换流程实战之准备阶段(3)

RES_SETUP_REQ 等子参数。

第 15 步：广州 AMF 请求目标 gNB 预留资源并透传从 SMF 收到的 N2 消息和参数。消息是 NGAP：Handover Request，主要参数有 Source to Target transparent container、AMF 侧 UE 的 NGAP 接口标识、UE 安全能力、安全上下文、切换类型参数取值为 EPSto5GS、Cause 参数取值为 NG inter-system handover triggered、需要建立的 PDU 会话资源列表(GUAMI、PDU 会话标识、QoSFlow 级 QoS 参数等)、UPF 侧 N3 接口用户面地址和 TEID 等。

第 16 步：目标 gNB 根据 AMF 的要求分配资源，包括建立相应的 DRB 和分配 gNB 侧 N3 接口地址等。目标 gNB 完成上述工作后给 AMF 返回确认。消息是 NGAP：Handover Request Acknowledge，主要参数有 Target to Source transparent container、AMF 和 RAN

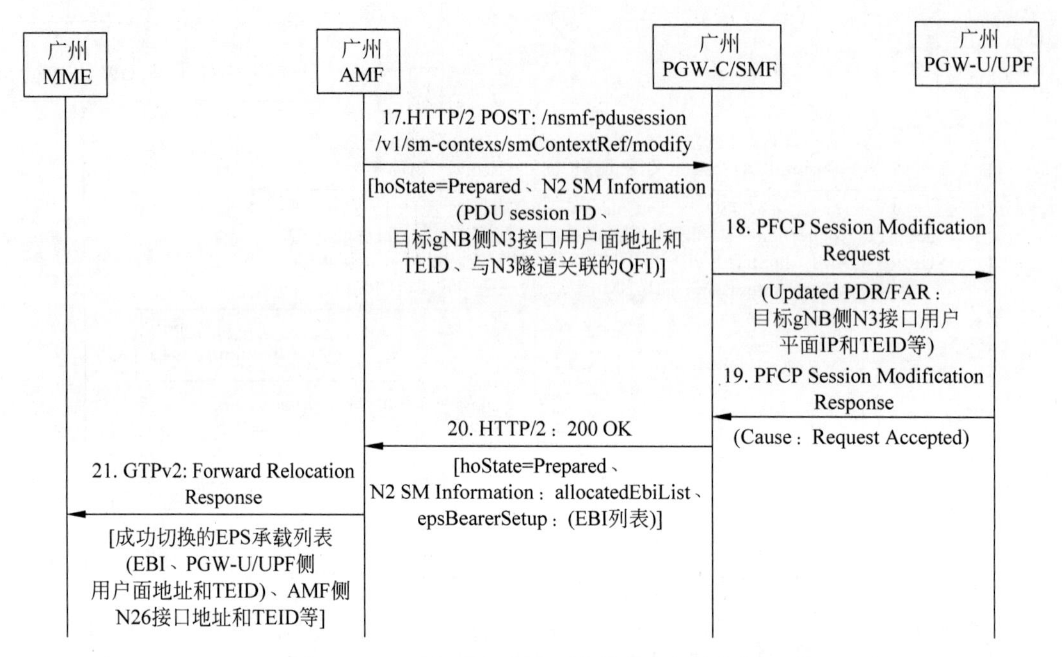

图 4-28　4G 到 5G 切换流程实战之准备阶段(4)

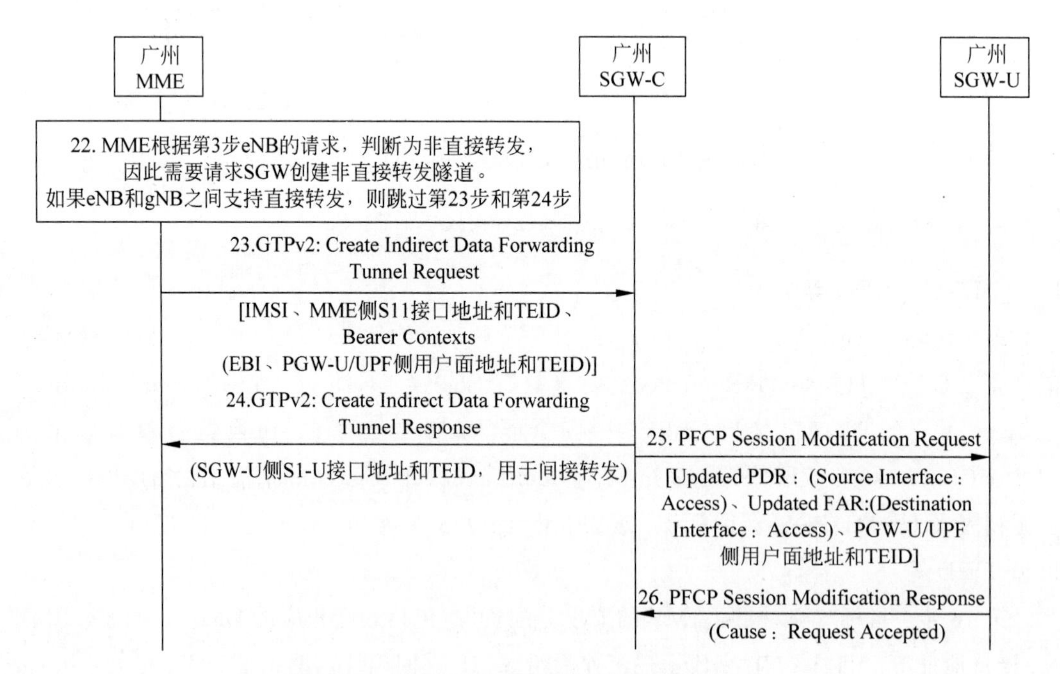

图 4-29　4G 到 5G 切换流程实战之准备阶段(5)

侧 UE 的 NGAP 接口标识、PDU 会话资源准入列表[PDU 会话标识、Handover Request Acknowledge Transfer(目标 gNB 侧 N3 用户面地址+TEID、与 N3 隧道关联的 QFI)]。

第 17 步：广州 AMF 调用广州 SMF 的 Nsmf-pdusession 服务请求 SMF 修改 SM 上下文，将 gNB 侧分配的 N3 接口地址和 TEID 发送给 PGW-C/SMF，同时将关键参数 hoState 的取值变更为 Prepared，表示针对某个 PDU 会话的切换准备已经完成。消息是 HTTP/2 POST：/nsmf-pdusession/v1/sm-contexs/smContextRef/modify，主要参数有 hoState、N2 SM Information(PDU 会话标识、目标 gNB 侧 N3 接口用户面地址和 TEID、与 N3 隧道关联的 QFI)等。

第 18 步和第 19 步：广州 SMF 发起 N4 会话修改流程，将 gNB 侧的 N3 接口地址和 TEID 发送给广州 PGW-U/UPF。广州 PGW-U/UPF 收到返回 N4 会话修改响应。

第 20 步：广州 SMF 更新完 SM 上下文，给广州 AMF 返回 200 OK 响应。主要参数有 hoState＝Prepared、N2 SM Information(分配的 EBI 列表、epsBearerSetup)等，其中 epsBearerSetup 参数指明了成功切换的 EPS 承载列表。关于该参数的原文说明在 29502 中可以找到，规范原文是 The epsBearerSetup IE，containing the list of EPS bearer context successfully handed over to the 5GS。

第 21 步：广州 AMF 给目标 gNB 返回 Forward Relocation Response，作为对第 7 步的响应。主要参数包括成功切换的 EPS 承载列表(EBI 列表)、用于非直接转发的 PGW-U/UPF 侧用户面地址和 TEID、AMF 侧 N26 接口地址和 TEID 等。

第 22 步：广州 MME 根据第 3 步 eNB 的请求判断为非直接转发场景，因此需要请求 SGW 创建非直接转发隧道。如果 eNB 和 gNB 之间支持直接转发，则跳过第 23 步和第 24 步。

第 23 步：广州 MME 请求广州 SGW-C 建立非直接数据转发隧道。消息是 GTPv2：Create Indirect Data Forwarding Tunnel Request，主要参数包括 IMSI、MME 侧 S11 接口地址和 TEID、需要创建非直接转发隧道的 EPS 承载上下文(EBI、PGW-U/UPF 侧用户面地址和 TEID)。

第 24 步：广州 SGW-C 给广州 MME 返回响应。消息是 GTPv2：Create Indirect Data Forwarding Tunnel Response。主要参数包括用于执行阶段下行数据非直接转发(也可称为间接转发)的 SGW-U 侧 S1-U 接口地址和 TEID。

第 25 步和第 26 步：如果广州 SGW 侧也启用了 CUPS 架构，则 SGW-C 需要发起 N4 会话修改流程，要求 SGW-U 更新包检测规则 PDR 和转发规则 FAR。根据 29244 的规范说明，如果更新的 PDR 和更新的 FAR 将 Source Interface 和 Destination Interface 子参数的取值都设置为 Access，则代表启用非直接转发。

SGW-U 接下来会在执行阶段将从 eNB 收到的下行数据转发给 PGW-U。

至此准备阶段结束，进入执行阶段。执行阶段如图 4-30 和图 4-31 所示。

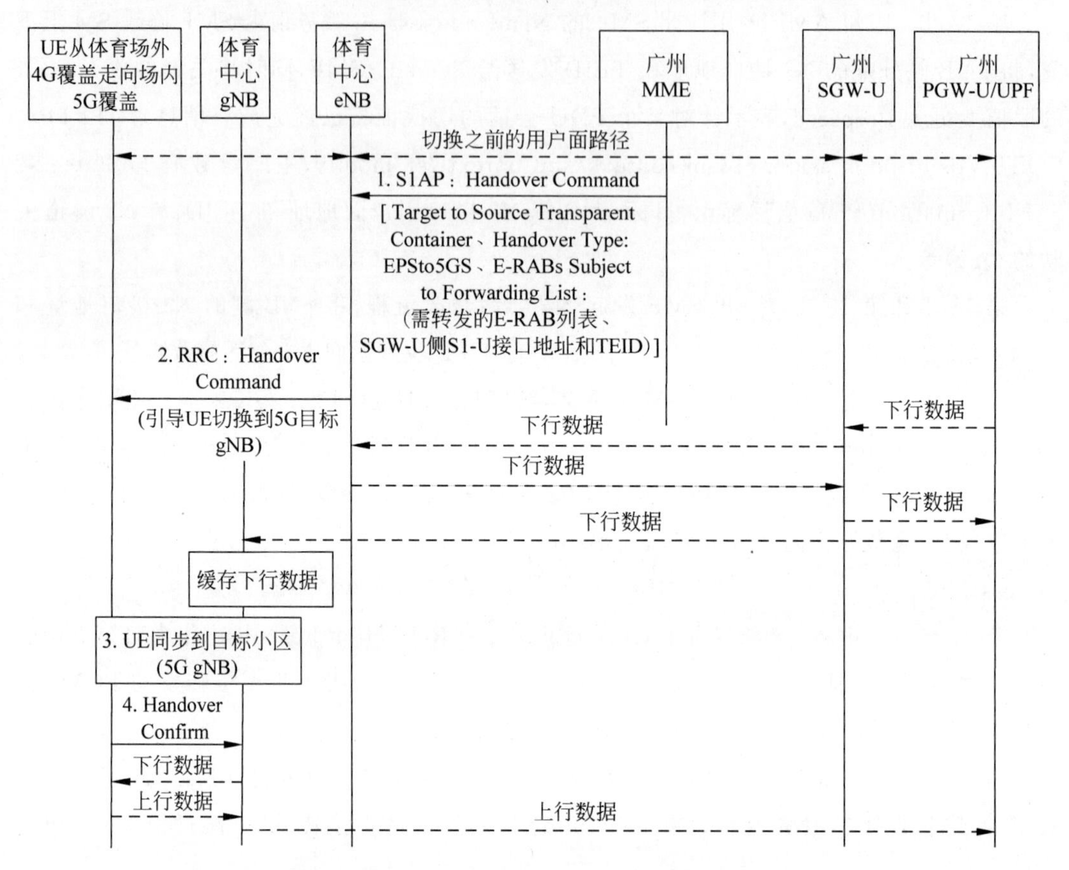

图 4-30　4G 到 5G 切换流程实战之执行阶段(1)

第 1 步：广州 MME 通知源 eNB 正式发起切换。消息是 S1AP：Handover Command，主要参数有 Target to Source Transparent Container、切换类型取值为 EPSto5GS、需转发的 E-RAB 列表及 SGW-U 侧用于非直接转发的 S1-U 接口地址和 TEID。

第 2 步：源 eNB 向 UE 发起空口的切换命令，引导 UE 接入 5G 目标 gNB。

由于 UE 接入 5G 侧需要时间，在此期间下行数据的转发将启用非直接转发。此时的下行用户面转发路径是 PGW-U→SGW-U→eNB→SGW-U→PGW-U/UPF→gNB。同时由于 UE 还未完全接入 5G，gNB 需要临时缓存下行数据。

第 3 步：UE 完全接入 5G 目标小区。

第 4 步：UE 给 gNB 返回切换确认，gNB 将缓存中的下行数据发送给 UE。本步骤完成后，UE 也可以发送上行数据给 gNB，然后经 N3 接口发送给 UPF 直到 DN，这也标志着

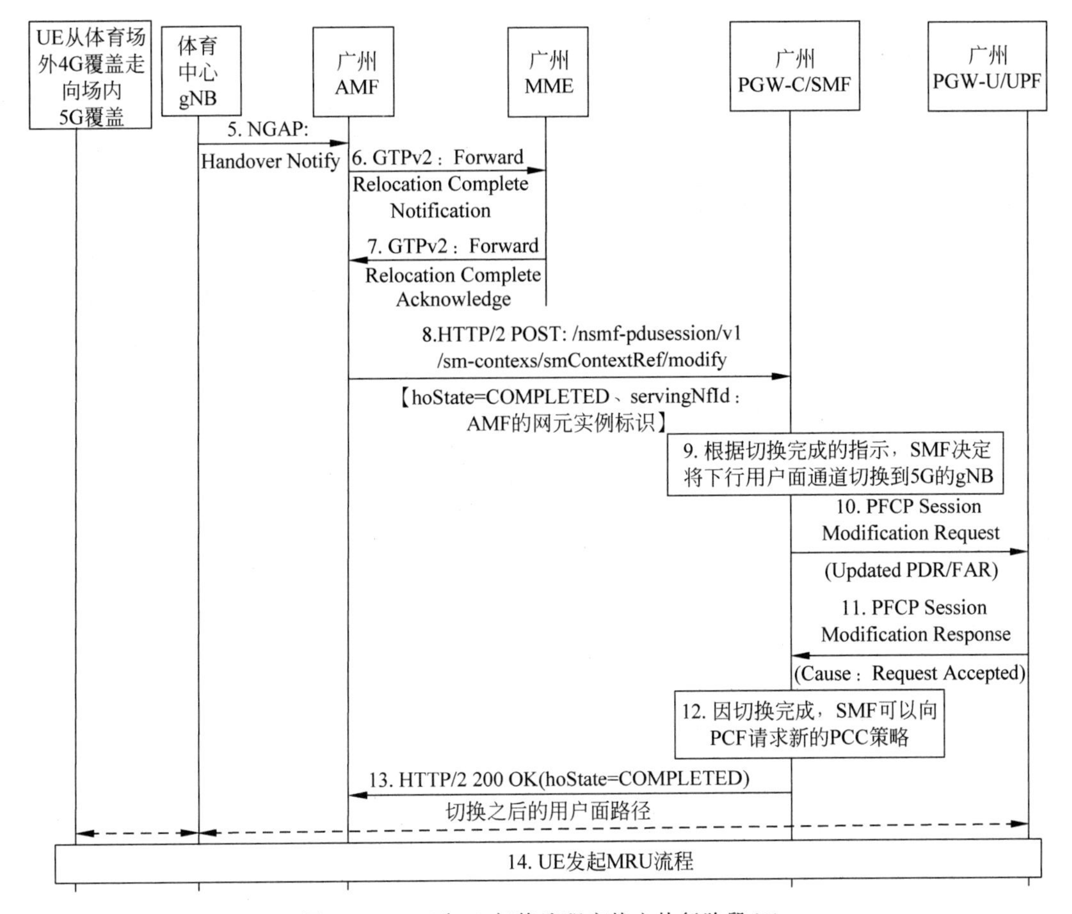

图 4-31　4G 到 5G 切换流程实战之执行阶段(2)

上行用户面通道已经建立完成。

第 5 步：目标 gNB 通知广州 AMF 切换已经完成，消息是 NGAP：Handover Notify。

第 6 步和第 7 步：广州 AMF 通知广州 MME 侧，UE 已经正式切换到 5G 侧。消息是 Forward Relocation Complete Notification 和 Forward Relocation Complete Acknowledge。广州 MME 可以据此发起 4G 侧的会话和资源释放流程。

第 8 步：广州 AMF 通知广州 SMF 切换已经完成，消息是 HTTP/2 POST：/nsmf-pdusession/v1/sm-contexs/smContextRef/modify，关键参数 hoState 的取值为 COMPLETED，表示切换已经完成。

第 9 步：广州 SMF 根据切换完成指示，决定将下行方向用户面转发路径切换到 5G 侧。

第 10 步和第 11 步：广州 SMF 发起 N4 会话修改流程，要求广州 PGW-U/UPF 将下行方向用户面转发路径从 4G 的 eNB 侧切换到 5G 的 gNB 侧，同时释放 4G 侧的用户面资源和连接。

第12步：因切换完成，广州SMF可以向广州PCF请求新的PCC策略。

第13步：广州SMF给广州AMF返回200 OK响应，作为对第8步的响应。

至此下行方向用户面路径已经完成切换，下行方向用户面数据转发路径为UPF发给gNB，gNB转发给UE。至此上下行方向的用户面转发路径通道就全部打通了。

第14步：如果满足了24501所定义的MRU流程的触发条件，则UE还需要发起MRU流程，广州AMF将为UE分配5G网络下的原生的5G-GUTI(非映射的5G-GUTI)。

4.5 EPS Fallback流程

1. 概述

5G网络和4G网络一样采用IP多媒体子系统(IP Multimedia System，IMS)提供语音业务，基于IMS的5G语音解决方案也称为VoNR(Voice over NR)，然而在5G网络商用初期并未大规模商用VoNR，而需要采用EPS回落(EPS Fallback，EPS FB)这样的过渡方案保证语音业务的连续性。

EPS Fallback方案是指网络侧未部署VoNR时，当UE从5G接入时，可通过IMS完成注册流程。当UE需要通话时，由网络侧引导UE返回4G通过VoLTE完成通话的过程。

EPS Fallback主要步骤如下。

(1) UE首先在5G下完成注册和IMS DNN的PDU会话建立流程，获得SMF所分配的IMS DNN的UE IP地址。

(2) UE在5G接入下完成IMS的注册流程。

(3) UE在5G接入下拨号发起VoNR音频呼叫流程，网络侧将发起音频专有QoS流的建立，尝试为5G音频做资源预留，但gNB拒绝为该QoS流分配资源并引导UE回落4G使用VoLTE打电话的过程。

2. 规范中的原版流程简介

规范中的流程原图来自23502的4.13.6，如图4-32所示。

前置条件：UE已经在5G网络下完成注册和IMS DNN的PDU会话建立流程，并且完成了IMS的注册流程。

第1步：UE发起呼叫，网络侧发起语音QoS流建立。

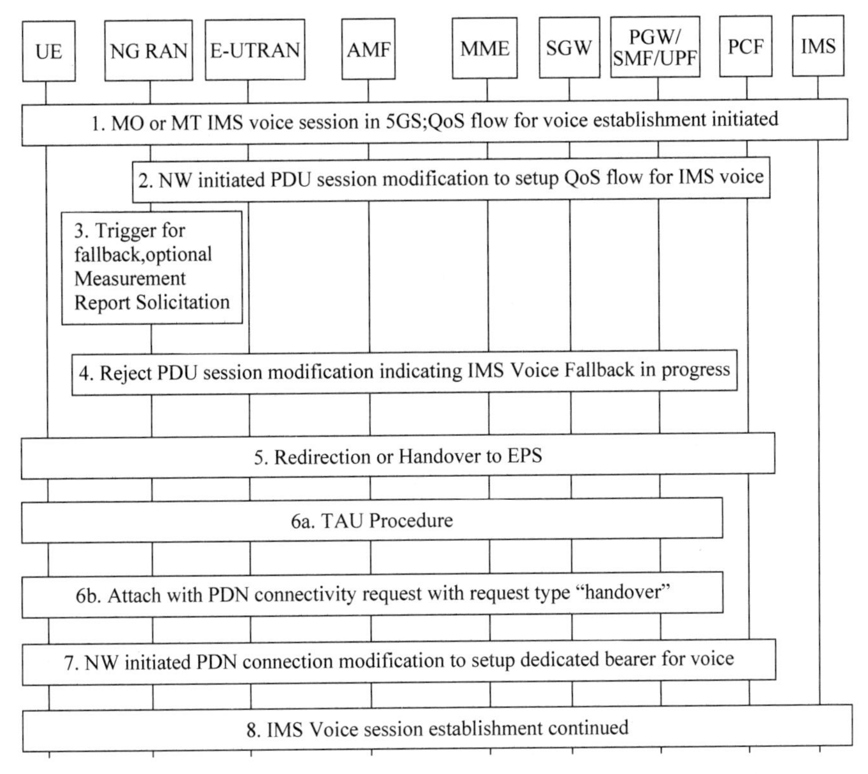

图 4-32 规范中的 EPS Fallback 流程

第 2 步：网络侧发起 PDU 会话修改建立语音 QoS 流。

第 3 步：gNB 决定发起 EPS Fallback 流程，引导 UE 回落 4G。

第 4 步：gNB 拒绝建立语音 QoS 流，并通知核心网侧回落正在进行。

第 5 步：gNB 引导 UE 通过重定向或切换(Handover)方式回落到 4G。

如果采用 Handover 方式回落，则触发步骤 6a 的 TAU 流程；如果采用重定向方式回落，则触发步骤 6b 的附着流程。

第 7 步：LTE/EPC 侧为音频流建立 EPS 专有承载。

第 8 步：EPS 专有承载建立完成后，在 4G 下继续完成 VoLTE 呼叫的后续步骤。

根据规范整理出了宏观版的 EPS Fallback 流程，如图 4-33 所示。

3. 信令流程实战

本节的场景假设和拓扑说明如图 4-34 所示。

EPS Fallback 切换前 IMS 语音和媒体面路径是 UE→gNB→UPF→P-CSCF(与 SBC 合设)→IMS。

EPS Fallback 切换后 IMS 语音和媒体面路径是 UE→eNB→SGW-U→PGW-U→

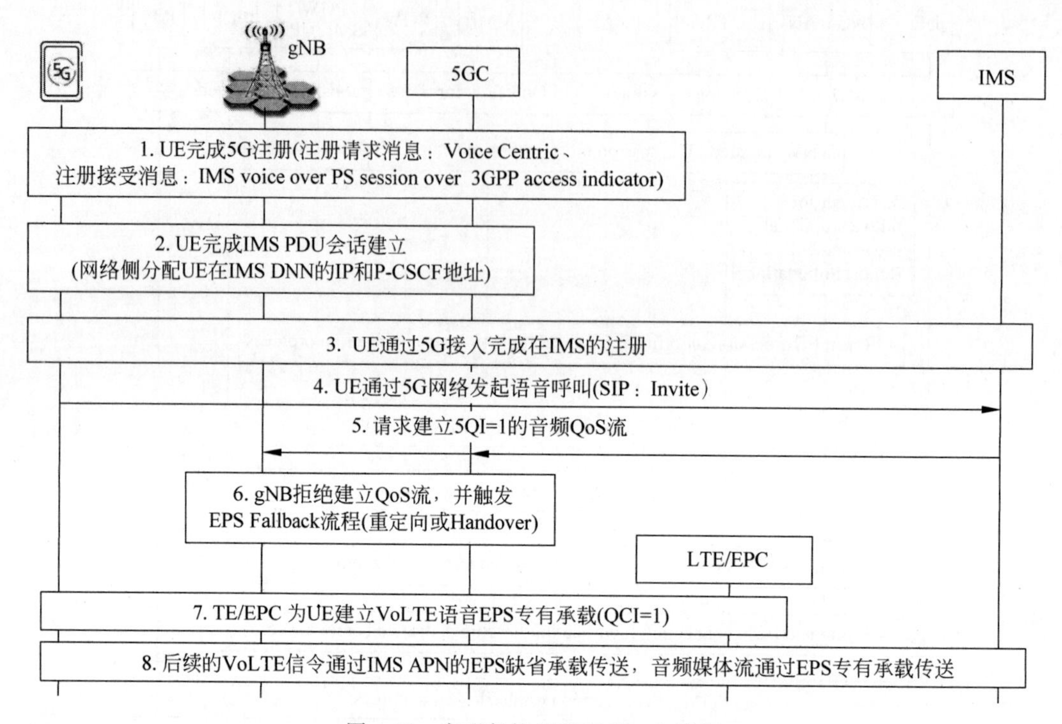

图 4-33 宏观版的 EPS Fallback 流程

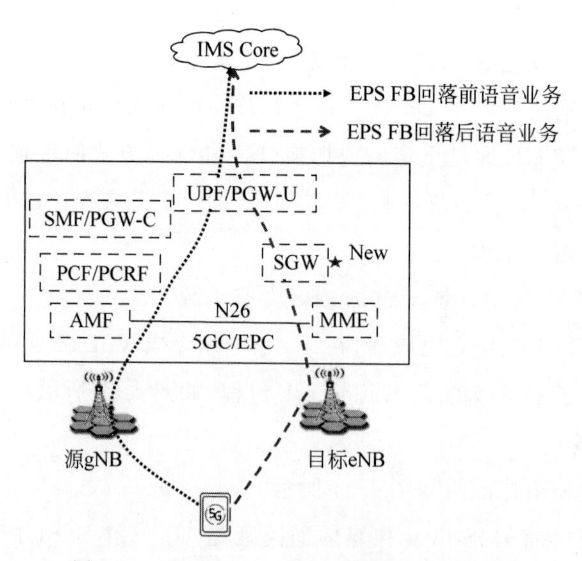

图 4-34 EPS Fallback 流程场景假设和拓扑

P-CSCF(与 SBC 合设)→IMS。

基于该场景的 EPS Fallback 详细信令流程如图 4-35～图 4-37 所示。

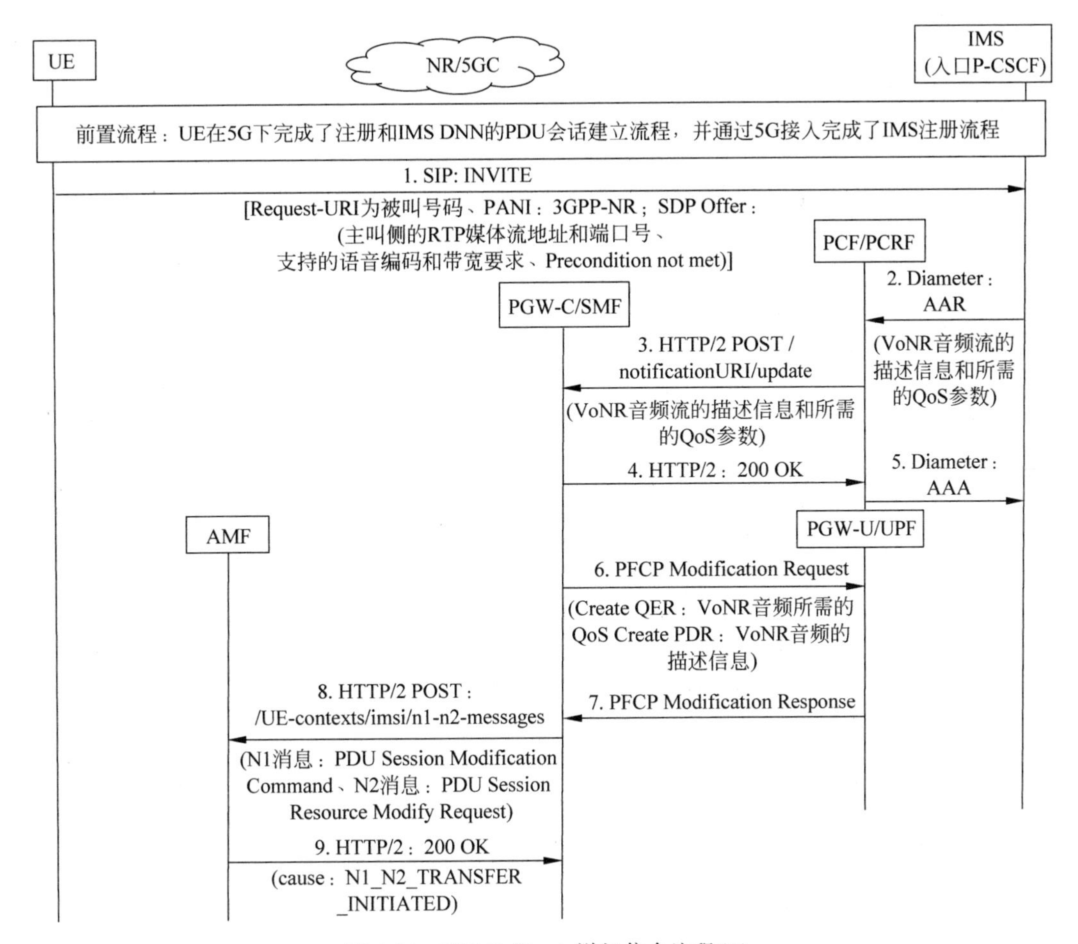

图 4-35　EPS Fallback 详细信令流程(1)

第 1 步：主叫 UE 发起呼叫，其中 PANI(P-Access-Network-Info)头域为 UE 当前的位置信息，Request-URI 为被叫号码，并且携带了 SDP 部分用于媒体流的协商及 Precondition 状态确认。

第 2 步：主叫 P-CSCF 收到后发送 Diameter 的 AAR 消息给 PCF，该消息中有 VoNR 音频流的媒体描述信息和所需的 QoS 参数(如 GBR 等)。

第 3 步：PCF 发送 Npcf_SMPolicyControl_UpdateNotify Request 给 SMF，请求 SMF 建立 VoNR 音频流所需的 QoS 流(口头交流时也称为 5G 专载)。该消息中包含了建议 VoNR 音频流所需的描述信息和 QoS 参数。

第 4 步：SMF 给 PCF 返回 200 OK 响应。

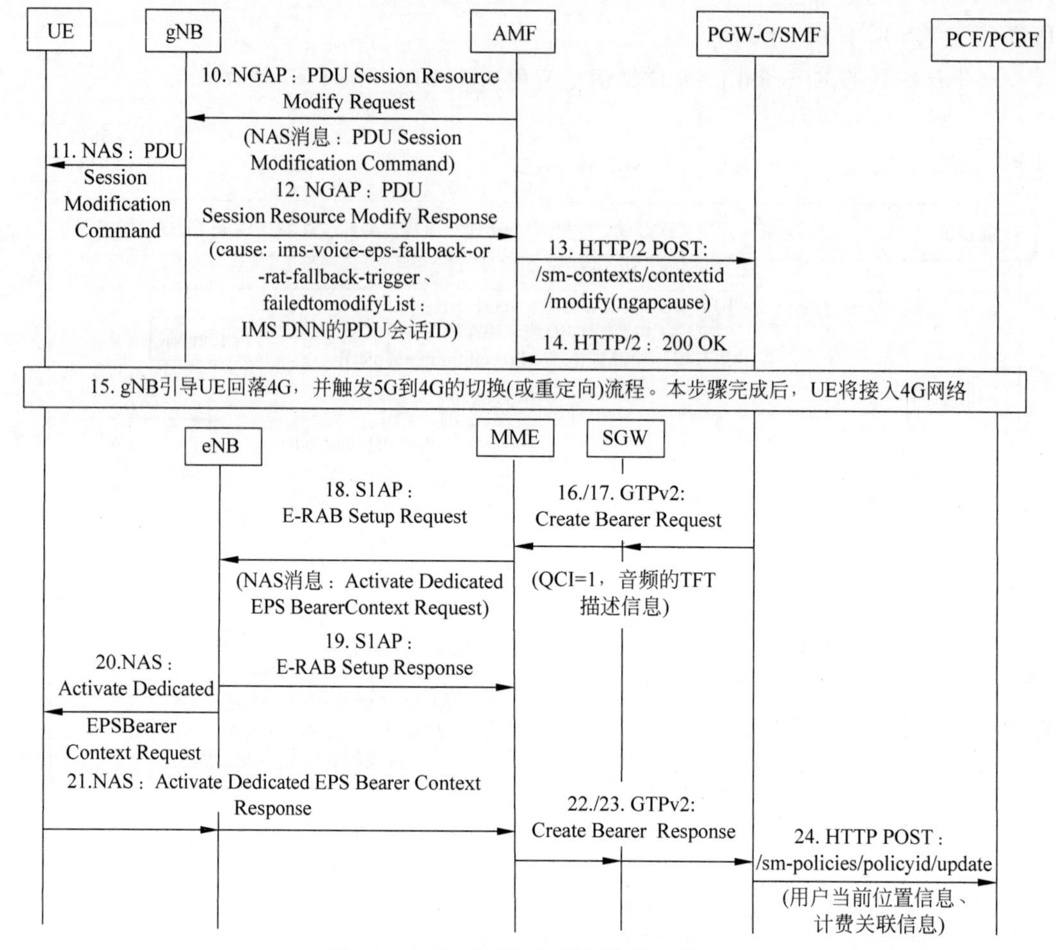

图 4-36　EPS Fallback 详细信令流程(2)

第 5 步：PCF 给 P-CSCF 返回 AAA 响应。

第 6 步：SMF 发起 N4 会话的更新，将 VoNR 音频流所需的 QoS 和描述信息放在 QER 和 PDR 中提供给 UPF。

第 7 步：UPF 返回 N4 会话修改响应。

第 8 步：SMF 调用 AMF 的 Namf_Communication_N1N2MessageTransfer 服务，请求 AMF 将 N1 消息 PDU Session Modification Command 透传给 UE，将 N2 消息 PDU Session Resource Modify Request 透传给 gNB。要求 UE 和 gNB 建立相关的 QoS 流。

第 9 步：AMF 返回 200 OK 响应，并开始透传 N1 和 N2 消息给 UE 和 gNB。

第 10 步：AMF 将 NAS 消息封装在 N2 消息 PDU Session Resource Modify Request 中发送给 gNB，N2 消息中包含了建立 VoNR 音频 QoS 流所需的 QoS、音频流分类规则等参数。

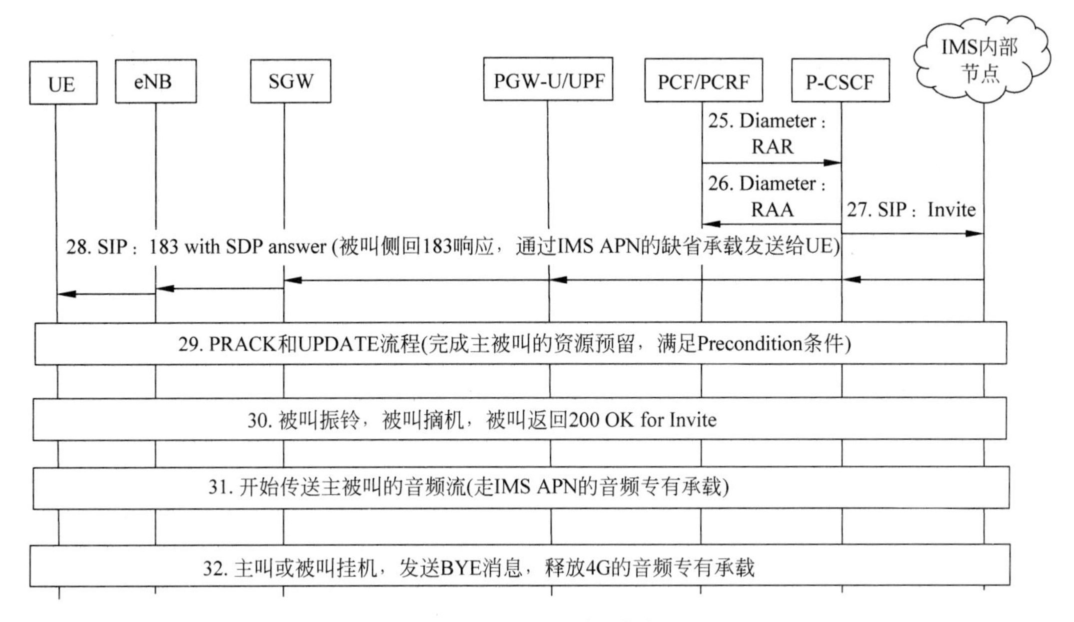

图 4-37 EPS Fallback 详细信令流程(3)

第 11 步：gNB 将 NAS 消息提取出来发给 UE。

第 12 步：gNB 检查本地配置发现不支持或未启用 VoNR，触发 EPS Fallback。gNB 将引导 UE 接入 4G 使用 VoLTE 语音业务。gNB 同时给 AMF 返回 N2 响应消息 PDU Session Resource Modify Response，主要参数包括 failedtomodifyList 取值为 IMS DNN 的 PDU 会话标识(PDU 会话资源修改失败的 PDU 会话标识)和 cause 取值为 ims-voice-eps-fallback-or-rat-fallback-trigger(表示因为 EPS Fallback 事件触发)。

第 13 步：AMF 调用 SMF 的 Nsmf_PDUSession_UpdateSMContext Request 服务，通知 SMF 关于 VoNR 音频的 QoS 流未能建立，并提供 gNB 上报的原因值。

第 14 步：SMF 返回 200 OK 响应进行确认。

第 15 步：gNB 引导 UE 回落 4G，并触发 5G 到 4G 的切换(或重定向)流程。本步骤完成后，UE 将接入 4G 网络。5G 到 4G 的切换流程可参考 4.3 节的说明。

接下来的第 16～23 步是网络侧为 UE 在 4G 中建立 VoLTE 音频流 EPS 专有承载。

第 16 步和第 17 步：PGW-C/SMF 给 SGW 及 SGW 给 MME 发送 GTPv2 消息 Create Bearer Request 消息，该消息用于请求对端节点创建音频流的 EPS 专有承载。主要参数包括 QFI(取值为 1)、音频流的业务流模板 TFT。

第 18 步：MME 给 eNB 发送 S1AP 消息 E-RAB Setup Request，请求 eNB 建立 VoLTE 专有承载的 E-RAB。S1AP 消息中还包含了发给 UE 的 NAS 消息：Activate

Dedicated EPS Bearer Context Request。

第19步：eNB为音频流EPS专有承载分配资源，建立DRB，建立完成后给MME返回E-RAB Setup Response。

第20步：eNB将NAS消息Activate Dedicated EPS Bearer Context Request透传给UE，通知UE关于VoLTE专载的建立。

第21步：UE确认VoLTE专载的建立。UE返回Activate Dedicated EPS Bearer Context Response，经eNB发送给MME。

第22步和第23步：MME给SGW及SGW给PGW-C/SMF发送Create Bearer Response，确认VoLTE专载建立完成。

第24步：PGW-C/SMF给PCF/PCRF发送Npcf_SMPolicyControlUpdate请求，通知VoLTE专载已经建立完成，并上报用户当前的位置信息、计费关联信息。

第25步：PCF/PCRF给P-CSCF发送Diameter的RAR请求消息，通知P-CSCF主叫侧的VoLTE专载已经建立成功。

第26步：P-CSCF给PCF/P-CRF返回RAA响应消息作为确认。

第27步：主叫侧P-CSCF将INVITE请求转给内部IMS节点(主叫侧S-CSCF)处理。

第28步：被叫收到INVITE后，会返回带有SDP应答的183响应，该消息发送给P-CSCF后经过SGi接口发送给PGW-U/UPF，该消息将通过IMS APN的EPS缺省承载发送给SGW，由SGW转发给eNB，再由eNB转发给UE。

第29步：VoLTE呼叫流程中的PRACK和UPDATE消息，用于对主叫和被叫侧的资源预留状态进行确认，此时已经满足Precondition条件(主叫和被叫侧的专有承载都已建立)，被叫侧就可以振铃了。

第30步：被叫振铃后(含180响应消息)被叫摘机，被叫返回针对初始Invite的200 OK响应消息。

第31步：开始传送主被叫的音频流(通过IMS APN的音频专有承载传送)。

第32步：主叫或被叫挂机触发BYE消息，LTE/EPC收到IMS侧的通知后释放4G侧VoLTE专有承载。

第5章

网络实战

本章将介绍国内5G商用网络在大区制下的路由及典型5GC网元的基本局数据配置。通过本章的学习，读者可以对商用网络组网及5GC网元厂家产品配置有较为全面的理解，从而理论联系实践加深对5GC的理解。

5.1 大区制下的5G注册流程信令路由

在3.4.2节N2切换流程中提到了5G商用网络中，部分运营商采用大区制这种全新的组网形态。大区制摒弃了在4G EPC中以省为单位来建设核心网的策略，改为按地理位置将全国划为东、南、西、北等多个大区，每个大区包含相邻的多个省份，并选择一个省份和城市作为大区中心，将部分5GC网元（如UDM）以大区为单位进行集中部署的组网方式。

2016年前核心网多采用厂家专用硬件，网元的硬件和软件维护是紧耦合的，由同一工程师负责，但5G网络中大区制及虚拟化的引入带来了新的运维模式和运维的挑战。

假设某运营商南方大区包含广东和广西两个省份（自治区），广州作为大区中心城市，其中UDM设置在大区中心、AMF/SMF/UPF以省为单位设置。此种组网下，广西AMF的日常维护（如健康检查、性能指标采集与分析）由广西分公司的工程师A负责；现场硬件和资源池可能在东莞数据中心，由工程师B负责。广西5G用户签约是在UDM，由南方大区中心工程师C负责，其中工程师A人在南宁、工程师B人在东莞、工程师C人在广州，而用户（UE）则可能在桂林。当出现网络故障时，需要跨部门、跨省份多方通力配合，才能更好地维护5G网络。

本节结合5G注册流程的信令面路由，介绍在大区制组网下这些信令消息都会经过哪些物理和逻辑的网元，从而加深对商用网络的理解。

5.1.1 大区制场景举例

(1) 假设大区这样划分如下：

西部大区包括四川、云南，大区中心是成都，假设数据中心在绵阳。

南部大区包括广东、广西，大区中心是广州，假设数据中心在东莞。

注意：本例中的大区划分仅为举例，不一定和商用网络一致，仅供参考。商用网络每个大区有多个省份，本例每个大区仅列举两个省份，方便讲解。这里数据中心(Internet Data Center，IDC)选取绵阳/东莞是想说明数据中心不一定在省会城市，因为数据中心的选址还有房价/电费等多重因素考量。本节希望刻意举一个复杂的例子来分析，因此并没有假设数据中心在成都和广州。

(2) 假设一个复杂的5G注册流程场景是广西5G用户从南宁坐飞机到了云南西双版纳州首府景洪市旅游，落地后开机发起5G注册流程。

该场景下的信令消息会经过哪些网元呢？需要注意的是，无论是否大区制，5GC商用网络均采用虚拟化部署(虚拟机或者容器)，这意味着网元虽然部署在大区中心(如广州)，由大区工程师维护，但设备硬件却在数据中心(如东莞IDC)。

基于上述场景得到的大区制5G注册流程拓扑图如图5-1所示。

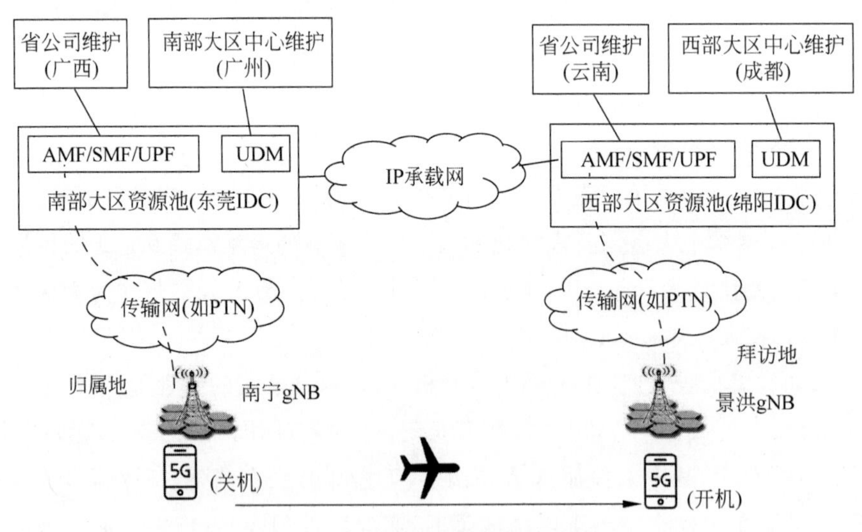

图5-1 大区制5G注册流程拓扑图

5.1.2 大区制5G注册流程信令路由说明

基于5.1.1节场景假设得到的5G注册流程信令消息路由见表5-1。

表5-1 5G注册流程信令消息路由

接口	接口所涉及的网元和路由	网元的物理位置	说明
N2	景洪机场gNB↔(传输网如PTN+跨省IP承载网)↔云南AMF 【拜访地gNB↔拜访地AMF,用于透传NAS信令等目的】	云南AMF位于绵阳IDC	虽然是云南的AMF,但昆明不一定有西部大区的数据中心,而大区数据中心也不一定在省会,也可能在省内中心城市
N12	云南AMF↔(跨省IP承载网)↔南部大区AUSF 【拜访地AMF↔归属地大区AUSF,用于鉴权管理等目的】	云南AMF位于绵阳IDC、南部大区AUSF位于东莞IDC	AUSF通常可能是和UDM合设,部署在大区
N13	南部大区AUSF↔南部大区UDM 【合设,内部流程,如请求生成鉴权向量组等目的】	南部大区AUSF/UDM位于东莞IDC	AUSF通常与UDM合设,部署在大区
N14	云南AMF↔(跨省IP承载网)↔广西AMF 【新AMF从老AMF获取UE上下文等场景】	云南AMF位于绵阳IDC、广西AMF位于东莞IDC	UE在广西关机然后坐飞机,因此老AMF是广西AMF
N8	云南AMF↔南部大区UDM 【拜访地AMF↔归属地UDM,如注册登记、获取签约数据等场景】	云南AMF位于绵阳IDC、南部大区UDM位于东莞IDC	UDM通常部署在大区
N15	云南AMF↔广西PCF 【拜访地AMF↔归属地PCF,如获取接入管理策略流程】	云南AMF位于绵阳IDC、广西PCF位于东莞IDC	每个省业务发展有差异,通常会按省设置PCF

1. N2接口信令路由

广西UE到达西双版纳州首府景洪市机场,落地后开机发起5G注册流程。注册请求消息通过空口发给景洪机场gNB。gNB将其封装到NGAP消息中,通过N2逻辑接口发送给云南AMF处理。为什么是云南AMF,而不是大区中心四川AMF?因为即使在大区制下,AMF、SMF通常也是以省为单位部署的。云南AMF可以理解为由云南省公司负责维护。如果是硬件出了问题(如温度过高),则需要云南省公司(联系大区)或者直接联系绵阳IDC到现场处理。

景洪gNB的N2消息经传输(如PTN),然后经跨省IP承载网(为什么要跨省呢?因为基站在云南,而AMF硬件部署在四川绵阳的IDC机房里)到达绵阳IDC,通过数据中心EOR(End of Row)交换机→TOR(Top of Rack)交换机→云南AMF处理N2接口信令的业务虚拟机(或容器)所在的计算节点→AMF业务虚拟机处理。

注意:TOR交换机泛指IDC机柜顶部的二/三层交换机,通常负责连接本机柜内的计算节点服务器。EOR交换机则是指汇聚交换机，可汇聚多个机柜的二/三层流量。

2. N12和N13接口信令路由

云南AMF收到注册请求后，接下来要对广西UE鉴权，因此需要寻址归属地的AUSF。AUSF通常与UDM合设并部署在大区，因此云南AMF需要请求部署在东莞IDC的南部大区AUSF提供鉴权参数（虽然是广西的用户，但要找南部大区的AUSF，大区AUSF可根据用户号段区分大区内不同省份的用户）。

因此，N12接口转发路径是云南AMF经跨省IP承载网至南部大区AUSF。接下来AUSF需要请求UDM产生鉴权向量组，但AUSF和UDM通常为合设，因此N13接口就是内部流程，也就是南部大区AUSF到南部大区UDM。

3. N14接口信令路由

由于是广西UE到景洪旅游场景，因此云南AMF需要从广西AMF获取UE上下文。物理转发路径是绵阳IDC的云南AMF→绵阳IDC出口→跨省IP承载网→东莞IDC出口→东莞IDC的广西AMF。

4. N8接口信令路由

接下来云南AMF需要从用户归属地南部大区UDM下载广西UE的签约数据并在南部大区UDM完成注册登记。物理转发路径是绵阳IDC的云南AMF→绵阳IDC出口→跨省IP承载网→东莞IDC出口→东莞IDC的南部大区UDM。

5. N15接口信令路由

接下来云南AMF请求广西PCF提供接入管理策略。PCF通常也是以省为单位部署的，这里假设提供接入管理策略服务的PCF部署在归属地，因此这里的PCF是广西的。物理转发路径是绵阳IDC的云南AMF→绵阳IDC出口→跨省IP承载网→东莞IDC出口→东莞IDC的广西PCF。

5.2 大区制下的PDU会话建立流程信令路由

本节介绍大区制下的PDU会话建立流程的信令路由，场景与5.1.1节相同，并且是5.1.1节的延续。假设该广西用户在西双版纳落地完成5G注册流程后，又发起了PDU会话建立流程，因此本节的场景拓扑图与图5-1大区制5G注册流程拓扑图完全相同。

基于上述场景假设得到的PDU会话建立流程信令消息路由见表5-2。

表 5-2　PDU 会话建立流程信令消息路由

接口	接口所涉及的网元和路由	网元的物理位置	说　明
N2	景洪机场 gNB↔(传输网如 PTN+跨省 IP 承载网)↔云南 AMF 【拜访地 gNB↔拜访地 AMF,用于透传 NAS 信令等目的】	云南 AMF 位于绵阳 IDC	虽然是云南的 AMF,但昆明不一定有西部大区的数据中心,而大区数据中心也不一定在省会,也可能在省内中心城市
N11	云南 AMF↔云南 SMF 【拜访地 AMF↔拜访地 SMF,如透传 NAS-SM 消息给 SMF 处理等目的】	云南 AMF/SMF 位于绵阳 IDC	SMF 通常以省为单位部署,由各省自行维护
N10	云南 SMF↔(跨省 IP 承载网)↔南部大区 UDM 【拜访地 SMF↔归属地 UDM,如获取 sm-data 签约数据等流程】	云南 SMF 位于绵阳 IDC、南部大区 UDM 位于东莞 IDC	UDM 位置通常部署在大区
N7	云南 SMF↔(跨省 IP 承载网)↔广西 PCF 【拜访地 SMF↔归属地 PCF,如请求获取会话管理策略等流程】	云南 SMF 位于绵阳 IDC、广西 PCF 位于东莞 IDC	PCF 通常以省为单位部署。同时由于各省数据业务差异大,数据业务 PCF 通常要回归属地
N4	云南 SMF↔(跨省 IP 承载网)↔景洪 UPF 【拜访地 SMF↔拜访地 UPF,如建立 N4 会话并下发 N4 管控规则等流程】	云南 SMF 位于绵阳 IDC、景洪 UPF 位于景洪机房	UPF 在 5G 初期可能采用传统硬件,部署在拜访地如景洪。如果拜访地没有,则可能部署在省会如昆明。随着 5G 专网和 MEC 的不断商用,UPF 将逐渐下沉至地级市或靠近用户的位置

5.3　5GC 网元局数据配置概述

5.3.1　局数据配置的说明

本节参考开源项目和商用网络中的 5GC 网元的相关配置,提炼出一个最小化的 5GC 网元配置。这个最小化的配置只考虑 5G 业务和信令流程能正常执行,不考虑商用网络中对于高可用、计费、网管、安全防护、国际漫游、性能等方面的额外要求。

本节所介绍的 5GC 网元包括典型网元 AMF、SMF 和 UPF 的局数据配置。

注意: 日常交流中通常将网元配置称为局数据配置,将网元的安装部署称为开局。

5.3.2 业务地址规划

无论 5G 商用网络还是在开源项目中，5GC 网元的 IP 地址都分成两类：

(1) 业务地址：用于端到端的通信（如 AMF 到 UDM），通常采用 32 位长度掩码。

(2) 接口地址：用于点到点的逐跳通信（如 AMF 到三层网关设备），最少采用 30 位长度掩码，比较常见的接口地址掩码长度还有 26、27、28 和 29 位。

因此在介绍局数据配置之前，需要了解地址规划。本节将重点关注业务地址的规划，规划的基本原则如下。

(1) SBI 和 N4 接口采用 IPv6 地址。

(2) N2 和 N3 接口采用 IPv4 地址。

(3) SBI 接口和 N4 接口业务地址共用大网段 2409:8888::/32。

(4) N2 接口地址段是 100.1.1.0/24。

(5) N3 接口地址段是 100.2.2.0/24。

(6) N26 接口和 DNS 地址段是 20.1.1.0/24。

注意：SBI 接口的网元可以是服务器端，也可以是客户端，因此还可以细分为 SBI-Server 和 SBI-Client 业务地址。这两个业务地址可以相同，也可以不同。取决于厂家产品实现。

详细的业务地址规划见表 5-3。

表 5-3 业务地址规划

接口类型	网 元	业务地址
SBI	AMF	2409:8888::1
	SMF	2409:8888::2
	AUSF	2409:8888::3
	UDM	2409:8888::4
	PCF	2409:8888::5
	NRF	2409:8888::6
	NSSF	2409:8888::7
N2	gNB 侧	100.1.1.1
	AMF 侧	100.1.1.2(主用) 100.1.1.3(备用)
N3	gNB 侧	100.2.2.1
	UPF 侧	100.2.2.2
N4	SMF 侧	2409:8888::8
	UPF 侧	2409:8888::9
N26	AMF 侧	20.1.1.26
DNS	DNS 服务器	20.1.1.1 和 20.1.1.2
	AMF 侧 DNS 源地址	20.1.1.25

5.3.3　AMF局数据配置概述

AMF的局数据配置主要包括以下几种。

(1) 全局参数：AMF名称、支持的PLMN、GUAMI、AMF支持的切片列表等。

(2) N1接口配置：各类计时器(如T3512)、支持的加密/完整性保护算法等。

(3) N2接口配置：N2接口建立SCTP偶联的主用和备用地址、支持的TA列表、组Pool(池)场景下AMF的权重值等。

(4) 与NRF注册登记相关的配置：AMF支持的服务、NRF的IP等。

(5) 其他接口配置：和4G/5G互操作有关的配置(N26接口业务地址、DNS服务器和DNS客户端的IP、AMF的FQDN等)、NSSF的地址等。

1. 全局参数配置

AMF所需要配置的基本全局参数见表5-4。

表5-4　AMF所需要配置的基本全局参数

配置参数	取值举例	用　途	说　明
PLMN-ID	4600X	标识AMF所属的PLMN	通过PLMN可区分归属和漫游用户
服务的TA列表	4600X111111 4600X222222	AMF所服务的TA，和gNB在N2建立流程中上报的一致	5G TAC是3字节长度，4G TAC是2字节长度
服务的切片列表	sst=1, sd=111111	sst=1为eMBB类型的切片	AMF可以服务多个切片，可以作为切片独享AMF或多切片共享AMF
GUAMI	4600X112233	AMF的全球唯一标识	GUAMI=MCC+MNC+AMFI AMFI=AMF RegionID+AMF SetID+AMF Pointer【AMFI的长度是3字节】

2. N1接口参数配置

N1是AMF到UE的5G-NAS协议接口。AMF所需配置的N1接口参数见表5-5。

3. N2接口参数配置

N2是gNB到AMF的接口，可用于连接管理、资源分配、移动性管理等。N2接口的业务逻辑处理通常由设备的应用层代码自动完成。作为局数据来讲，只需做好N2接口连通性相关配置。另外，由于N2接口采用了SCTP，也就是和TCP一样的C/S架构，由于AMF经常下挂大量基站，为减少配置和管理工作量，通常选择gNB作为SCTP客户端，由gNB主动发起SCTP的四次握手，这意味着gNB侧需要配置AMF侧的N2接口地址，AMF作为SCTP服务器端，无须配置gNB侧的SCTP端点IP。

表 5-5 AMF 所需配置的 N1 接口参数

配置参数	取值举例	用途
支持的完整性保护算法	NIA2	如果支持多个算法,则需要配置优先级,与 UE 支持的安全能力协商并取交集
支持的加密算法	NEA2	
NAS 计时器 T3512	54min	AMF 下发的周期性 TA 更新计时器
NAS 计时器 T3502	12min	注册失败时启动。超时重新发起注册流程,默认重新发起注册 5 次
MM 计时器 T3513	6s	寻呼消息重传计时器
MM 计时器 T3522	6s	Deregistration Request 消息重传计时器
MM 计时器 T3550	6s	Registration Accept 消息重传计时器
MM 计时器 T3555	6s	Configuration Update Command 消息重传计时器
MM 计时器 T3560	6s	Authentication Request/Security Mode Command 消息重传计时器
MM 计时器 T3565	6s	NAS Notification 消息重传计时器
MM 计时器 T3570	6s	Identity Request 消息重传计时器
移动性可达计时器	58min	UE 进入 CM-IDLE 启动,超时将停止对 UE 的寻呼,即认为 UE 不可达
隐式去注册计时器	60min	超时则 AMF 发起隐式去注册流程

AMF 所需要配置的 N2 接口参数见表 5-6。

表 5-6 AMF 所需要配置的 N2 接口参数

配置参数	取值举例	用途
N2 接口地址	100.1.1.2(主用) 100.1.1.3(备用)	与 gNB 建立 SCTP 偶联
AMF Name	amf_51xuetongxin	AMF 的名字,通过 N2 建立流程下发给 gNB
Relative AMF Capacity	100	AMF 的权重值。用于 AMF 组 Pool 场景下,gNB 根据 AMF 权重值负荷分担选择 AMF

4. NRF 注册相关参数配置

所有支持 SBI 的网元都要到 NRF 中注册登记,AMF 也不例外。AMF 需要在 NRF 中注册登记自己的档案信息(NFProfile),包括自己的寻址信息(IP、FQDN 等)和能力信息(如支持的服务)等。

但 AMF 是怎么找到 NRF 的？是本地配置的。AMF 需要配置 NRF 的地址和端口。根据前面的规划,这里配置为 2409:8888::6,端口号为 80。AMF 通过管理与编排系统部署安装启动后,会自动向配置的 NRF 发起注册绑定流程。为了实现高可用,商用网络通常配置两个 NRF。

AMF 所需要配置的 NRF 注册的部分参数见表 5-7。

表 5-7　AMF 所需要配置的 NRF 注册相关参数

配置参数	子参数	取值举例和说明
NF Profile（AMF）	AMF 支持的服务	Namf_Communication、Namf_EventExposure、Namf_MT service、Namf_Location
	scheme	http 或 https
	AMF 提供服务的 IP 和端口	2409:8888::1，端口号 80
	AMF RegionId、AMF SetId、服务的 GUAMI 列表	AMF 标识
	服务的 TA	支持正则表达式

5. 其他接口参数配置

AMF 可能还需要做 N22、N26 和 DNS 接口的配置。配置参数、配置举例、用途场景见表 5-8。

表 5-8　AMF 其他接口配置参数

其他接口	配置参数	取值举例	用途	说明
N22	NSSF 地址	2409:8888::7	用于初始 AMF 选错场景下，查询 NSSF 完成目标 AMF 的选择	注意，NSSF 的选择通常需要静态配置
N26	N26 接口地址	20.1.1.26	用于和 MME 做 4G/5G 互操作，MME 查 DNS 得到 AMF 侧 N26 地址	这 3 个参数都和 4G/5G 互操作有关
DNS	DNS Server 地址	20.1.1.1 和 20.1.1.2	外部 DNS 服务器地址，通常配置两个以保证高可用	
	DNS Client 地址	20.1.1.25	AMF 侧发起 DNS 查询的源 IP	

需要注意的是，在信令流程中，AMF 还需要和 PCF、UDM、SMF 通信，但本节并未看到上述配置，这是因为 AMF 可以直接去查 NRF 完成上述网元的动态选择，因此无须静态配置。

5.3.4　SMF 局数据配置概述

SMF 的局数据主要包括以下几种。

(1) 全局参数：服务的 PLMN、支持的切片列表等。

(2) DNN 基本配置：DNN 类型、UE 地址池等。

(3) N4 接口基本配置：N4 接口本端和对端地址，UPF 关联的 DNN、TAI 等。

(4) 到 NRF 注册登记相关的配置：SMF 支持的服务、NRF 的 IP 等。

1. 全局参数配置

SMF 所需要配置的基本全局参数见表 5-9。

表 5-9 SMF所需要配置的基本全局参数

配置参数	取值举例	用途	说明
PLMN-ID	4600X	标识SMF所属的PLMN	通过PLMN可区分归属和漫游用户
服务的切片列表	sst=1，sd=111111	sst=1为eMBB类型的切片	SMF可以服务多个切片
DNN	ims、xxnet、xxwap等	SMF所支持的DNN(还需要指定DNN与切片的关联)	如果开通了VoNR，则需要配置ims DNN

将表5-9中的DNN参数放大来看，还需要配置以下更多详细参数，以eMBB DNN为例进行说明。eMBB DNN的详细参数见表5-10。

表 5-10 DNN参数配置

配置参数	取值举例	用途	说明
DNN名称	xxnet	用于上Internet	xxwap DNN也能上网，但需要多配置WAP网关地址和到它的GRE隧道
DNN类型	IPv4v6	标识DNN的类型	商用网络eMBB DNN通常为双栈类型
UE地址池	2409:9999::/64 10.X.X.X/24	分配给UE的IP地址池	如果是双栈，则IPv4地址池为私网地址，需要N6接口防火墙处执行NAT转换
DNS地址	8.8.8.8	公网DNS地址通常配置两个	发给UE，用于互联网网站域名的解析

2. N4接口参数配置

N4是SMF到UPF的接口，用于下发各种管控策略交给UPF去执行。SMF所需配置的N4接口参数见表5-11。

表 5-11 SMF所需配置的N4接口参数

配置参数	取值举例	用途
N4接口本端地址	2409:8888::8	和UPF建立PFCP关联与会话
N4接口对端地址	2409:8888::9	UPF侧的N4接口地址
UPF所关联的DNN	internet	可基于DNN选择UPF
UPF所关联的TA	4600X111111	可基于UPF所在TA选择UPF

3. NRF注册相关参数配置

和5.3.3节AMF一样，SMF也需要到NRF中注册登记。

SMF所需要配置的NRF注册相关参数见表5-12。

表5-12　SMF所需要配置的NRF注册相关参数

配置参数	子　参　数	取值举例和说明
NF Profile（公共）	SMF支持的服务	nsmf-pdusession、nsmf-event-exposure
	scheme	http或https
	SMF提供服务的IP和端口	2409:8888::2，端口80
	NFInstanceID	标识SMF实例，如smf_51xuetongxin_01
	NFType	告诉NRF自己是什么NF，取值为SMF
	NFStatus	NF实例当前的状态，取值为REGISTERED。当不能服务时，要上报UNDISCOVERABLE，即不能被其他网元发现
	PLMNlist	SMF所支持的PLMN列表，如4600X
	Locality	SMF的地理位置信息，如gzidc_region_south
	Capacity	SMF的静态相对容量值，SMF组Pool时用于SMF的选择，取值如100
	priority	SMF组Pool时SMF的优先级，取值如100
smfinfo（SMF特有）	pgwFQDN	PGW的FQDN，如pgw666.51xuetongxin.com【3GPP的5G标准域名后缀格式为5gc.mnc<MNC>.mcc<MCC>.3gppnetwork.org】
	SMF支持的切片列表	取值如sst=1，sd=111111

4. 其他接口参数配置

为了支持和4G互操作，SMF需与PGW-C合设，所以还需要有PGW-C的配置。

这部分的配置如下。

（1）S5接口的GTP-C/GTP-U地址，GTP路径管理（如T3计时器、N3重传等）。

（2）Gx、Gy、Gz接口的相关配置，如PCRF、OCS、CG的地址等信息。

（3）如果SMF和SGW是合设的，则还需要配置SGW相关的配置，例如S11接口地址等。

5.3.5　UPF局数据配置概述

UPF的局数据主要包括路由实例、N3接口、N4接口、N6接口和DPI（深度包检测）配置和其他配置等。

1. 路由实例配置

UPF中的路由实例用于流量的内部隔离，可以看成UPF内部的VPN。UPF至少需要配置3个路由实例，并且和对应的接口关联。这样才可以和N4接口规则中下发的路由实例名称及接口名称进行关联，正确区分上、下行流量，从而正确地完成流量的转发。UPF路由实例配置参数见表5-13。

表 5-13 UPF路由实例配置参数

路由实例名称	关联的接口	对应 29244 中的接口名	用　途
access	N3	ACCESS	对应上行接口
core	N6	CORE	对应下行接口
signaling	N4	CP-function	对应到 SMF 的接口，接收 CUPS 策略

注意：路由实例名称为字符串类型，该值参考运营商规划可以修改，但 29244 接口名是关键字，有固定取值，不能修改。UPF 通常至少需配置 3 个路由实例。如果 UPF 是 I-UPF，则还需要配置 N9 接口的路由实例。如果 UPF 连接了多个 DNN，即多个 N6 接口，则还需要配置多个 N6 接口路由实例。

2. N3 接口参数配置

N3 接口是 UPF 和 gNB 之间的用户面接口。根据规范，UPF 需要分配 N3 接口 IP 地址和 TEID(如果 UPF 不支持分配，也可以由 SMF 代为分配。目前商用网络多为 UPF 自行分配)。TEID 是动态分配不需要静态配置，而 N3 接口地址需要静态配置。根据地址规划，UPF 需要在本端配置 N3 接口地址 100.2.2.2。

3. N4 接口参数配置

UPF 通过 N4 接口从 SMF 接收管控规则。N4 接口在下发规则(建立 N4 会话时下发)之前需要先建立 N4 接口的偶联(Association)，这个是 SMF 主动发起建立的，因此，UPF 无须配置 SMF 的地址，等待接收 SMF 发送过来的偶联建立请求就可以了。SMF 需要配置所管理的所有 UPF 的 N4 接口地址，因此 UPF 侧仅需要配置本端 N4 接口地址 2409:8888::9。SMF 也会配置 UPF 的这个地址，并向该地址发起 N4 接口偶联的建立。

4. N6 接口参数配置

N6 接口是 UPF 到 DN 的接口。如果是 xxNET DNN，则是到 Internet 的出口。通常不需要做特别配置，但如果是 xxwap DNN，则流量通过 WAP 网关(10.0.0.17X 这个私网地址)才能访问具体的业务。UPF 到 WAP 网关并不是直连的，甚至需要跨省，因此中间会经过一个庞大的 IP 承载网。由于 WAP 网关地址是一个私网地址，无法穿越跨省的 IP 承载网，因此需要在 UPF 和 WAP 网关前置路由器之间建立一个通用路由封装协议(Generic Routing Encapsulation，GRE)隧道，此场景下 UPF 还需要 GRE 隧道相关配置。N6 接口 GRE 隧道如图 5-2 所示。UPF 侧 N6 接口参数配置见表 5-14。

表 5-14 UPF侧 N6 接口参数配置

配置参数	取值举例	用　途
N6 接口本端地址	200.1.1.1	和 WAP 网关的前置路由器建立 GRE 隧道。该地址通常为公网地址

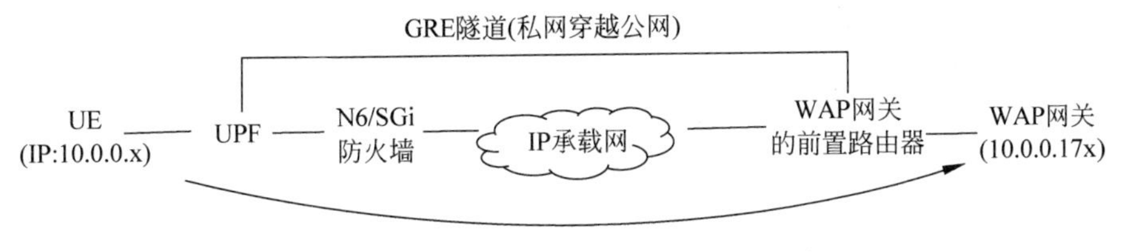

图 5-2　UPF 侧 N6 接口的 GRE 隧道示例

5. 深度包检测(Deep Packet Inspection,DPI)的配置

UPF 作为用户面节点需要配合 SMF 下发的 PDR 规则,完成对用户面数据报文的检测与分类,从而实现内容计费、基于业务的管控等功能。UPF 需要根据 PDR 规则中指明的 App-ID 关联到本地配置的 DPI 检测规则,完成对业务的检测与分类(打标记),如图 5-3 所示。

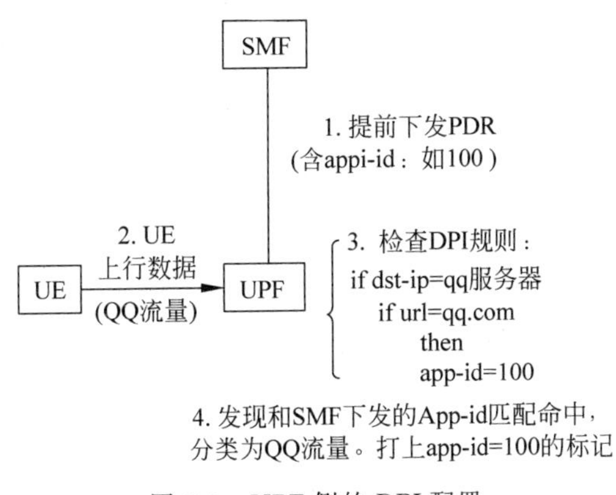

图 5-3　UPF 侧的 DPI 配置

6. 其他参数配置

(1) PGW-U/UPF 合设的相关配置。

- 由于 UPF 是与 PGW-U 合设的,因此还需要配置 PGW-U 侧的相关接口,例如还需要配置 S5 接口用户面地址。
- 和 4G 类似,UPF 上还需要配置内容计费、HTTP 头增强等相关配置。
- 如果是行业专网 UPF,则还有行业相关的特殊配置,如 AAA 的鉴权、L2TP 隧道等。

(2) 如果涉及 I-UPF 的插入(如 MEC 场景),则还需要配置 N9 接口用户面地址。

注意:5G SA 初期 UPF 通常不支持在 NRF 中注册登记,因此没有到 NRF 注册相关的配置。

本节最后出一个小的思考题。UPF 为什么不需要配置 gNB 的地址?

答案是因为 gNB 的 N3 接口地址是在 PDU 会话建立流程中由 gNB 动态分配的,经 AMF 发送给 SMF,SMF 通过 N4 接口发送给 UPF,因此 UPF 无须配置。

第 6 章

生活中的 5G：美美的一天

美美是一个北京的 5G 用户，她非常热爱生活。本章描述了美美使用 5G 网络一天的美好生活，希望能通过生活化的场景来更好地阐述 5GC 相关的原理。

故事从美美购买 5G 套餐办理 USIM 卡说起。

注意：本节涉及的数据（包括套餐价格、业务数据等）均为举例，不代表实际商用 5G 网络中的数据。

6.1 数据发放

美美是一个在北京工作的上班族女生，平时住在望京。

美美购买了运营商的 5G 套餐，该套餐为每月 59 元，包含 10GB 流量和 30min 通话时长。套餐包含的 10GB 流量可以在 2G/3G/4G/5G 网络下通用，当月未用完流量不清零，可结转至次月月底前使用。

由于美美经常观看腾讯视频，因此额外购买了一个腾讯视频 App 套餐包（也称为定向流量包），价格是每月 5 元包 5GB 腾讯视频专属流量。

画面回到 1 个月前，美美来到运营商线下营业厅，购买了最新款的 5G 手机并开通了这个 59 元的 5G 套餐。美美在营业厅签署购买协议并付款后得到了一张 USIM 卡。在这个过程中，运营商需要完成哪些工作呢？主要工作包括开卡和用户签约数据的发放。

开卡是指美美先选定一个手机靓号，营业厅工作人员会选择一张空白卡通过营业厅计算机里的程序请求运营商的运营与支撑系统（Business Operation Support System，BOSS）配合完成写卡的操作，BOSS 会将相应的用户信息和签约数据（如 IMSI 和根密钥等）发放到 UDM/UDR 中，由于该套餐属于多接入网络通用，因此还需要发放签约数据至 4G 的 HSS 和 2G/3G 的 HLR。接下来营业厅将该号码激活并完成 IMSI 和 MSISDN 的绑定关系。最后成功将卡交给美美使用。

营业厅为美美开通的5G业务是实时的，立即生效。以5G为例，5G业务签约数据发放的路径是营业厅计算机→BOSS→业务发放网关（Provisioning Gateway，PG）→需要开通业务的网元（如UDR）。

有哪些用户数据需要开通呢，又是在哪些网元上开通呢？答案是主要包括数据业务和语音业务相关的用户签约数据开通（或称为签约数据发放）。

1. 数据业务用户签约数据开通

需要开通的数据业务签约数据和主要网元如下。

（1）5G签约数据：在5G的UDM中开通。如果启用了UDR网元作为后端存储，则发放到UDR中。这些签约数据包括am-data、sm-data、smf-select-data等，包括允许接入的TA/RAT限制/服务区域限制、签约的DNN/缺省QoS流的QoS参数/切片标识等参数。

（2）4G签约数据：在EPC-HSS中开通。这些签约数据包括是否签约4G、签约的APN列表、缺省APN、缺省承载的QoS等。

（3）数据业务PCC管控策略：在数据业务PCF/PCRF中开通。如果采用了前后端分离方案，则需要在后端UDR或用户签约数据库（Subscription Profile Repository，SPR）中开通。

PCF/PCRF中需开通的PCC管控策略数据如下。

- QoS控制策略：如美美的用户等级（VIP/金/银/铜）及对应的QoS模板（QoS Profile），在QoS模板里可以设定缺省承载的授权QoS参数如QCI/5QI、ARP等，还需要开通相应的管控策略，例如UE进入忙小区、忙时、超量限速等场景下的管控策略。
- 计费控制策略：计费控制策略可以保证不多收也不少收用户话费，并且能提供明细对账单给用户供对账使用，从而提升用户满意度，站在运营商角度看合适的计费控制策略还能规避用户欠费的风险。计费控制策略主要包括用户购买的数据业务套餐及配额等信息。

本场景中美美购买了两个5G套餐，包括59元包10GB的标准套餐和5元包5GB的腾讯视频套餐包。59元包10G流量，这个10GB就是美美每月可以使用的流量配额，即用户使用数据业务DNN缺省QoS流所产生的流量的总配额。同样，5元包5GB腾讯视频流量，5GB也是腾讯视频套餐包的配额，即UPF检测到用户产生的腾讯视频流量每月的总配额。

需要注意的是，腾讯视频产生的流量也是通过缺省QoS流承载（有运营商与腾讯合作建立腾讯视频专属QoS流的除外），但两个套餐的计费标准和配额不一样。这也意味着美美当月如果使用了超过5GB的腾讯视频流量，则超出的部分将计入59元10GB的套餐中。

不同的套餐对应到不同的资费组(Rating Group,RG)。RG 标识会通过 N7 接口信令流程由 PCF 下发到 SMF。

检测腾讯视频所需的深度包检测规则已经提前在 UPF 中配置,也可以由 PCF→SMF→UPF 激活该业务的检测规则。当 UPF 检测到该用户的腾讯视频流量产生时将根据 SMF 的要求进行统计和发送报告,SMF 将收到的使用量报告发送给 PCF 用于 QoS 策略控制(如超量限速等)。

SMF 还会将使用量报告发送给 CHF 网元用于产生话费详单(Call Detail Record,CDR)。需要注意的是,该标准套餐中还赠送了 30min 通话时长,语音通话(VoNR 业务)所产生的流量也会打上特殊的 RG 值,由 BOSS 进行话费的核减。因为语音业务产生的流量是免费的,需要核减以避免重复收费。

计费控制策略数据中还需要配置美美的手机号码,用于接收运营商下发的通知,例如余额不足时的短信提醒。除此以外还可以包含一个重定向页面地址。当欠费时,UPF 将用户面数据重定向到一个充值或提醒页面,而不会触发 PDU 会话的释放。

计费控制策略数据还包含起账日,即每月 1 号。起账日的 0 点到来时,美美的每月套餐流量配额将重置,在本例中,美美在次月 1 日 0 点将重新获得 10GB 的流量配额,并且该套餐允许未用完的流量结转至次月使用,因此本月未使用完的流量也可以作为次月的配额叠加使用。例如美美本月还剩 2GB 流量未使用完,则次月 1 日美美可获得 12GB 的流量配额。

2. 语音业务用户签约数据发放

59 元标准套餐中还赠送了 30min 的通话时长,这意味着美美已经成为一名 VoNR 业务的签约用户,因此需要在相关的 IMS 节点中开通 VoNR 语音业务相关的用户数据。

需要开通的语音业务用户签约数据和主要 IMS 网元如下。

(1) VoNR 的基本签约数据：在 IMS-HSS 中发放,主要包括 S-CSCF 的能力集或者 S-CSCF 的名字、初始过滤规则(Initial Filter Criteria,IFC)、鉴权相关的参数等。这些数据需要 HSS 能够理解和参与处理,因此也叫作非透明数据。

(2) VoNR 的语音和补充业务数据：在 IMS-HSS 中发放,主要包括 UE 的补充业务签约数据,如来电显示功能的开通、呼叫转移号码等。这些数据的使用者是 VoNR 的应用服务器(Application Server,AS),AS 将这些存储在 IMS-HSS 中,在 IMS 信令流程中 AS 通过 Sh 接口从 HSS 中下载。这部分数据只是 IMS-HSS 代为保管的,IMS-HSS 本身不需要理解和参与处理,因此也叫作透明数据。

(3) Tel-URI 到 SIP-URI 的转换规则在 eNUM(E. 164 Number URI Mapping)网元中开通。如果 eNUM 没有定义相应的转换规则,则在 VoNR 呼叫流程中(美美作为被叫的场景)主叫侧的S-CSCF(Serving-Call Session Control Function)将认为美美没有开通VoNR业务，因此主叫S-CSCF将把呼叫离网(Breakout)至IMS与电路域边界互通节点媒体网关控制功能(Media Gateway Control Function，MGCF)处理。

上述用户签约数据的开通都是通过信令流程自动完成的。当开通流程走完，营业厅的小姐姐就会告诉美美："您好，您现在试试吧。可以用了。记得把手机里的高清通话开关打开哦！"美美高兴地打开手机，发现真的可以上网了。赶紧给妈妈打个电话吧。"太好了。都已经通了，谢谢。""不客气，应该的。欢迎再来。下一位。"

6.2　开机

今天是周末，美美准备下午约上自己的闺蜜美玲和美伢去奥林匹克森林公园(以下简称奥森)看红叶，然后在三里屯网红店吃个晚餐。美美上个月就办理好了5G套餐，用了一个月了已经得心应手。

上午9点美美起床后打开了手机。美美看到手机上出现了熟悉的5G和HD图标，并且没有看到代表流量产生的上下箭头后，就去做卫生了。这个背后，发生了哪些信令流程呢？

1. 初始注册流程

开机后首先触发的是3.1.1节介绍的初始注册流程。该流程中包含了很多子流程或步骤。包括基于NRF查询的AUSF/UDM/PCF选择流程、鉴权和加密流程、完整性保护流程、UDM选择鉴权算法及对SUCI解密的流程、AMF到UDM获取am-data签约数据流程、AMF到UDM的注册流程、AMF到PCF获取am-policy接入管理策略和流程等。AMF在发给UE的注册接收消息中将声明网络侧也支持IMS，这将引导UE接下来发起DNN=ims的PDU会话建立流程。

本场景下是北京用户在北京，因此所有网元都是北京的。

2. 第1个PDU会话建立流程(dnn=xxnet)

初始注册流程完成后UE将发起3.2.1节介绍的dnn=xxnet的PDU会话建立流程。5G并未强制要求在开机阶段一定建立PDU会话，但商用5G终端为了保证用户体验，通常会在开机阶段就建立PDU会话。这是因为如果在使用业务(如打VoNR电话)时再去建PDU会话，呼叫接通时长将增加从而影响用户体验。

本步骤还包括基于smf-select-data(注册流程中获取)的SMF选择流程、SMF从UDM

中获取 sm-data 签约数据、基于 NRF 的 PCF 选择流程、基于 UE 当前位置或其他原则的 UPF 选择流程、UE 的地址分配过程、缺省 QoS 流的 N3 用户面隧道和对应的 DRB 建立流程、SMF 从 PCF 获取 sm-policy(会话管理控制策略)流程、PCF 向 SMF 订阅感兴趣的事件等子流程或步骤。

在本流程中,PCF 向 SMF 下发的会话管理控制策略可能包括以下参数:

(1) PDU 会话级的 QoS 控制策略。

(2) QoS 流级的 QoS 控制策略。

(3) 业务数据流级(本例为腾讯视频 App)的 QoS 控制策略。

(4) PCF 要求 SMF 对 UE 的 PDU 会话级使用量进行监测和报告。

(5) PCF 要求 SMF 对腾讯视频业务的使用量进行监测和报告。

(6) 控制策略激活和去激活的时间。

(7) 计费控制相关的策略参数,如 CHF 的地址、RG 等。

(8) PCF 向 SMF 订阅感兴趣事件,如 UE 发生位置移动的事件等。当事件发生时,SMF 需向 PCF 发送报告。

本步骤完成后,美美其实已经获得了 dnn=xxnet 的 IP 地址,可以上网了。

3. 第 2 个 PDU 会话建立流程(dnn=ims)

dnn=xxnet 的 PDU 会话建立完成后,UE 将根据注册接收消息中网络侧支持 IMS 的指示触发 dnn=ims 的 PDU 会话建立流程。在 PDU 会话接收消息中,SMF 将通过 AMF 给 UE 下发 IMS 这个 DNN 的 UE IP 地址和 P-CSCF 地址,引导 UE 接下来向 P-CSCF 发起 VoNR 注册流程。同时,SMF 也会向 PCF 申请 IMS 这个 DNN 的会话管控策略。

截至本流程完成,UE 建立了两个 PDU 会话和 2 个关联的缺省 QoS 流(5QI 分别为 9 和 5)及 2 个 N3 隧道,分别用于承载数据和语音业务。

4. AN 释放流程

美美正在做出门前的准备,因此并未上网,即没有 5G 流量产生。gNB 侧检测到 UE 没有流量产生导致 UE 不活跃计时器超时,触发了 3.3.1 节介绍的 AN 释放流程,该流程完成后 UE 和 AMF 侧都将切换到空闲态,对应的 N3 隧道也将被去激活。如果此时有朋友给美美发微信消息,则 UPF 从 N6 接口收到后将给 SMF 发送下行数据到达的报告,并触发 3.3.3 节介绍的网络侧发起的业务请求流程(含对 UE 的寻呼)。

以上这些流程都是在开机阶段就很快就完成了。此时美美并没有使用 5G 业务,但当她真正使用时所需要的信令流程时间就较短了。因为承载 5G 流量所需要的 PDU 会话、UE 上下文都已经在开机阶段就完成了。

6.3　生活中的信令流程

很快到了下午，美美准备出发和闺蜜见面。美美准备乘坐地铁 15 号线从望京站上车到奥森站，一共有 6 站，全程 8.7km。美美出门的时间是中午 12 点整，和闺蜜约定 13 点奥森公园门口见面。美美这一路上都触发了哪些信令流程呢？

为了更好地描述发生的信令流程，需对网络拓扑和规划做出以下假设。

(1) 假设每个地铁站由一个 gNB 提供服务，例如望京东站由 gNB1 提供覆盖和服务，奥森公园站由 gNB7 提供覆盖和服务。

(2) gNB1～gNB3 属于 TA1(大望京范围内)，gNB4～gNB7 属于 TA2(出了大望京范围，但仍属于朝阳区)。

(3) TA1 和 TA2 都属于同一个 AMF 集合(AMF Set)的服务范围，该 AMF 集合下包含 3 个 AMF。这 3 个 AMF 都可以为 TA1 和 TA2 的用户服务。

(4) 假设美美在注册流程中 gNB 选择的是 AMF1，即 AMF1 侧已经建立了美美的 UE 上下文。基于上述假设的场景举例如图 6-1 所示。

图 6-1　场景举例

1. 支付宝扫码进地铁站

美美来到地铁站后打开支付宝和手机上的数据业务开关，准备扫码进站。此时将触发 3.3.2 节介绍的 UE 发起的业务请求流程，流程完成后 UE 进入连接态并激活 N3 隧道和 DRB。支付宝扫码所产生的流量通过 dnn＝xxnet 的 PDU 会话的缺省 QoS 流承载。扫码支付完成后，美美进入地铁站。

2. 上车小憩

扫码完成后由于车上人较多，美美收起手机准备小憩一会。gNB 侧 UE 不活跃计时器超时触发了 AN 释放流程，UE 再次进入空闲态。同时，周期性注册更新计时器(注册接收消息里的 AMF 下发,假设取值为 30min)开始计时：29 分 59 秒、29 分 58 秒……

3. 出望京

美美在车上睡着了。列车很快即将从 TA1 的望京西站进入 TA2 的关庄站。此时周期性注册更新计时器还在计时中(1 分 59 秒、1 分 58 秒……)。列车到达关庄站后,周期性注册更新计时器超时触发 3.1.4 节介绍的周期性注册更新流程。在该流程中 UE 将在注册请求消息里提供上一次访问的 TA,即 TA1,gNB 则在 N2 消息中向 AMF 提供 UE 当前的位置信息是 TA2。本流程中,除了基站从望京西 gNB3 切换到了关庄 gNB4,其余网元均未发生变化。如果 PCF 向 SMF 订阅了 UE 的位置变更事件,则 SMF 需要给 PCF 发送通知,PCF 可以动态地制定策略。例如关庄当前是热点区域或者忙小区,PCF 将根据用户等级等信息适当调整 QoS 参数。

4. 到达目的地奥森公园

“下一站：奥林匹克森林公园站。”美美被广播惊醒,暗自庆幸没有坐过站。到了奥森后,美美又打开手机使用支付宝扫码出站。美美没有见到自己的闺蜜,准备给她们打个电话。美美有点犹豫,是使用微信电话本还是直接打 VoNR 电话给她们呢？美美最终选择了拨打 VoNR 电话。因为闺蜜有可能现在微信不在线或者没有打开数据开关,这样就可能无法立即联络上对方。同时,美美了解到 VoNR 采用了 EVS(Enhanced Voice Service)语音编解码,可以提供更加清晰的语音服务。具体来讲,VoNR 呼叫拥有 GBR 的 QoS 保障,因此衡量语音质量的 MOS(Mean Opinion Score)值要好很多,通话质量要优于微信。

美美开始在手机输入闺蜜美玲的号码,然后单击“拨号”按钮触发了 4.5 节介绍的 EPS Fallback 流程,UE 回落到 4G 并通过 4G 建立 EPS 专有承载来承载音频媒体流。主叫侧美美和被叫侧美玲的两个 EPS 专载都建立完成后,被叫侧返回 SIP 消息 180 响应后开始振铃,美美听到“嘟、嘟、嘟”的回铃音。接下来被叫美玲选择接听电话双方开始了愉快的交谈。“我和美伢已经到了,在南门呢。快过来吧!”“好的,我马上到。5 分钟。”美美挂断了电话触发 SIP 消息 BYE,收到 BYE 请求后,IMS 侧将通过 Rx 接口通知 PCRF 释放 EPS 专有承载。细心的美美好像观察到了什么：“咦,刚才我手机屏幕上的 5G 图标变成了 4G,现在怎么又变成 5G 了?”这是因为在 EPS Fallback 的过程中 UE 回落到了 4G 侧,而在通话结束后 UE 又返回到了 5G 侧。

5. 抖音直播

奥森公园是 2008 年北京奥运会的配套公园,分为南区和北区,徒步一圈超过 10km。公园风景优美,拥有大量植物、人工湖和跑步专用道,吸引了大量的体育爱好者,同时还紧邻鸟巢、水立方等知名景区,每年有大量全国各地游客来打卡。

美美决定发起抖音直播,记录美好的下午。美美拿出早早准备的自拍杆,熟练地打开抖音App，开启直播化身奥森公园的导游，给用户们讲解奥森公园。不知不觉，美美已经走了1km跨越了多个gNB，触发了3.4.1节介绍的Xn切换流程（如果Xn切换失败或Xn接口未启用，则触发3.4.2节介绍的N2切换流程）。该流程结束后UE从源gNB切换到了目标gNB，其他网元未发生变化。

6. 来杯咖啡

前方有个咖啡屋，美美提议来杯卡布奇诺，美玲、美伢双手赞成。刚进咖啡屋眼尖的用户大喊："美美，你的抖音画面怎么从超清切换到了高清了？""咦，是啊。哦，我明白了。是商店内没有5G覆盖，只有4G信号，所以直播就切换到高清了。""哇，美美真厉害。还懂移动通信啊！赞～"此场景下触发了4.3节5G到4G的切换流程（假设网络侧支持N26接口），服务基站从gNB切换到eNB，UE上下文从AMF迁移到MME，会话管理上下文保持在SMF/PGW-C，UE IP地址没有发生变化，直播不中断。

喝完咖啡，美美三姐妹离开了咖啡屋走向屋外。此时又触发了4.4节介绍的4G到5G的切换流程，服务基站从eNB切换到gNB，UE上下文从MME迁移到AMF，会话管理上下文保持在SMF/PGW-C，UE IP地址没有发生变化，直播不中断。"啊，美美，你的画面又变超清了！""那当然，我这是最新款的5G手机呀！"

6.4　PCC管控

真是美好的一天，美美和她的朋友们尽情享受着5G网络，但从美美开机建立PDU会话的那一刻起，PCC管控就已经开始了，PCC管控相关的事件又有哪些呢？主要包括以下这些部分。

1. QoS控制规则的初始下发

早上开机时美美的手机发起了PDU会话建立流程，在该流程中PCF可以下发3个维度的PCC管控规则。

（1）PDU会话级的管控规则，例如Session-AMBR＝1Gb/s。

（2）QoS流级的管控规则，例如缺省QoS流的5QI＝9。

（3）业务数据流的管控规则，例如腾讯视频App的MBR＝50Mb/s。

其中，PDU会话级和QoS流级的QoS参数不针对单一App，在用户办理套餐阶段通过BOSS发放到UDM和PCF的公共后端节点UDR中，而针对特定App的业务数据流的管控规则在PCF或后端节点UDR中发放或手工配置，UDM不参与特定App的策略管控。

除此以外，PCF 还可以下发腾讯视频业务的检测规则给 SMF，SMF 转换成 N4 规则下发给 UPF。具体做法是 PCF 下发一个 App 标识如 100 给 SMF，SMF 将该 App 标识放置于 N4 接口的 PDR 规则中下发给 UPF，UPF 根据收到的 App 标识关联到本地配置的深度包检测规则（例如 URL 中包含 v.qq.com 的流量为腾讯视频业务）来完成对腾讯视频业务的检测。

2. 计费控制规则的初始下发

在开机阶段的 PDU 会话建立流程中，PCF 还可以发放相关的计费控制规则。也就是美美手机可能产生的不同流量所对应的计费规则，其中主要参数为 RG。

本例中至少有 3 个 RG 需要发放：

（1）RG1：对应大套餐 59 元包 10GB 流量，每 GB 单价约为 6 元。

（2）RG2：对应腾讯视频 App 套餐 5 元包 5GB/每月，每 GB 单价为 1 元。

（3）RG3：对应免费流量，如 VoNR 语音。

3. PCF 的事件订阅

为实现基于实时网络状态的动态策略管控，PCF 可以在 PDU 会话建立流程中，向 SMF 订阅一些感兴趣事件以获取用户和网络侧的实时信息。这些感兴趣事件包括 PLMN 变更事件、接入网络类型变更事件、SMF 收到了资源修改请求的事件、UE 的 IP 地址变化事件、UE 使用的流量达到了网络侧下发的监控配额事件、接入网络信息的报告事件、检测到某个特定 App 流量的产生和停止事件、离开或进入一个特定区域事件、服务区域发生变化事件、服务的核心网节点发生变化事件、Session-AMBR 发生变化事件、RAT 类型发生变化事件、SMF 成功地根据 PCC 规则指定的 QoS 完成了资源的分配事件、UE 时区变化事件、在线计费配额耗尽事件、PCC 规则超时事件等。

当上述事件发生时，SMF 需要向 PCF 发送报告，由 PCF 决定是否更新 PCC 规则。

4. 缺省 QoS 流的计费和控制

美美在地铁进站时通过支付宝扫码支付会产生流量，假设产生了 0.1MB 左右的流量。UE 将支付宝产生的流量映射到缺省 QoS 流承载，UPF 检测到后向 SMF 发送该缺省 QoS 流的使用量报告。SMF 根据 UPF 的报告进行使用量的累计，并据此给 CHF 发送使用量报告，给 CHF 的报告中还会有缺省 QoS 流所关联的 RG 信息。离线计费场景中，CHF 负责根据 SMF 收到的报告产生话单 CDR。在线计费场景中，CHF 需要根据使用量报告扣减 UE 的可用配额。上述步骤完成后，美美的 5G 标准套餐内可用配额将减少 0.1MB。

5. 位置变更触发的报告和策略管控

当美美乘车从 gNB3 负责的望京西站（TA1）移动到 gNB4 负责的关庄站（TA2）时，由于 UE 的位置信息发生变更触发了移动性注册更新流程（如果 UE 处于连接态切换，则触发

Xn切换流程)，该流程中AMF将向SMF提供UE的当前位置信息，SMF检查发现PCF之前订阅了相关事件，于是向PCF发送报告，报告中包含了UE当前位置信息(如当前小区和TA的信息)。

PCF收到报告后需要重新评估策略，如果UE当前所在小区为忙小区，则PCF可以根据需要调整QoS参数并下发给SMF，例如将Session-AMBR修改为10Mb/s。当用户离开忙小区时，SMF也需要向PCF发送报告，PCF可根据需要将用户速率恢复为正常速率。

6. 打电话触发PDU会话修改和音频专有QoS流建立

到了奥森后美美给闺蜜打VoNR电话，IMS信令流量(INVITE消息)通过IMS DNN的缺省QoS流承载。INVITE消息的载荷部分包含了会话描述协议(Session Description Protocol)的带宽需求，主叫侧P-CSCF收到后完成与UE的带宽协商并确定VoNR业务所需要的最终带宽(例如49Kb/s)。

主叫侧P-CSCF将与UE协商后的最终带宽需求通过Rx接口下发给PCF，并触发PDU会话修改流程和音频专有QoS流的建立流程，请求为VoNR音频提供49Kb/s的GBR带宽保障。PCF转换为PCC规则下发给SMF，SMF发起PDU会话修改流程要求gNB为VoNR音频建立新的QoS流并预留资源。如果gNB拒绝建立，则触发EPS Fallback流程；如果gNB可以建立该QoS流，则美美可以驻留在5G并享受49Kb/s速率保障的VoNR高清语音业务。

7. 语音流量不扣费

假设美美和闺蜜通话10min产生了30MB的流量，SMF将据此向CHF发送计费报告，并包含VoNR音频流关联的RG(如RG3)。CHF收到报告后检查发现该RG属于免费流量资费组，不做扣费处理。

8. 5G到4G的切换触发QoS变更

当美美从5G覆盖区域进入只有4G覆盖的咖啡店内时触发了5G到4G的切换流程，该流程中SMF/PGW-C将检测到UE发生了接入网络类型的变更，同时PCF/PCRF此前订阅了该事件。SMF/PGW-C需要向PCF/PCRF发送报告，PCF/PCRF根据需要将QoS参数调整为4G速率，美美的直播视频App感知到网络状态后自动从超清切换为高清。

当美美离开咖啡店回到室外的5G覆盖区域时，SMF/PGW-C同样也会给PCF/PCRF发送报告，PCF/PCRF将QoS参数恢复为5G的正常速率。

9. App的应用检测和计费

直播结束后美美打开腾讯视频App开始追剧，UPF通过包检测规则检测到了腾讯视频的流量并给SMF发送报告。SMF检查发现PCF订阅了应用启动事件，需要给PCF发送报告。PCF侧查询后端UDR发现用户签约了腾讯视频套餐并获取相关的配额信息，决定对该业务流放行，PCF 给 SMF 返回的响应中可包含对该 App 的 QoS 管控和计费控制策略。

腾讯视频 App 流量产生后，UPF 向 SMF 发送使用量报告，SMF 据此向 CHF 发送腾讯视频业务的使用量报告，报告中包含了和该业务关联的 RG 信息。CHF 侧根据 RG 关联到腾讯视频 App 套餐后，按照相应的计费标准进行配额的扣减。假设本次追剧使用了 500MB 流量，则美美的腾讯视频套餐包可用配额变更为约 4500MB(5GB 减去 500MB)。

美美在奥森度过了愉快的下午，真是美美的一天。在这一天中，发生了很多 5GC 信令事件，这也是多数 5G 用户日常生活中会碰到的。

附录 A

怎样查规范来确定信令流程图中的参数

在第 3 章和第 4 章关于 5GC 信令流程的介绍中可以看到流程图的信令消息携带了很多参数，但有些参数是可选的，有些是必选的，有些参数是实际商用网络中没有的，需要进行筛选后绘制信令流程图，如何确定这些参数呢？本附录将介绍本书所使用的方法或经验。

1. 准备好相关规范

首先从 3GPP 网站下载好相关的所有 5GC 规范，3GPP 网站提供的文档格式为.docx，检索效率低，建议通过 Python 等程序脚本批量转换为.pdf 或.txt 格式。常用的规范如 23502 建议用复制粘贴方式生成多个副本后同时打开进行查阅。下载后的 5GC 规范如图 A-1 所示。

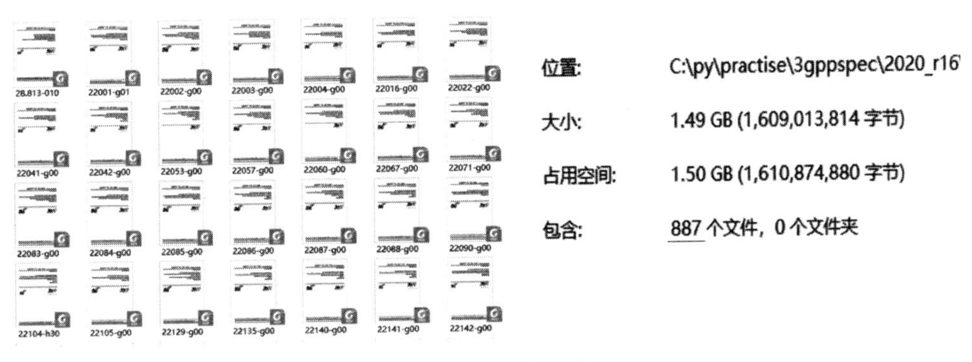

图 A-1 准备好规范

2. 确定信令流程相关的规范

第 2 步是确定信令流程所对应的规范。如何确定有哪些规范呢？方法是找到规范中原版信令流程中使用了哪些 5GC 接口，然后找到对应的规范。例如在初始注册流程中涉及的接口包括 N1、N2、N11 等，则对应的规范包括 N1 接口的 24501、N2 接口的 38413、AMF 服务规范 29518、PCF 的 am-policy 服务规范 29507、AUSF 服务规范 29509、UDM 服务规范 29503 等。除此以外，需要根据经验判断出哪些步骤属于可选或商用网络中的不常见场景，可将其去除。例如在规范原版初始注册流程中还涉及了 SMF，经过阅读规范和相关步骤的说明，发现该步骤属于非常罕见的场景才能触发，因此在绘制信令流程图时可将 SMF 排除，也无须查找 SMF 相关的服务规范。

3. 确定信令消息中的必选和可选参数

第 3 步是根据信令流程中每步的信令消息找到对应的规范。例如初始注册流程中的注册请求消息，对应 NAS 规范 24501，找到 8.2.6 节关于注册请求消息的参数说明，见表 A-1，然后逐一确认必选参数，其中 Presence 列取值为 M，代表必选参数，O 为可选参数。

表 A-1 注册请求消息参数

Information Element	Presence
Extended protocol discriminator	M
Security header type	M
Spare half octet	M
Registration request message identity	M
5GS registration type	M
ngKSI	M
5GS mobile identity	M
Non-current native NAS key set identifier	O
5GMM capability	O
UE security capability	O
Requested NSSAI	O
Last visited registered TAI	O
S1 UE network capability	O
Uplink data status	O
PDU session status	O
MICO indication	O
UE status	O
Additional GUTI	O
Allowed PDU session status	O
UE's usage setting	O
Requested DRX parameters	O
EPS NAS message container	O
LADN indication	O
Payload container type	O
Payload container	O
Network slicing indication	O
5GS update type	O

续表

Information Element	Presence
Mobile station classmark 2	O
Supported codecs	O
NAS message container	O
EPS bearer context status	O
Requested extended DRX parameters	O
T3324 value	O
UE radio capability ID	O

必选和可选参数的确定可结合 23502 中的对应信令流程该步骤的详细说明，以及积累的 4G 商用网络部署经验作为参考，逐一评估和确定信令流程中的必选和可选参数。

4. 举例说明

还是以 3.1.1 节中注册请求消息为例进行介绍，如何确定注册消息中的可选和必选参数并出现在本书的信令流程图里。

注意： *有些参数虽然是可选参数，但因为在 5G 商用网络中非常重要和关键，因此考虑到其重要性，此类可选参数也会出现在本书的信令流程图中。*

方法还是先打开信令流程图规范 23502 和 NAS 消息规范 24501 逐一评估和确认。

（1）参数 1：Registration type/注册类型。

评估结果：必选参数，长度为 3 比特，取值为 001 代表初始注册。

（2）参数 2：UE identity/UE 标识。

评估结果：必选参数。注册请求消息中 UE 可以提供 SUCI 或者 5G-GUTI 作为 UE 标识，但具体是用 SUCI 还是 5G-GUTI 呢？经过仔细阅读 24501 的说明，发现规范明确提到如果 UE 保存有 5G-GUTI，则应提供 5G-GUTI；如果没有（例如新卡用户第 1 次使用 5G），则使用 SUCI 作为用户标识。需要根据不同的场景来绘制信令流程图。

（3）参数 3：Last visited registered TAI/最近访问的注册更新区。

评估结果：可选参数但重要程度高，因此需要携带。在实际商用网络中该参数可帮助 AMF 根据 UE 的移动轨迹生成 UE 的注册区域，从而达到精准寻呼节省空口资源的目的。规范中的原文是 If available，the last visited TAI shall be included in order to help the AMF produce Registration Area for the UE。

（4）参数 4：MICO indication/MICO 指示。

评估结果：可选参数且多用于物联网，通常不适用于 eMBB 业务的初始注册流程，因此不用携带。MICO（Mobile Initiated Connection Only）的定义在 24501 中也有说明，类似于 NB-IoT 网络中的 PSM（Power Saving Mode）技术，可以实现 UE 省电、减少信令开销等目的。

（5）参数5：Requested NSSAI/请求的切片标识。

评估结果：可选参数但重要性高，如果UE支持，则需要携带。该参数用于声明UE希望接入的切片网络。为积累切片运营经验，即使eMBB用户通常也会关联到一个eMBB切片。

（6）参数6：UE security capability/UE安全能力。

评估结果：可选参数但重要性高，因此需要携带。该参数用于声明UE支持的加密和完整性保护算法从而完成与网络侧的协商。

（7）参数7：Additional GUTI/附加GUTI。

评估结果：可选参数且不常见，因此不需携带。常见于5G切换到4G再切换回5G的场景，也不适用于常见的5G初始注册流程。

（8）参数8：PDU session status/PDU会话状态。

评估结果：可选参数。该参数指明了UE侧激活或未激活的PDU会话状态，可用于和网络侧的PDU会话状态同步。3.1.1节的场景说明是UE刚开机的初始注册且并没有激活的PDU会话，因此评估不用携带。

（9）参数9：LADN indication/LADN指示。

评估结果：可选参数。参考1.3.2节关于LADN概念的说明，LADN指示的主要场景常见于行业专网，通常不适用于eMBB网络的普通5G用户，因此评估不用携带。

最终经过参数的逐一确认。3.1.1节注册流程的第1步注册请求消息需要携带的参数就确定和绘制完成了。

图 书 推 荐

书　　名	作　　者
数字 IC 设计入门(微课视频版)	白栎旸
ARM MCU 嵌入式开发——基于国产 GD32F10x 芯片(微课视频版)	高延增、魏辉、侯跃恩
华为 HCIA 路由与交换技术实战(第 2 版·微课视频版)	江礼教
华为 HCIP 路由与交换技术实战	江礼教
AI 芯片开发核心技术详解	吴建明、吴一昊
鲲鹏架构入门与实战	张磊
5G 网络规划与工程实践(微课视频版)	许景渊
仓颉 TensorBoost 学习之旅——人工智能与深度学习实战	董昱
移动 GIS 开发与应用——基于 ArcGIS Maps SDK for Kotlin	董昱
数字电路设计与验证快速入门——Verilog＋SystemVerilog	马骁
UVM 芯片验证技术案例集	马骁
LiteOS 轻量级物联网操作系统实战(微课视频版)	魏杰
openEuler 操作系统管理入门	陈争艳、刘安战、贾玉祥 等
OpenHarmony 开发与实践——基于瑞芯微 RK2206 开发板	陈鲤文、陈婧、叶伟华
OpenHarmony 轻量系统从入门到精通 50 例	戈帅
自动驾驶规划理论与实践——Lattice 算法详解(微课视频版)	樊胜利、卢盛荣
物联网——嵌入式开发实战	连志安
边缘计算	方娟、陆帅冰
巧学易用单片机——从零基础入门到项目实战	王良升
Altium Designer 20 PCB 设计实战(视频微课版)	白军杰
ANSYS Workbench 结构有限元分析详解	汤晖
Octave GUI 开发实战	于红博
Octave AR 应用实战	于红博
AR Foundation 增强现实开发实战(ARKit 版)	汪祥春
AR Foundation 增强现实开发实战(ARCore 版)	汪祥春
SOLIDWORKS 高级曲面设计方法与案例解析(微课视频版)	赵勇成、毕晓东、邵为龙
CATIA V5-6 R2019 快速入门与深入实战(微课视频版)	邵为龙
SOLIDWORKS 2023 快速入门与深入实战(微课视频版)	赵勇成、邵为龙
Creo 8.0 快速入门教程(微课视频版)	邵为龙
UG NX 2206 快速入门与深入实战(微课视频版)	毕晓东、邵为龙
UG NX 快速入门教程(微课视频版)	邵为龙
HoloLens 2 开发入门精要——基于 Unity 和 MRTK	汪祥春
数据分析实战——90 个精彩案例带你快速入门	汝思恒
从数据科学看懂数字化转型——数据如何改变世界	刘通
Java＋OpenCV 高效入门	姚利民
Java＋OpenCV 案例佳作选	姚利民
R 语言数据处理及可视化分析	杨德春
Python 应用轻松入门	赵会军
Python 概率统计	李爽
前端工程化——体系架构与基础建设(微课视频版)	李恒谦
LangChain 与新时代生产力——AI 应用开发之路	陆梦阳、朱剑、孙罗庚 等

续表

书　名	作　者
仓颉语言实战(微课视频版)	张磊
仓颉语言核心编程——入门、进阶与实战	徐礼文
仓颉语言程序设计	董昱
仓颉程序设计语言	刘安战
仓颉语言元编程	张磊
仓颉语言极速入门——UI 全场景实战	张云波
HarmonyOS 移动应用开发(ArkTS 版)	刘安战、余雨萍、陈争艳 等
公有云安全实践(AWS 版·微课视频版)	陈涛、陈庭暄
Vue+Spring Boot 前后端分离开发实战(第 2 版·微课视频版)	贾志杰
TypeScript 框架开发实践(微课视频版)	曾振中
精讲 MySQL 复杂查询	张方兴
Kubernetes API Server 源码分析与扩展开发(微课视频版)	张海龙
编译器之旅——打造自己的编程语言(微课视频版)	于东亮
Spring Boot+Vue.js+uni-app 全栈开发	夏运虎、姚晓峰
Selenium 3 自动化测试——从 Python 基础到框架封装实战(微课视频版)	栗任龙
Unity 编辑器开发与拓展	张寿昆
跟我一起学 uni-app——从零基础到项目上线(微课视频版)	陈斯佳
Python Streamlit 从入门到实战——快速构建机器学习和数据科学 Web 应用(微课视频版)	王鑫
Java 项目实战——深入理解大型互联网企业通用技术(基础篇)	廖志伟
Java 项目实战——深入理解大型互联网企业通用技术(进阶篇)	廖志伟
HuggingFace 自然语言处理详解——基于 BERT 中文模型的任务实战	李福林
动手学推荐系统——基于 PyTorch 的算法实现(微课视频版)	於方仁
轻松学数字图像处理——基于 Python 语言和 NumPy 库(微课视频版)	侯伟、马燕芹
自然语言处理——基于深度学习的理论和实践(微课视频版)	杨华 等
Diffusion AI 绘图模型构造与训练实战	李福林
图像识别——深度学习模型理论与实战	于浩文
深度学习——从零基础快速入门到项目实践	文青山
AI 驱动下的量化策略构建(微课视频版)	江建武、季枫、梁举
Python Streamlit 从入门到实战——快速构建机器学习和数据科学 Web 应用(微课视频版)	王鑫
编程改变生活——用 Python 提升你的能力(基础篇·微课视频版)	邢世通
编程改变生活——用 Python 提升你的能力(进阶篇·微课视频版)	邢世通
编程改变生活——用 PySide6/PyQt6 创建 GUI 程序(基础篇·微课视频版)	邢世通
编程改变生活——用 PySide6/PyQt6 创建 GUI 程序(进阶篇·微课视频版)	邢世通
Python 语言实训教程(微课视频版)	董运成 等
Python 量化交易实战——使用 vn.py 构建交易系统	欧阳鹏程
Android Runtime 源码解析	史宁宁
恶意代码逆向分析基础详解	刘晓阳
网络攻防中的匿名链路设计与实现	杨昌家
深度探索 Go 语言——对象模型与 runtime 的原理、特性及应用	封幼林
深入理解 Go 语言	刘丹冰
Spring Boot 3.0 开发实战	李西明、陈立为
全栈 UI 自动化测试实战	胡胜强、单镜石、李睿

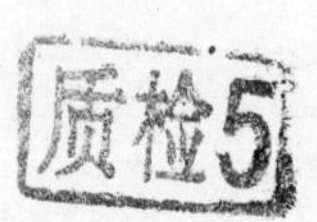
质检5